全国水利行业"十三五"规划教材(职业技术教育)

中国水利教育协会策划组织

水利水电工程造价与招投标

主　编　赵旭升

副主编　高利琴　刘淑文　雷成霞

　　　　张敬博　赫文秀　郭丽朋

主　审　张海娥

U0364437

黄河水利出版社

·郑　州·

内 容 提 要

本书是全国水利行业"十三五"规划教材,是根据中国水利教育协会职业技术教育分会高等职业教育教学研究会组织制定的水利水电工程造价与招投标课程标准编写完成的。本书内容分为两大部分,第一部分主要是水利工程造价,包括水利工程造价基本知识、基础单价编制、工程概算单价编制、工程总概算编制,最后介绍一款常用水利工程造价软件的应用;第二部分主要介绍水利工程招标投标,包括招标投标的程序、招标投标文件的内容、投标项目及投标报价的决策、水利工程工程量清单计价规范的内容介绍等。

本书可作为高职高专院校水利水电建筑工程、水利工程、水利工程监理、水利工程施工、水利工程造价管理等专业的教材,也可供水利类专业教师和从事相关专业的工程技术人员参考使用。

图书在版编目(CIP)数据

水利水电工程造价与招投标/赵旭升主编. —郑州:黄河水利出版社,2018.5

全国水利行业"十三五"规划教材. 职业技术教育

ISBN 978 – 7 – 5509 – 2040 – 8

Ⅰ.①水… Ⅱ.①赵… Ⅲ.①水利水电工程 – 工程造价 – 高等职业教育 – 教材②水利水电工程 – 招标 – 高等职业教育 – 教材③水利水电工程 – 投标 – 高等职业教育 – 教材 Ⅳ.①TV512

中国版本图书馆 CIP 数据核字(2018)第 108826 号

组稿编辑:王路平　电话:0371 – 66022212　E-mail:hhslwlp@ 163. com
　　　　　田丽萍　　　　　　66025553　　　　912810592@ qq. com

出 版 社:黄河水利出版社　　　　　　　　网址:www.yrcp. com
　　地址:河南省郑州市顺河路黄委会综合楼 14 层　邮政编码:450003
发行单位:黄河水利出版社
　　发行部电话:0371 – 66026940、66020550、66028024、66022620(传真)
　　E-mail:hhslcbs@ 126. com
承印单位:河南承创印务有限公司
开本:787 mm ×1 092 mm　1/16
印张:15
字数:350 千字　　　　　　　印数:1—3 100
版次:2018 年 5 月第 1 版　　　印次:2018 年 5 月第 1 次印刷
定价:38. 00 元

前　言

　　本教材是贯彻落实《国家中长期教育改革和发展规划纲要(2010～2020年)》、《国务院关于加快发展现代职业教育的决定》(国发〔2014〕19号)、《现代职业教育体系建设规划(2014～2020年)》和《水利部　教育部关于进一步推进水利职业教育改革发展的意见》(水人事〔2013〕121号)等文件精神,依据中国水利教育协会《关于公布全国水利行业"十三五"规划教材名单的通知》(水教协〔2016〕16号),在中国水利教育协会的精心组织和指导下,由中国水利教育协会职业技术教育分会组织编写的全国水利行业"十三五"规划教材。本套教材以学生能力培养为主线,体现了实用性、实践性、创新性的特色,是一套水利高职教育精品规划教材。

　　水利是国民经济的基础设施和基础产业,肩负着支撑和保障经济平稳较快发展的重要使命。近年来,水利投入大幅增加,水利建设项目覆盖面大,要保证水利工程建设的快速正常进行,必须有一支好的水利工程的建设管理队伍,做好水利工程的前期规划、施工中的管理等相应工作。水利工程造价和招标投标工作的正常进行,事关水利工程投资目标控制的实现和资金使用效益,事关水利工程建设进度、质量和安全,事关水利事业的健康发展。

　　近年来,国家及行业根据水利工程发展现状及水利建筑市场的具体情况,对原有的规范进行了修订,颁布了《水利工程设计概(估)算编制规定》(水总〔2014〕429号)文件,水利部依据国家财政部、国家税务总局《关于全面推开营业税改征增值税试点的通知》(财税〔2016〕36号)和财政部关于印发《增值税会计处理规定》(财会〔2016〕22号)的文件精神,于2016年颁布了《水利工程营业税改征增值税计价依据调整办法》(办水总〔2016〕132号)文件。为了宣传和正确执行国家政策,以及为了满足高职高专教育项目化教学等要求,需重新编写教材。

　　另外,国家级教学资源库建设项目——水利水电建筑工程专业国家教学资源库,自2015年验收完成后,积极推广使用,根据资源库建设项目工作组的安排,结合高职高专水利类"十三五"规划教材的安排,出版《水利水电工程造价与招投标》一书。

　　本书内容分为两大部分,第一部分主要是水利工程造价,包括水利工程造价基本知识、基础单价编制、工程概算单价编制、工程概算编制,最后介绍一款常用水利工程造价软件的应用;第二部分主要介绍水利工程招标投标,包括招标投标的程序、招标投标文件的内容、投标项目及投标报价的决策、水利工程工程量清单计价规范的内容介绍等。

　　本书编写人员及编写分工如下:项目1、项目8由杨凌职业技术学院赵旭升编写,项目2由杨凌职业技术学院庞洁编写,项目3由河南水利与环境职业学院高利琴编写,项目4任务4.1～4.4由山西水利职业技术学院刘淑文编写,项目4任务4.5～4.8由山西水利职业技术学院雷成霞编写,项目5由辽宁水利职业学院赫文秀编写,项目6由杨凌职业技术学院张敬博编写,项目7由长江工程职业技术学院郭丽朋编写。本书由赵旭升担任主编,并负责统稿;由高利琴、刘淑文、雷成霞、张敬博、赫文秀、郭丽朋担任副主编;由安徽水利水电职业技术学院张海娥担任主审。

本书中的示例除风、水、电基础单价计算结果保留三位小数外,其余计算结果均保留两位小数。

本书在编写过程中,得到了杨凌职业技术学院拜存有教授、河南金控计算机软件有限公司韦黎总经理的大力支持,同时也得到了教研室其他老师的大力支持,在此一并表示感谢!

本书在编写过程中,参考和引用了有关参考文献中的部分内容,在此对参考文献的作者表示衷心的感谢!

由于编者水平有限,书中难免有不足之处,欢迎读者批评指正。

编　者

2017 年 8 月

目　录

项目1　认识水利水电工程建设项目

任务1.1　基本建设与项目划分

【学习目标】

　　1.知识目标:①了解基本建设的概念;②了解基本建设项目投资的概念;③了解项目划分的内容。

　　2.技能目标:能进行常见简单工程的项目划分。

　　3.素质目标:①认真仔细的工作态度;②严谨的工作作风。

【项目任务】

　　学习基本建设的概念,了解基本建设项目划分的概念和方法。

【任务描述】

　　学习建设项目的概念、特征,基本建设项目投资的概念,建设项目的分类,建设项目划分层次的概念及项目划分的注意事项,常见建设项目的项目划分方法。

1.1.1　基本建设项目的概念

1.1.1.1　项目的含义及其特性

　　项目是指在一定的约束条件下,具有特定的明确目标的一次性事业(或活动)。

　　项目的概念有广义与狭义之分。就广义的项目概念而言,凡是符合上述定义的一次性事业都可以看作项目,如技术更新改造项目、新产品开发项目、科研项目等。在工程领域,狭义的项目概念,一般专指工程项目,如修建一座水电站、一栋大楼、一条公路等具有质量、工期和投资目标要求的一次性工程建设任务。工程建设项目要求在限定的工期、投资和规定的质量标准下,实现工程建设的最终目标。

　　根据项目的内涵,项目的特性和内在规律性主要体现在以下几个方面。

　　1.项目的一次性和单件性

　　所谓一次性,是指项目过程的一次性。它区别于周而复始的重复性活动。一个项目完成后,不会再安排实施与之具有完全相同开发目的、条件和最终成果的项目。项目作为一次性事业,其成果具有明显的单件性。它不同于现代工业化的大批量生产。因此,作为项目的决策者与管理者,只有认识到项目的一次性和单件性的特点,才能有针对性地根据项目的具体情况和条件,采取科学的管理方法和手段,实现预期目标。

　　2.项目的目标性

　　任何一个项目,不论是大型项目、中型项目,还是小型项目,都必须有明确的特定目标。所谓项目目标,一般包括成果性目标和约束性目标。项目的成果性目标一般是指工程建设项目的功能要求,即项目提供或增加一定的生产能力,或形成具有特定使用价值的固定资产。例如,修建一座水电站,其成果性目标表现为形成一定的建设规模,建成后应具有发电供电能力等。项目的约束性目标也称约束条件或限制条件。就一个工程建设项目而言,是指明确规定的建设工期、投资和工程质量标准等。作为项目管理者要充分认识到,项目成果性目标和项目约束性目标是密不可分的,脱离了约束性目标,成果性目标就难以实现。所以,项目管理必须认真分析研究和处理好投资、工期、质量三者之间的关系,力争获得三个目标的整体最优,最终实现成果性目标。项目中的任何约束性目标,都必须受控于项目的成果性总目标。

1.1.1.2　建设项目的概念

任何工程项目的运营,都必须具备必要的固定资产和流动资产。固定资产是指在社会再生产过程中,可供较长时间反复使用,使用年限在一年以上,单位价值在规定的限额以上,并在其使用过程中基本上不改变原有实物形态的劳动资料和物质资料,如水工建筑物、电器设备、金属结构设备等。为了保证社会再生产顺利进行和发展,必须进行固定资产再生产,包括简单再生产和扩大再生产。基本建设即固定资产的建设,包括建筑、安装和购置固定资产的活动及其与之相关的工作。它是固定资产的扩大再生产,在国民经济活动中成为了一类行业,区别于工业、商业、文教、医疗等。

1.1.2　基本建设项目的特征

建设项目与其他项目相比,具有自己的特殊性。建设项目的特殊性主要从它的成果——建设产品和它的活动过程——工程建设这两个方面来体现,主要体现在下列方面。

1.1.2.1　建设产品的特殊性

1. 总体性

建设产品的总体性表现在:①它是由许多材料、半成品和产成品经加工装配而组成的综合物;②它是由许多个人和单位分工协作、共同劳动的总成果;③它是由许多具有不同功能的建筑物有机结合而成的完整体系。例如一座水电站,是由土石料、混凝土、钢材、水轮发电机组以及其他各种机电设备组成的;参与工程建设的单位除项目法人外,还有设计单位、施工单位、设备材料生产供应单位、咨询单位、监理单位等;整个工程不仅要有发电、输变电系统,而且要有水库、引水系统、泄水系统等有关建筑物,另外还要有相应的生活、后勤服务设施。

2. 固定性

一般的工农业产品可以流动,消费使用空间不受限制,而建设产品只能固定在建设场址使用,不能移动。

1.1.2.2　工程建设的特殊性

1. 生产周期长

由于建设产品体形庞大,工程量巨大,建设期间要耗用大量的资源,加之建设产品的生产环境复杂多变,受自然条件影响大,所以其建设周期长,通常需要几年甚至十几年。一方面,在如此长的建设周期中,不能提供完整产品,不能完全发挥效益,造成了大量的人力、物力和资金的长期占用。另一方面,由于建设周期长,受政治、社会与经济、自然等因素影响大。

2. 建设过程的连续性和协作性

工程建设的各阶段、各环节、各协作单位及各项工作,必须按照统一的建设计划有机地组织起来,在时间上不间断,在空间上不脱节,使建设工作有条不紊地顺利进行。如果某个环节的工作遭到破坏和中断,就会导致该工作停工,甚至波及其他工作,造成人力、物力、财力的积压,并可能导致工期拖延,不能按时投产使用。

3. 施工的流动性

施工的流动性是由建设产品的固定性决定的。建设产品只能固定在使用地点,那么施工人员及机械就必然要随建设对象的不同而经常流动转移。一个项目建成后,建设者和施工机械就得转移到下一个项目的工地上去。

4. 受自然和社会条件的制约性强

一方面,由于建设产品的固定性,工程施工多为露天作业。另一方面,在建设过程中,需要投入大量的人力和物资。因此,工程建设受地形、地质、水文、气象等自然因素以及材料、水电、交通、生活等社会条件的影响很大。

1.1.3　基本建设项目投资

在我国基本建设领域,其投资一般可分为经营性投资和非经营性投资两大部分。生产经营性投资的建设目的是进行生产经营,如国家工矿企业、水电站等工程投资。非生产经营性投资的目的是非生产经营性的,如对于政府、事业单位和城乡居民建设的国家工程、市政公共设施、行政办公大楼、民用住宅等工程投资。

基本建设项目投资,一般是指进行某项基本建设项目建设花费的全部费用,是以货币形式表现的基本建设工程量,即投入到或用于基本建设中的资金。其中,生产经营性建设工程项目投资包括建设投资和铺底流动资金两部分;非生产经营性建设工程项目投资则只包括建设投资。

建设项目费用可划分为:设备、工器具及生产家具购置费,建筑、安装工程费,工程建设其他费用,预备费,固定资产投资方向调节税,建设期投资贷款利息和铺底流动资金等。

其中,设备、工器具及生产家具购置费,是指按照建设工程设计文件要求,建设单位购置或自制达到固定资产标准的设备和新、扩建项目配置的首套工器具及生产家具所需的费用。

建筑、安装工程费由建筑工程费和安装工程费两部分组成。建筑工程费是指建设工程涉及范围内的建筑物、构筑物、道路、室外管道铺设、大型土石方的工程费用等。安装工程费是指主要生产、辅助生产、公用工程等单项工程中需要安装的机械设备、电器设备、专用设备、仪器仪表等设备的安装及配件工程费等。

工程建设其他费用可分为三类:第一类是土地使用费,包括土地征用及迁移补偿费和土地使用权出让金;第二类是与项目建设有关的费用,包括建设管理费、勘察设计费、研究试验费等;第三类是与未来企业生产经营有关的费用,包括联合试运转费、生产准备费、办公和生活家具购置费等。

预备费包括基本预备费和价差预备费。

1.1.4　基本建设项目分类

为了便于管理及统计分析的需要,基本建设项目可进行分类,分类的方法很多,但到目前为止,还没有统一的标准和依据,较常见的有以下几类方式。

1.1.4.1　按建设项目的性质分类

(1)新建项目,是指从无到有,"平地起家",新开始建设的项目。有的建设项目原有基础很小,经扩大建设规模后,其新增的固定资产价值超过原有固定资产价值3倍以上的,也算新建项目。

(2)扩建项目,是指原有企业、事业单位,为扩大原有产品生产能力(或效益),或增加新的产品生产能力,而新建主要车间或工程项目。

(3)改建项目,是指原有企业,为提高生产效率,增加科技含量,采用新技术,改进产品质量,或改变新产品方向,对原有设备或工程进行改造的项目。有的企业为了平衡生产能力,增建一些附属、辅助车间或非生产性工程,也算改建项目。

(4)迁建项目,是指原有企业、事业单位,由于各种原因经上级批准搬迁到另地建设的项目。迁建项目中符合新建、扩建、改建条件的,应分别作为新建、扩建或改建项目。迁建项目不包括留在原址的部分。

(5)恢复建项目,是指企业、事业单位因自然灾害、战争等原因,使原有固定资产全部或部分报废,以后又投资按原有规模重新恢复起来的项目。在恢复的同时进行扩建的,应作为扩建项目。

1.1.4.2　按建设项目的规模大小分类

基本建设项目可分为大型项目、中型项目、小型项目,基本建设大中小型项目是按项目的建设总规模或总投资来确定的。新建项目按项目的全部设计规模(能力)或所需投资(总概算)计算;扩建项目按扩建新增的设计能力或扩建所需投资(扩建总概算)计算,不包括扩建以前原有的生产能力。但是,新建项目的规模是指经批准的可行性研究报告中规定的建设规模,而不是指远景规划所设想的长远发展规模。明确分期设计、分期建设的,应按分期规模计算。

基本建设项目大中小型划分标准,是国家规定的,一般对于非生产经营性建设项目,总投资在2 000万元以上的为大型,2 000万~1 000万元的为中型,1 000万元以下的为小型。在水利水电工程基本建设领域,除参照以上的划分标准外,也有自己的划分形式,例如水电站是按其装机容量分:30万kW以上的为大型,30万~5万kW的为中型,5万kW以下的为小型;水库按库容量分:1亿m³以上的为大型,1亿~1 000万m³的为中型,1 000万m³以下的为小型。

1.1.4.3　按建设项目的使用性质分类

水利部1995年印发的《水利工程建设项目实行项目法人责任制的若干意见》(水建〔1995〕129号)指出:根据水利行业特点和建设项目不同的社会效益、经济效益和市场需求等情况,将建设项目划分为生产经营性、有偿服务性和社会公益性三类项目。

生产经营性项目包括城镇、乡镇供水和水电项目。这类项目要按社会主义市场经济的需求,以受益地区或部门为投资主体,使用资金以贷款、债券和自筹等各项资金为主。

国家在贷款和发行债券方面,通过政策,银行给予相应的优惠。

有偿服务性项目包括灌溉、水运、机电排灌等工程项目。这类项目应以地方政府和受益部门、集体和农户为投资主体,使用资产以部分拨款、拨改贷(低息)、贴息贷款和农业开发基金有偿部分为主,大型重点工程也可以争取利用外资。

社会公益性项目包括防洪、防潮、治涝、水土保持等工程项目。这类工程应以国家(包括中央和地方)为投资主体,使用资金以财政拨款(包括国家预算内投资、国家农发基金、以工代赈等无偿使用资金)为主,对有条件的经济发达地区亦可使用有偿资金和贷款进行建设。

1.1.4.4　按建设项目的隶属关系分类

(1)中央项目,亦称部直属项目。是指中央各主管部门直接安排和管理的企业、事业和行政单位的建设项目。这些项目的基本建设计划,由中央各主管部门编制、报批和下达。所需的统配物资和主要设备以及建设过程中存在的问题,均由中央各主管部门直接供应和解决。

(2)地方项目。是指由省、市、自治区和地(市)、县等各级地方直接安排和管理的企业、事业、行政单位的建设项目。这些项目的基本建设计划由各级地方主管部门编制、报批和下达,所需物资和设备由各地方主管部门直接供应。

国家根据不同时期经济发展的目标、结构调整的任务和其他需要,对以上各类建设项目制定不同的调控和管理政策。因此,系统地了解基本建设项目的分类,对贯彻国家有关方针、政策,搞好项目管理有重要意义。

1.1.5　基本建设项目划分

建设项目即基本建设项目,是指按照一个总体设计进行施工,由若干个具有内在联系的单项工程组成,经济上实行统一核算,行政上实行统一管理的基本建设单位。

为了工程管理工作的需要,建设项目可按单项工程、单位工程、分部工程和分项工程逐级划分,如图1-1所示。

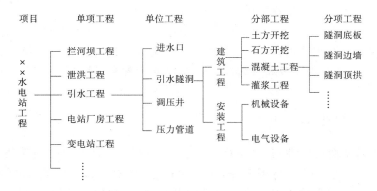

图1-1　建设项目划分示例

单项工程是建设项目的组成部分。一个单项工程应有独立的设计文件,建成后可以独立发挥设计文件所规定的生产能力或效益,如水电站工程中的拦河坝工程、泄洪工程、引水工程、电站厂房工程、变电站工程等。

单位工程是单项工程的组成部分。按照单项工程各组成部分的性质及能否独立施工,可将单项工程划分为若干个单位工程。单位工程一般还可划分为建筑工程和安装工程两类。

分部工程是单位工程的组成部分,它是按照建筑物部位或施工工种的不同来划分的,如溢流坝的坝基开挖工程、混凝土浇筑工程,隧洞的开挖工程、混凝土衬砌工程等。分部工程是编制建设计划、编制概预算、组织施工、进行包工结算和成本核算的基本单位,也是检验和评定建筑安装工程质量的基础。

分项工程是分部工程的组成部分。对于水利水电工程,一般将人力、物力消耗定额基本相近的结构部位归为同一分项工程,如溢流坝的混凝土工程可分为坝身、闸墩、胸墙、工作桥、护坦等分项工程。

分部工程、分项工程的划分,一般应与国家颁发的概预算定额中项目的划分一致。

想一想 练一练

请根据项目划分的概念,试对常见工程(如引水工程、灌溉工程)进行项目划分。

任务 1.2　水利水电工程基本建设程序

【学习目标】

1. 知识目标:①了解建设程序的概念;②掌握水利工程建设程序的八个阶段;③了解水利工程建设程序中各个阶段的主要工作。

2. 技能目标:①知道水利工程建设程序中各阶段的工作内容;②知道水利工程建设程序中各建设阶段与工程造价的对应关系,即知道各阶段工程造价的名称。

3. 素质目标:①认真仔细的工作态度;②严谨的工作作风;③遵守编制规定的要求。

【项目任务】

学习水利工程建设程序各阶段的主要工作和成果。

【任务描述】

水利工程建设有章可循,是总结了长期工程建设经验的。水利工程建设项目的建设程序有八个阶段,每个阶段有相应的工作任务和成果要求,通过学习,掌握水利工程建设阶段的工作内涵。

1.2.1　基本建设程序的概念

建设程序是指由行政性法规、规章所规定的,进行基本建设所必须遵循的阶段及其先后顺序。这个法则是人们在认识客观规律,科学地总结了建设工作的实践经验的基础上,结合经济管理体制制定的。它反映了项目建设所固有的客观规律和经济规律,体现了现行建设管理体制的特点,是建设项目科学决策和顺利进行的重要保证。国家通过制定有关法规,把整个基本建设过程划分为若干个阶段,规定每一个阶段的工作内容、原则以及审批权限,既是基本建设应遵循的准则,也是国家对基本建设进行监督管理的手段之一。

它是国家计划管理、宏观资源配置的需要,是主管部门对项目各阶段监督管理的需要。

1995年,水利部《水利工程建设项目管理规定(试行)》(水建〔1995〕128号),1998年1月7日水利部《水利工程建设程序管理暂行规定》(水建〔1998〕16号),2014年8月19日《水利部关于废止和修改部分规章的决定》修改文件规定,水利工程建设程序一般分为项目建议书、可行性研究报告、施工准备、初步设计、建设实施、生产准备、竣工验收、后评价等阶段。水利工程项目建设程序中,通常将项目建议书、可行性研究报告和初步设计(或扩大初步设计)作为一个大阶段,称为项目建设前期阶段,初步设计以后作为另一大阶段,称为项目实施阶段。

1.2.2　水利工程建设程序

1.2.2.1　项目建议书

项目建议书是要求建设某一具体工程项目的建议文件,是基本建设程序中最初阶段的工作,是投资决策前对拟建项目的轮廓设想。编制项目建议书,应根据国民经济和社会发展规划与地区经济发展规划的总体要求,在经批准的流域(区域)综合利用规划或行业发展规划的基础上,提出开发目标和任务,对项目的建设条件进行调查和必要的勘察工作,并在对资金筹措进行分析后,择优选定建设项目和项目的建设规模、地点和时间,论证项目建设的必要性,同时初步分析建设的可能性。

为了进一步加强项目前期工作,对项目建设的必要性进行充分论证,国家从20世纪80年代初期规定了增加项目建议书这一步骤。项目建议书经批准后,可以进行详细的可行性研究工作,但项目建议书不是项目的最终决策。

项目建议书应按照《水利水电工程项目建议书编制暂行规定》(水利部水规计〔1996〕608号)、《水利水电工程项目建议书编制规程》(SL 617—2013)编制。

项目建议书按要求编制完成后,按照建设总规模和限额的划分审批权限报批。凡属小型和限额以下项目的项目建议书,按项目隶属关系由部门或地方计委审批。

1.2.2.2　可行性研究报告

项目建议书一经批准,即可着手进行可行性研究,在进行全面技术经济预测、计算、分析论证和多种方案比较的基础上,对项目在技术上是否可行和经济上是否合理进行科学的分析和论证。我国从20世纪80年代初将可行性研究正式纳入基本建设程序和前期工作计划,规定大中型项目、利用外资项目、引进技术和设备进口项目都要进行可行性研究,其他项目有条件的也要进行可行性研究。承担可行性研究工作的单位应是经过资格审定的规划、设计单位和工程咨询单位。项目建议书一经批准,即可着手进行可行性研究,可行性研究报告应按照《水利水电工程可行性研究报告编制规程》(SL 618—2013)编制。

可行性研究报告是在可行性研究的基础上编制的一个重要文件。它确定建设项目的建设原则和建设方案,是编制设计文件的重要依据。可行性研究报告的主要内容有建设项目的目标与依据、建设规模、建设条件、建设地点、资金来源、综合利用要求、环保评估、建设工期、投资估算、经济评价、工程效益、存在的问题和解决方法等。由于可行性研究报告是项目最终决策和进行初步设计的重要文件,要求它必须有相当的深度和准确性。

1988年《国务院关于印发投资管理体制近期改革方案的通知》,对可行性研究报告的审批权限做了新的调整。该文件规定,属中央投资、中央和地方合资的大中型和限额以上项目的可行性研究报告,要报送国家计委审批。国家计委在审批过程中要征求行业归口主管部门和国家专业投资公司的意见,同时要委托有资格的工程咨询公司进行评估。根据行业归口主管部门的意见、投资公司的意见和咨询公司的评估意见,国家计委再行审批;总投资 2 亿元以上的项目,不论是中央项目还是地方项目,都要经国家计委审查后报国务院审批。中央各部门所属小型和限额以下项目,由各部门审批;地方投资 2 亿元以下项目,由地方计委审批。可行性研究报告经批准后,该建设项目即可立项并进行勘测设计工作。

1.2.2.3　施工准备

施工准备是在项目设计完成并经审查批准后为项目的开工进行的各项准备工作,大中型水利建设项目在初步设计工作完成并经审查批准后就开始进行施工准备工作。

施工准备工作开始前,项目法人或其代理机构,依照《水利部关于调整水利工程建设项目施工准备开工条件的通知》(水建管〔2017〕177 号)的规定,进行施工准备必须满足如下条件:

(1)建设项目可行性研究报告已经批准;

(2)环境影响评价文件等已经批准;

(3)年度投资计划已经下达或建设资金已落实。

根据水利部相关文件的规定,项目法人或建设单位向主管部门提出主体工程开工申请报告,必须进行施工准备工作,主要包括:

(1)开展征地、拆迁;实施施工用水、用电、通信、进场道路和场地平整等工程。

(2)实施必需的生产、生活临时建筑工程。

(3)实施经批准的应急工程、试验工程等专项工程。

(4)组织招标设计、咨询、设备和物资采购等服务。

(5)组织相关监理招标。

(6)组织主体工程施工招标的准备工作等。

1.2.2.4　初步设计

设计是对拟建工程的实施在技术上和经济上所进行的全面而详细的安排,是基本建设计划的具体化,是整个工程的决定环节,是组织施工的依据。它直接关系着工程质量和将来的使用效果。经批准可行性研究报告的建设项目,应委托设计单位,按照批准的可行性研究报告的内容和要求进行设计,编制设计文件。

根据建设项目的不同情况,原设计过程一般划分为两个阶段,即初步设计和施工图设计。重大项目和技术复杂项目,可根据不同行业的特点和需要,增加技术设计阶段。

初步设计报告应按照《水利水电工程初步设计报告编制规程》(SL 619—2013)编制。初步设计是根据批准的可行性研究报告和必要而准确的设计资料,对设计对象进行通盘研究,阐明拟建工程在技术上的可行性和经济上的合理性,规定项目的各项基本技术参数,编制项目的总概算。初步设计任务应择优选择有项目相应资格的设计单位承担,依照有关初步设计编制规定进行编制。

水利水电工程项目的初步设计,应根据充分利用水资源、综合利用工程设施和就地取材的原则,通过不同方案的分析比较,论证本工程及主要建筑物的等级标准,选定坝(闸)址,确定工程总体布置方案、主要建筑物形式和控制性尺寸、水库各种特征水位、装机容量、机组机型、制订施工导流方案、主体工程施工方法、施工总进度及施工总布置以及对外交通、施工动力和工地附属企业规划,并进行选定方案的设计和编制设计概算。根据国家规定,如果初步设计提出的总概算超过可行性研究报告确定的投资估算15%以上或其他主要指标需要变更,要重新报批可行性研究报告。

设计文件要按规定程序报送审批。初步设计与总概算应提交主管部门审批。

1.2.2.5　建设实施

建设实施阶段是指主体工程的建设实施。建设项目经批准开工后,项目法人按照批准的建设文件,组织工程建设,保证项目建设目标的实现;参与项目建设的各方,依照项目法人或建设单位与设计、监理、工程承包单位以及材料与设备采购等有关各方签订的合同,行使各方的合同权利,并严格履行各自的合同义务。项目法人或建设单位按照批准的建设文件,发挥项目管理的主导地位,依照有关合同,协调有关建设各方的关系和建设外部环境。

1.开工时间

开工时间是指建设项目设计文件中规定的任何一项永久性工程中第一次正式破土动工的时间。工程地质勘查、平整土地、临时导流工程、临时建筑、施工用临时道路、水、电等施工,不算正式开工。

根据《水利部关于废止和修改部分规章的决定》(2014年水利部令第46号),主体工程开工规定如下:

水利工程具备开工条件后,主体工程方可开工。项目法人或建设单位应当自工程开工之日起15个工作日内,将开工情况的书面报告报项目主管单位和上一级主管单位备案。

2.主体工程开工条件

项目法人或其代理机构必须按审批权限,向主管部门提出主体工程开工申请报告,经批准后,主体工程方能正式开工。主体工程开工须具备的条件如下:

(1)项目法人或建设单位已经设立。

(2)初步设计已经批准,施工详图设计满足主体工程施工需要。

(3)建设资金已经落实。

(4)主体工程施工单位和监理单位已经确定,并分别订立合同。

(5)质量安全监督单位已经确定,并办理了质量安全监督手续。

(6)主要设备和材料已经落实来源。

(7)施工准备和征地移民等工作满足主体工程开工需要。

项目法人要充分发挥建设管理的主导作用,为施工创造良好的建设条件。项目法人要充分授权工程监理,使之能独立负责项目的建设工期、质量、投资的控制和现场施工的组织协调。按照"政府监督、项目法人负责、社会监理、企业保证"的要求,建立健全质量管理体系。

1.2.2.6　生产准备

生产准备是为使建设项目顺利投产运行在投产前进行的必要的准备工作。根据建设项目或主要单项工程的生产技术特点,由项目法人或建设单位适时组织进行。主要包括组建运行管理组织机构、签订产品销售合同、招收和培训人员、正常的生活福利设施准备、生产技术准备、生产物资准备等。

1.2.2.7　竣工验收

《水利水电建设工程验收规程》(SL 223—2008)规定,水利水电建设验收按验收主持单位可分为法人验收和政府验收。法人验收应包括分部工程验收、单位工程验收、水电站(泵站)中间机组启动验收、合同完工验收等;政府验收应包括阶段验收、专项验收、竣工验收等。

竣工验收是工程建设过程的最后一环,是全面考核基本建设成果、检验设计和工程质量的重要步骤,也是基本建设转入生产或使用的标志。工程在投入使用前必须通过竣工验收。竣工验收应在工程建设项目全部完成并满足一定运行条件后1年内进行。不能按期进行竣工验收的,经竣工验收主持单位同意,可以适当延长期限,但最长不应超过6个月。

竣工验收应具备以下条件:

(1)工程已按批准设计全部完成。

(2)工程重大设计变更已经由有审批权的单位批准。

(3)各单位工程能正常运行。

(4)历次验收所发现的问题已基本处理完毕。

(5)各专项验收已通过。

(6)工程投资已全部到位。

(7)竣工决算已通过竣工审计,审计意见中提出的问题已整改并提交了整改报告。

(8)运行管理单位已明确,管理养护经费已基本落实。

(9)质量和安全监督工作报告已提交,工程质量达到合格标准。

(10)竣工验收资料已准备就绪。

竣工验收委员会可设主任委员1名,副主任委员以及委员若干名,主任委员应由验收主持单位代表担任。竣工验收委员会应由竣工验收主持单位、有关地方人民政府和部门、有关水行政主管部门和流域管理机构、质量和安全监督机构、运行管理单位的代表以及有关专家组成。工程投资方代表可参加竣工验收委员会。

项目法人、勘测、设计、监理、施工和主要设备制造(供应)商等单位代表参加竣工验收,负责解答验收委员会提出的问题,并应作为被验收单位代表在验收鉴定书上签字。

1.2.2.8　后评价

项目后评价是固定资产投资管理工作的一个重要内容。1990年1月,国家计委就已发出通知,要求对国家重点建设项目开展后评价工作。在项目建成投产后(一般经过1~2年生产运营后),要进行一次系统的项目后评价。通过对项目前期工作、项目实施、项目运营情况的综合研究、衡量和分析项目的实际情况及其与预测(计划)情况的差距,确定有关项目预测和判断是否正确并分析其原因,从项目完成过程中吸取经验教训,为今后改进项目准备、决策、监督管理等工作创造条件,并为提高项目投资效益提出切实可行的对策措施。

项目后评价的主要内容包括:影响评价——项目投产后对各方面的影响进行评价;经济效益评价——对项目投资、国民经济效益、财务效益、技术进步和规模效益、可行性研究深度等进行评价;过程评价——对项目的立项、设计施工、建设管理、竣工投产、生产运营等全过程进行评价。

项目后评价一般按三个层次组织实施,即项目法人的自我评价、项目行业的评价、计划部门(或主要投资方)的评价。

想一想 练一练

1.举例说明水利工程建设项目的各阶段应进行的工作。

2.根据现行文件要求,水利工程施工准备工作应包括哪些具体项目?

3.根据现行文件要求,水利工程开工条件有哪些?

4.根据现行验收规程,水利工程竣工验收的条件有哪些?

5.水利工程后评价的内容有哪些?后评价的三个层次是什么?

知识拓展

地方中小型水利工程项目的建设程序是否必须严格按照以上阶段执行?

项目2　水利水电工程造价编制准备

任务2.1　认识工程造价

【学习目标】

1.知识目标:①了解水利工程造价文件的概念;②了解水利工程造价的类型;③了解水利工程造价的编制方法。

2.技能目标:①知道水利工程造价的特点;②知道水利工程造价的计价特征。

3.素质目标:①认真仔细的工作态度;②严谨的工作作风;③遵守编制规定的要求。

【项目任务】

学习水利工程造价的概念和造价文件的类型。

【任务描述】

通过学习,对水利工程造价有一个基本的认识。

2.1.1　工程造价的概念

工程造价的直接含义就是工程的建造价格,这里所说的工程,泛指一切建设工程。工程造价有两层含义:一是指建设项目的建设成本,即是完成一个建设项目所需费用的总和,包括建筑工程费、安装工程费、设备费,以及其他相关的必需费用;二是指建设项目中承发包工程的承发包价格,即是发包方与承包方签订的合同价。

工程造价的两种含义最主要的区别在于需求主体和供给主体在市场追求的经济利益不同,因而管理的性质和管理目标不同。从管理性质看,前者属于投资管理范畴,后者属于价格管理范畴。但两者又互相交叉。从管理目标看,作为项目投资或投资费用,投资者在进行项目决策和项目实施中,首先追求的是决策的正确性。其次,在项目实施中完善项目功能,提高工程质量,降低投资费用,按期或提前交付使用,是投资者始终关注的问题。

建设工程造价是指一项建设工程项目预计开支或实际开支的全部固定资产投资费用,即是建设工程项目按照确定的建设内容、建设规模、建设标准、功能要求和使用要求等全部建成并验收合格、交付使用所需的全部费用。

2.1.2　造价文件的类型和作用

水利水电工程在基本建设程序的不同阶段,由于工作深度不同,要求不同,其工程造价文件类型也不同,各阶段要分别编制相应的造价文件,以保证工程造价的确定与控制的科学性,下面简单介绍现行的工程造价文件的类型和作用。

2.1.2.1　投资估算

投资估算是在项目建议书和可行性研究阶段,根据投资估算指标、类似工程造价资料、现行设备材料价格并结合工程实际情况,对拟建项目的投资进行预测和确定。投资估算是可行性研究阶段对建设工程造价的预测,是控制拟建项目投资的最高限额,应充分考虑各种可能的需要、风险、价格上涨等因素,要打足投资,不留缺口,适当留有余地,投资估算是判断项目可行性、进行项目决策的主要依据之一,投资估算是工程造价全过程管理的"龙头",抓好这个"龙头"有十分重要的意义。

2.1.2.2 设计概算

设计概算是初步设计阶段对建设工程造价的预测,是初步设计文件的重要组成部分。初设概算在已经批准的可行性研究阶段投资估算静态总投资的控制下进行编制。

由于初步设计阶段对建筑物的布置、结构形式、主要尺寸以及机电设备的型号、规格等均已确定,所以概算对建设工程造价不是一般意义上的测算,而是带有定位性质的测算。因此,设计概算经批准以后是建设项目成本管理、成本控制的依据,是确定和控制基本建设投资、编制基本建设计划、编制利用外资概算和业主预算、编制工程标底、实行建设项目包干、考核工程造价和验核工程经济合理性,以及建设单位向银行贷款的依据。概算经批准后,相隔两年或两年以上工程未开工的,工程项目法人应委托设计单位对概算进行重新编制,并报原审查单位进行审批。

工程开工后,由于设计有重大修改,遇有不可抗拒的重大自然灾害,国家有较大的政策性调整,物价有较大幅度的上涨等原因造成投资大幅度突破原概算时,项目法人可以要求编制调整概算。

利用外资建设的水利水电工程项目,设计单位应编制包括内资和外资全部工程投资的总概算(简称外资概算)。外资概算的编制一般应按两个步骤进行。第一步按国内概算的编制办法和规定,完成全内资概算的编制;第二步再按已确定的外资来源、额度和投向,可参照水利水电工程利用外资概算编制办法有关规定编制外资概算。

2.1.2.3 项目管理预算

由项目法人(或建设单位)委托具备相应资质的水利工程造价咨询单位,在批准的设计概算静态投资限额之内,依据水利部《水利工程造价管理暂行规定》编制项目管理预算。在编制项目管理预算时,执行"总量控制、合理调整"的原则,根据工程建设情况、分标项目,对初步设计概算各单项工程、单位工程、分部工程的量、价进行合理调整,以利于在工程建设中对工程造价进行管理和控制。

2.1.2.4 标底与报价

根据相关规定,施工单项合同估算价在200万元以上,勘测设计、监理单项合同估算价在50万元以上或项目总投资额在3 000万元以上的项目均须实行招标。对于水利工程,除个别不宜招标的项目外,所有列入国家和地方水利建设计划的水利基本建设工程项目,都要通过招标来选定施工单位。

标底是招标人对发包工程的预期价格,它可用来测算和科学评价投标报价的合理性,是业主委托具有相应资质的单位,根据招标文件、图纸,按有关规定,结合该工程具体情况,计算出的合理工程价格,作为发包的工程的标准价格。

标底的主要作用是招标单位对招标工程所需投资的自我测算,明确自己在发包工程上应承担的财务义务。标底也是衡量投标单位标价的准绳和评标的重要尺度。

报价,即投标报价,是施工企业(或厂家)对建筑安装工程施工产品(或机电、金属结构设备)的自主定价。相对于国家定价、标准价而言,它反映的是市场价,体现了企业的经营管理和技术、装备水平,中标的报价是基本建设的成交价格。

2.1.2.5 施工图预算

施工图预算是根据施工图纸,施工组织设计,国家或省、直辖市、自治区颁发的预算定额和工程量计算规则,地区材料预算价格,施工管理费标准,利润等,计算每项工程所需人力、物力和投资额的文件。它是施工前组织物资、机具、劳动力,编制施工计划,统计完成工作量,办理工程价款结算,实行经济核算,考核工程成本,实行建筑工程包干和建设银行拨(贷)工程费用的依据。施工图预算应在已批准的设计概算控制下进行编制。施工图预算是设计阶段控制工程造价的重要环节,是控制施工图设计不突破设计概算的重要措施,是编制或调整固定资产投资计划的依据,对于实行施工招标的工程不属《建设工程工程量清单计价规范》规定执行范围的,可用施工图预算作为编制标底的依据,此时它是承包企业投标报价的基础,对于不宜实行招标而采用施工图预算加调整价结算的工程,施工图预算可作为确定合同价款的基础或作为审查施工企业提出的施工图预算的依据。

2.1.2.6 施工预算

施工预算是由施工单位在工程开工前编制,施工单位为了加强企业内部经济核算,节约人工和材料,合理使用机械,在施工图预算的控制下,通过工、料分析,计算拟建工程工、料和机具等需用量,并直接用于生产的经济性文件。它是直接用于施工生产管理的技术经济文件。施工预算是企业进行劳动调配,物资技术供应,反映企业个别劳动量与社会平均劳动量之间的差别,控制成本开支,进行成本分析和班组经济核算的依据。

2.1.2.7 竣工结算和竣工决算

竣工结算是指工程完工、交工验收合格后,施工单位与建设单位对承建工程项目的最终结算(施工过程中的结算属中间结算)。

竣工决算是建设单位向国家(或业主)汇报建设成果和财务状况的总结性文件,是竣工验收报告的重要组成部分,它反映了工程的实际造价。竣工决算由建设单位负责编制。

竣工决算的作用主要是建设单位向管理单位移交财产、考核工程项目投资、分析投资效果的依据。编好竣工决算对促进竣工投产,积累技术经济资料有重要意义。

竣工结算与竣工决算的主要区别有两点:一是范围,竣工结算的范围只是承建工程项目,是基本建设项目的局部,而竣工决算的范围是基本建设项目的整体;二是成本内容,竣工结算只是承包合同范围内的预算成本,而竣工决算是完整的预算成本,它还要计入工程建设的其他费用开支、水库淹没处理、水土保持及环境保护工程、临时工程设施和建设期融资利息等工程成本和费用。由此可见,竣工结算是竣工决算的基础,只有先办理竣工结算,才有条件编制竣工决算。

综上所述,从投资估算、设计概算、项目管理预算到最后的竣工决算,整个计划是一个由粗到细、由浅到深,最后确定工程实际造价的过程。以上是国内工程造价成果的类型,与国外的工程造价成果类型不大相同,以英、美为例,从规划选点到招标阶段,工程造价成果分五种类型:概念性估算、初步估算、控制性估算、工程师估算(或工程师概算)、标底估算。工程深度由粗到精,允许误差由大到小,分别约为 $\pm 20\%$ 、$\pm 15\%$ 、$\pm 10\%$ 、$\pm 5\%$ 。

2.1.3　工程造价编制的基本方法

随着社会主义市场经济体制的建立,要求我们对项目投资进行预测和控制,合理确定和有效调控建设工程造价,提高工程造价编制水平,反映工程的实际造价,目前国内外预测工程造价的方法有以下几种。

2.1.3.1　综合指标法

在工程建设项目建议书阶段和可行性研究阶段,因工作深度不足,无法确定具体项目和工程量。此时可采用综合指标法对工程造价进行预测。综合指标法所采用的综合指标应由专门机构、专业人员,通过对已建或在建的工程项目的有关资料进行综合分析得到。综合指标应具有权威性、概括性,并能反映不同行业、不同类型工程项目的特点。综合指标法的特点是概括性强,不须做具体分析,如大坝混凝土综合指标,包括坝体、溢流面、闸墩、胸墙、导流墙、工作桥、消力池、护坦、海漫等。综合指标中包括人工费、材料费、机械使用费及其他费用并考虑了一定的扩大系数。在编制设计概算时水利水电工程的其他永久性专业工程,如铁路、公路、桥梁、供电线路、房屋建筑工程等,也可采用综合指标法编制设计概算。

2.1.3.2　单价法

单价法是新中国成立至今一直沿用的一种编制建筑、安装工程造价的方法,单价法适用于设计概(预)算、施工预算等。由于此方法多采用套定额计算工程单价,故又称定额法。本书主要介绍的工程造价的编制方法为单价法。日本、德国也采用单价法,但无统一的定额和规定的取费标准。

单价法是将建筑、安装工程按工程性质、部位,划分为若干个分部分项工程,其划分的粗细程度应与所采用的定额相适应,根据定额给定的分部分项工程所需的人工、材料、机械台时数量乘以相应人、材、机的价格,求得人工费、材料费和机械使用费,再按有关规定的其他直接费、现场经费、间接费、企业利润和税金的取费标准,计算出工程单价。各分部分项工程的工程量分别乘以相应的工程单价,然后合计求得工程造价。

单价法计算简单、方便。但由于定额标准反映的是一定时期和一定地区范围的"共性",与各个具体工程项目的自然条件、施工条件及各种影响因素的"个性"之间存在有差异,有时甚至差异还很大。

2.1.3.3　实物量法

实物量法预测工程造价是根据确定的工程项目、施工方案及劳动组合,计算各种资源(人、材、机)的消耗量,用当地资源的预算价格分别乘以相应的消耗量,求得完成工程项目的基本直接费用。其他费用的计算过程和单价法类似。实物量法编制工程造价的关键是施工规划,该方法编制工程造价的一般程序如下。

1.直接费分析

(1)把工程中的各个建筑物划分为若干个工程项目,如土方工程、石方工程、混凝土工程等。

（2）把每个工程项目再划分为若干个施工工序，如石方工程的钻孔、爆破、出渣等工序。

（3）根据施工条件选择施工方法和施工设备，确定施工设备的生产率。

（4）根据所要求的施工进度确定各个工序的施工强度，由此确定施工设备、劳动力的组合，根据进度计算出人员、材料、机械的总数量。

（5）将人、材、机的总数量分别乘以相应的基础单价，计算出工程直接费用。

（6）工程直接费用除以该工程项目的工程量即得直接费单价。

2. 间接费分析

根据施工管理单位的人员配备、车辆和间接费包括的范围，计算施工管理费和其他间接费。

3. 承包商加价分析

根据工程施工特点和承包商的经营状况、市场竞争状况等因素，具体分析承包商的总部管理费、中间商的佣金、承包人不可预见费以及利润和税金等。

4. 工程风险分析

根据工程规模、结构特点、地形地质条件、设计深度，以及劳动力、设备材料等市场供求状况，进行工程风险分析，确定工程不可预见准备金。

5. 工程总成本计算

工程总成本为直接成本、间接成本、承包商加价之和，再加上施工准备工程费，设备采购工程、技术采购工程及有关公共费用，保险，不可预见准备金，建设期融资利息等。

大多数欧洲国家采用实物量法，该方法计算比较麻烦、复杂，要求造价人员有较高的业务水平和丰富的工程经验，且要掌握大量的基本资料。但这种方法是针对每个工程项目的具体情况预测工程造价的，对设计深度满足要求、施工方法符合实际的工程采用此方法比较合理、准确，这也是国外普遍采用此方法的缘故。

采用实物量法预测工程造价改变了单价法采用国内平均先进水平，宏观控制投资的基本观点，而是与工程和市场实际情况以及适合本工程施工的施工企业水平直接挂钩，根据工程施工条件、工程进度、施工方法等编制更切合每个工程具体情况的合理造价。这种方法是"逐个量体裁衣"，因而切合实际、合理、准确。目前，国际社会，特别是英、美等发达国家普遍采用这种方法编制工程造价，在某种程度上来说，已成为当今国际社会的一种惯例，将对加快我国水电工程造价改革起到积极推动作用。

想一想 练一练

1. 工程造价的含义是什么？

2. 工程造价的特点有哪些？

3. 工程造价的计价特征有哪些？

4. 各类不同造价文件的作用是什么？

5. 简述工程造价编制的基本方法。

任务2.2　认识水利工程定额

【学习目标】

1. 知识目标：①熟悉工程定额的概念和分类；②了解工程定额的表现形式；③了解工程定额的作用；④了解工程定额的编制原则和方法；⑤熟悉工程定额的使用。

2. 技能目标：①知道水利工程定额的表现形式；②知道水利工程定额的使用情况；③能利用工程定额进行工程施工机械的配置和工程历时的计算。

3. 素质目标：①认真仔细的工作态度；②严谨的工作作风；③遵守编制规定的要求。

【项目任务】

学习水利工程定额的概念和作用。

【任务描述】

通过学习，掌握工程定额中数据的涵义，知道工程定额中数据的来历，知道不同阶段工程定额的类型，能正确使用工程定额中的数据计算工程机械配置及工程历时。

2.2.1　工程定额的概念和表现形式

2.2.1.1　工程定额的概念

定额是一种规定的额度，广义的说就是处理特定事物的数量界限。定额就是在一定的技术与组织条件下，生产质量合格的单位产品所消耗的人力、物力、财力的数量标准。它反映一定时期的社会生产力水平的高低。

在社会生产中，要生产出合格产品，就必须消耗掉一定数量的人力、材料和机具等，由于受各种因素影响，生产出一定数量相同类型产品，消耗量并不相同，消耗量越大，产品成本也就越高，根据一定时期的生产力水平和对产品质量要求，规定在产品生产中人力、物力或资金消耗数量标准，这种标准就是定额。

定额中规定资源消耗的多少反映定额水平，定额水平是一定时期社会生产力水平的反映，它与操作人员的技术水平、机械化程度及新材料、新工艺、新技术的发展和应用有关，所以定额不是一成不变的，它是随着生产力水平的变化而变化的。一定时期定额水平必须坚持平均先进的原则，就是在一定生产条件下，大多数企业、班组和个人，经过努力可以达到或超过的标准。

定额的产生和发展是与社会生产力分不开的，人类在与大自然的斗争过程中逐步形成了定额的概念，定额作为一门科学，它伴随着资本主义企业管理而产生。定额产生于19世纪末资本主义企业管理的科学管理发展时期，20世纪初美国泰勒推出的实行标准操作方法，采用计件工资，以提高劳动生产效率的被称为"泰勒制"的方法，形成了最初的定额，使资本主义生产管理发生了重大的改变。

我国工程定额是随着国民经济的恢复和发展逐步建立起来的，工程定额从无到有，从不健全到健全经历了一个复杂的发展阶段，1958～1966年由于中央管理权限部分下放，劳动定额体制也进行了探讨性改革，1959年国务院有关部委做出联合决定，将定额管理权限收回中央，1962年正式修订颁发了《全国建筑安装工程统一劳动定额》，这一时期有关部委相继颁发了适合行业特点的定额,中华人民共和国成立以来,水利部、水利电力部和能源部以及各省水利厅颁发了若干水利水电工程概预算有关的标准和定额(见表 2-1),这些标准和定额具有行业特点,只适用于水利水电行业的概预算文件的编制。

表 2-1　水利部、水利电力部和能源部颁发的有关水利水电工程概预算的标准和定额

颁发年份	水利水电工程有关标准和定额	颁发部门
1954 年	《水利水闸工程预算定额》(草案) 《水力发电建筑安装工程施工定额》(草案) 《水力发电建筑安装工程预算定额》(草案)	水利电力部
1956 年	《水力发电建筑安装工程预算定额》	水利电力部
1957 年	《水利工程施工定额》(草案)	水利电力部
1958 年	《水利水电建筑工程预算定额》	水利电力部
1958 年	《水力发电设备安装价目表》	水利电力部
1964 年	《水利水电建筑安装工、料、机械施工指标》 《水利水电建筑安装工程预算指标》(征求稿) 《水力发电设备安装价目表》(征求稿)	水利电力部
1973 年	《水利水电建筑工程定额》(讨论稿)	水利电力部
1975 年	《水利工程概算指标》	水利电力部
1980 年	《水利水电工程设计预算定额》(试行)	水利电力部
1983 年	《水利水电建筑安装工程统一劳动定额》	水利电力部
1985 年	《水利水电建筑安装工程机械台班定额》	水利电力部
1987 年	《水利水电建筑工程预算定额》 《水利水电设备安装工程预算定额》 《水利水电设备安装工程概预算定额》 《水利水电建筑工程概算定额》	水利电力部
1989 年	《水利水电工程设计概(估)算费用构成及计算标准》 《水利水电工程执行概算编制办法》	能源部 水利部
1990 年	《水利水电工程可行性研究投资估算编制办法》 《水利水电枢纽工程项目建设工期定额》(参考定额) 《水利水电工程投资估算指标》(试行)	能源部 水利部
1991 年	《水利水电施工机械台班费定额》 《水利水电工程设计收费定额》 《水利水电工程勘测收费定额》	能源部 水利部
1991 年	《水利工程设计概(估)算费用构成及计算标准》(试行)	水利部

续表 2-1

颁发年份	水利水电工程有关标准和定额	颁发部门
1994 年	《水利水电施工机械台班费定额的补充规定》	水利部
1998 年	《水利水电工程设计概(估)算费用构成及计算标准》	水利部
2002 年	《水利建筑工程预算定额》 《水利建筑工程概算定额》 《水利水电设备安装工程预算定额》 《水利水电设备安装工程概算定额》 《水利工程施工机械台时费定额》 《水利工程设计概(估)算编制规定》	水利部
2014 年	《水利工程设计概(估)算编制规定》	水利部
2016 年	《水利工程营业税改征增值税计价调整办法》	水利部

　　工程建设定额是指在工程建设中,消耗在单位产品上人工、材料、机械、资金和工期的规定额度,是建筑安装工程预算定额、综合预算定额、概算定额、概算指标、投资估算指标、施工定额和工期定额等的总称。

　　工程定额具有科学性、权威性、统一性、时效性与稳定性的特点。

　　目前普遍所用的标准是水利部颁发的《水利工程设计概(估)算编制规定》(水总〔2014〕429 号)(简称《编制规定》),《水利工程营业税改征增值税计价依据调整办法》(办水总〔2016〕132 号)及 2002 年颁发的《水利建筑工程概算定额》、《水利建筑工程预算定额》、《水利工程施工机械台时费定额》以及 1999 年颁发的《水利水电设备安装工程概算定额》、《水利水电设备安装工程预算定额》等,另外各省结合自身地域特点,各省水利厅颁发了若干水利水电工程概预算有关的标准和定额,按各地区有关规定参照执行。

2.2.1.2　工程定额的表现形式

　　定额一般有实物量式、价目表式、百分率式和综合式四种表示形式。

1. 实物量式

　　实物量式是以完成单位工程(工作)量所消耗的人工、材料及施工机械台时的数量表示的定额,如水利部 2002 年《水利建筑工程概算定额》《水利水电设备安装工程概算定额》等。这种定额使用时要用工程所在地编制年的价格水平计算工程单价,它不受物价上涨因素的影响,使用时间较长。现行水利部 2002 年《水利建筑工程概算定额》是实物量式定额,实物量式定额表示形式见表 2-2。《水利水电设备安装工程概算定额》是以实物量式和百分率或两种形式表示的定额。

2. 价目表式

　　价目表式是以编制年(部颁的以北京,省颁的以省会所在地)的价格水平给出完成单位产品的价格。该定额使用比较简便,但必须进行调整,很难适应工程建设动态发展的需要,已逐步被实物量式定额所取代。

表 2-2　1 m³ 装载机装土自卸汽车运输

适用范围:Ⅲ类土、露天作业　　　　　工作内容:挖装、运输、卸除、空回　　　　　单位:100 m³

项目	单位	运距(km)					增运 1 km
		1	2	3	4	5	
工长	工时						
高级工	工时						
中级工	工时						
初级工	工时	8.8	8.8	8.8	8.8	8.8	
合计	工时	8.8	8.8	8.8	8.8	8.8	
零星材料费	%	3	3	3	3	3	
装载机 1 m³	台时	1.66	1.66	1.66	1.66	1.66	
推土机 59 kW	台时	0.83	0.83	0.83	0.83	0.83	
自卸汽车 5 t	台时	10.58	13.63	16.43	19.07	21.60	2.33
8 t	台时	7.21	9.11	10.86	12.51	14.09	1.46
10 t	台时	6.75	8.36	9.84	11.24	12.58	1.23
编号		10395	10396	10397	10398	10399	10400

3. 百分率式

百分率式是以某取费基础的百分率表示的定额。如《水利工程设计概(估)算编制规定》(水总〔2014〕429 号)及《水利工程营业税改征增值税计价依据调整办法》(办水总〔2016〕132 号)中其他直接费费率和间接费费率定额。

4. 综合式

如《水利工程施工机械台时费定额》是一种综合式定额,其一类费用是价目表式,二类费用是实物量式。综合式表示形式见表 2-3。

表 2-3　土石方机械

项目		单位	单斗挖掘机				
			油动		电动		
			斗容 (m³)				
			0.5	1.0	2.0	3.0	4.0
(一)	折旧费	元	21.97	28.77	41.56	68.28	175.15
	修理及替换设备费	元	20.47	29.63	43.57	55.67	84.67
	安装拆卸费	元	1.48	2.42	3.08		
	小计	元	43.92	60.82	88.21	123.95	259.82

续表 2-3

项目		单位	单斗挖掘机				
			油动		电动		
			斗容（m³）				
			0.5	1.0	2.0	3.0	4.0
（二）	人工	工时	2.7	2.7	2.7	2.7	2.7
	汽油	kg					
	柴油	kg	10.7	14.2			
	电	kWh			100.6	128.1	166.8
	风	m³					
	水	m³					
	煤	kg					
备注						※	※
编号			1001	1002	1003	1004	1005

2.2.2 工程定额的分类

建设工程定额是工程建设活动中各类计价依据的总称,可以按照不同的原则和方法对其进行科学分类。

2.2.2.1 按照定额反映的物质消耗内容划分

1. 劳动定额

劳动定额是指在一定的生产和技术条件下,具有某种专长和技术水平的工人生产单位产品或完成一定工作量应该消耗的劳动量(一般用劳动或工作时间来表示)标准或在单位时间内生产产品或完成工作量的标准。人工定额、工时定额或工日定额,蕴涵着生产效益和劳动合理运用的标准,它是计算完成单位合格产品或单位工程量所需人工的依据。

劳动定额是表示建筑工人劳动生产率的指标,时间定额与产量定额是同一劳动定额的两种表现形式,各有其用途。时间定额是生产单位产品或完成一定工作量所规定的时间消耗量,以工日或工时为单位,便于计算分部工程、分项工程所需的总工日数,易于编制施工进度计划。产量定额是在单位时间内(如小时、工作日或班次)规定的应生产产品的数量或应完成的工作量,以产品数量的计量单位表示,便于班组分配任务及考核工人劳动生产率。时间定额和产量定额互为倒数。如表 2-4 中数据,横线上方为时间定额,下方是产量定额。所以,根据表 2-4 可以得知人工挖 Ⅱ 类土挖装汽车时间定额为 0.190 工日／m³,产量定额为 5.26 m³／工日。

2. 材料消耗定额

材料消耗定额是指在合理使用材料的条件下,生产单位合格建筑产品所必须消耗的建筑材料、成品、半成品或配件的数量标准。

表 2-4　人工挖装土方每 1 m³ 自然方的劳动定额

项目	土质级别			
	I	II	III	IV
挖装筐、双轮车	$\dfrac{0.092\,5}{10.80}$	$\dfrac{0.144}{6.94}$	$\dfrac{0.241}{4.15}$	$\dfrac{0.370}{2.70}$
挖装斗车、机动翻斗车	$\dfrac{0.102}{9.80}$	$\dfrac{0.158}{6.33}$	$\dfrac{0.265}{3.77}$	$\dfrac{0.407}{2.46}$
挖装汽车	$\dfrac{0.122}{8.20}$	$\dfrac{0.190}{5.26}$	$\dfrac{0.318}{3.14}$	$\dfrac{0.490}{2.04}$

　　制定材料消耗量定额,主要就是为了利用定额这个经济杠杆,对物资消耗进行控制和监督,达到降低物耗和控制工程成本的目的。定额的材料消耗量包括构成产品实体净用的材料数量和施工场内运输及操作过程不可避免的损耗量。如表 2-5 为钢筋搭接电焊条消耗定额。由表 2-5 可知,钢筋直径为 16 mm,搭接采取立焊的方式,焊缝 1 m 需要 0.36 kg 的电焊条。

表 2-5　钢筋搭接电焊条消耗定额

项目	单位	钢筋直径(mm)								
		12	16	19	22	25	28	32	36	40
平焊	kg/m	0.20	0.30	0.38	0.48	0.60	0.70	0.95	1.20	1.50
立焊		0.24	0.36	0.46	0.57	0.72	0.84	1.14	1.34	1.78
仰焊		0.26	0.39	0.49	0.62	0.78	0.91	1.28	1.58	1.99

　　3. 机械台班(时)使用定额

　　机械台班(时)使用定额是在一定的生产技术和生产组织条件及合理使用机械的条件下,完成单位合格产品所必须消耗的机械台班数量的标准,以"台班"或"台时"表示,它由机械的有效工作时间、不可避免的无效工作时间和工艺中断时间三部分组成。机械台班(时)使用定额的表达形式有机械时间定额和机械产量定额两种。机械时间定额是指在正常的施工条件下,生产单位合格产品所必须消耗的机械台班数量。机械产量定额是指某种机械在合理的施工组织的条件和正常的施工条件下,单位时间内完成合格产品的数量。机械时间定额和产量定额互为倒数。如表 2-6 为油压正铲挖掘机挖土装车定额。由表 2-6 可知,挖掘机斗容为 1.5 m³,挖III类土,高度 2 m 以上,装车时间定额为 0.170 台班/100 m³,产量定额为 587 m³/台班。

　　4. 综合定额

　　综合定额指在一定施工组织条件下,完成单位合格产品所需的人工、材料、机械台时数量。

表 2-6　油压正铲挖掘机挖土装车定额

项目			装车		
			Ⅰ、Ⅱ类土	Ⅲ类土	Ⅳ类土
挖掘机斗容量（m³）	1.0	挖土高度	1.5 m 以上		
			$\dfrac{0.181}{5.54}$	$\dfrac{0.217}{4.60}$	$\dfrac{0.249}{4.01}$
		1.5 m 以下	$\dfrac{0.212}{4.71}$	$\dfrac{0.256}{3.91}$	$\dfrac{0.293}{3.41}$
	1.5	2 m 以上	$\dfrac{0.139}{7.20}$	$\dfrac{0.170}{5.87}$	$\dfrac{0.192}{5.20}$
		2 m 以下	$\dfrac{0.167}{5.98}$	$\dfrac{0.205}{4.87}$	$\dfrac{0.231}{4.32}$

2.2.2.2　按专业性质划分

1. 一般通用定额

一般通用定额是指工程性质、施工条件、方法相同的建设工程，各部门都应共同执行的定额，如工业与民用建筑工程的预算定额。

2. 专业通用定额

专业通用定额是指某些工程项目，具有一定的专业性质，但又是几个专业部门共同使用的定额，如煤炭冶金、化工、建材等部门共同编制的矿山、巷井工程预算定额。

3. 专业专用定额

专业专用定额是指一些专业性工程，只在某一专业部门内使用的定额，如水利建筑工程概（预）算定额、邮电工程定额、化工工程定额等。

2.2.2.3　按照编制阶段、测定对象和用途划分

1. 投资估算指标

投资估算指标，是在编制项目建议书、可行性研究报告和编制设计任务书阶段进行投资估算、计算投资需要量时使用的一种定额。它具有较强的综合性、概括性，往往以独立的单项工程或完整的工程项目为计算对象。它的概略程度与可行性研究阶段相适应。它的主要作用是为项目决策和投资控制提供依据，是一种扩大的技术经济指标。

投资估算指标是确定和控制建设项目全过程各项投资支出的技术经济指标。其范围涉及建设前期、建设实施期和竣工验收交付使用期等各个阶段的费用支出，内容因行业不同而各异，一般可分为建设项目综合指标、单项工程指标和单位工程指标 3 个层次。建设项目综合指标一般以项目的综合生产能力单位投资表示。单项工程指标一般以单项工程生产能力单位投资表示。单位工程指标按专业性质的不同采用不同的方法表示。

2. 概算指标

考虑到初步设计阶段，受设计深度的影响，建设工程的细部结构难以分项提出完整的工程量，为保证工程概算不漏掉这些内容，将它们综合起来所制定的细部概算指标。

概算指标是比概算定额综合性、扩大性更强的一种定额指标。是以整个建筑物或构筑物为编制对象，以更为扩大的计量单位来编制的。它是设计单位编制工程概算或建设单位编制年度任务计划、申请贷款和主要材料计划的依据，也是设计单位进行设计方案技

术经济分析、考核投资效果的标准。

3. 概算定额

概算定额是在预算定额的基础上,将项目再进一步综合扩大后,按扩大后的工程项目为单位进行计算的定额。一般是编制初步设计概算或进行投资包干计算的依据。

概算定额是初步设计阶段编制建设项目设计概算和技术阶段编制修正概算的依据,概算定额的编制应贯彻社会平均水平和简明适用原则,概、预算定额之间要保持适当幅度差,并在概算定额的编制过程中严格控制。

4. 预算定额

预算定额,是在编制施工图预算时,计算工程造价和计算工程中劳动量、机械台班、材料需要量而使用的一种定额。它以工程中的分项工程,即在施工图纸上和工程实体上都可以区别开的产品为测定对象,其内容包括人工、材料和机械台班使用量三个部分,经过计价后编制成为建筑安装工程单位估价表(手册)。它是编制施工图预算(设计预算)的依据,也是编制概算定额、估算指标的基础。预算定额在施工企业内部被广泛用于编制施工组织计划,编制工程材料预算,确定工程价款,考核企业内部各类经济指标等方面。

预算定额是以分项工程或结构构件为对象,以施工定额为基础编制综合、简化、补充、扩大、过渡并采用一次扩大系数所编制的,预算定额与施工定额的定额水平确定原则是不同的,预算定额是按社会平均消耗水平确定其定额水平的。

5. 施工定额

施工定额,是施工企业为组织生产和加强管理在企业内部使用的一种定额,属于企业生产定额的性质。它是建筑安装工人在合理的劳动组织或工人小组在正常施工条件下,为完成单位合格产品,所需劳动、机械、材料消耗的数量标准。它由劳动定额、机械定额和材料定额三个相对独立的部分组成。施工定额是施工企业内部经济核算的依据,也是编制预算定额的基础。

施工定额的编制要体现平均先进、简明适用、独立自主的原则,独立自主地制定定额,主要是自主地确定定额水平,自主地划分定额项目,自主地根据需要增加新的定额项目。有利于企业自主经营;有利于推行现代企业财务制度;有利于施工企业摆脱过多的行政干预,更好地面对建筑市场竞争环境,也有利于促进新的施工技术和施工方法的采用。但是,企业定额毕竟是一定时期企业生产力水平的反映,它不可能也不应该割断历史。因此,企业定额应注意与国家政策规定保持衔接。

6. 工序定额

工序定额,是以个别工序为测定对象的定额。它是组成一切工程定额的基本元素,在施工中除为计算个别工序的用工量外很少采用,但却是劳动定额形成的基础。

2.2.2.4　按我国现行管理体制和执行范围划分

1. 全国统一定额

全国统一定额是指在工程建设中,各主管部门、各行业普遍使用,需要全国统一执行的定额。一般由国家计委或授权主管部门组织编制颁发。如全国市政工程预算定额、电气工程预算定额、通信设备安装预算定额等。

2.全国行业定额

全国行业定额是指在工程建设中,部分专业工程在某一个部门或几个部门使用的专业定额,经国家计委批准由一个主管部门或几个主管部门编制颁发,在有关行业中执行,如水利水电建筑工程预算定额、公路工程预算定额、铁路工程预算定额等。

3.地区定额

地区定额一般指省、自治区、直辖市,根据地方工程特点编制的地方通用定额和地方专业定额,在该地区执行。

4.企业定额

企业定额是建筑、安装企业在其生产经营过程中根据自己的累积经验结合企业具体情况自行编制,只限于本企业内部使用的定额。

2.2.2.5　按照构成工程费用的性质划分

1.基本直接费定额

基本直接费定额是指直接用于施工生产的人工、材料、成品、半成品、机械消耗的定额,如《水利建筑工程预算定额》、《水利水电设备安装工程预算定额》等。

2.间接费定额

间接费定额是指施工企业经营管理所需费用定额。

3.其他基本建设费用定额

其他基本建设费用定额是指不属于建筑安装工作量的独立费用定额,如勘测设计费定额等。

2.2.3　工程定额的作用

在现代社会经济生活中,定额几乎是无处不在的。就生产领域来说,工时定额,原材料消耗定额,原材料和成品、半成品储备定额,流动资金定额等,都是企业的重要基础。在工程建设领域也存在多种定额,它是工程造价的重要依据,不论定额的表现形式如何,其基本性质是一种规定的额度和计算规则。这种规定的额度和规则,是人们遵循一定的编制原则,通过某种计算方法制定出来的,是主观对客观事物的反映。人们利用它对复杂多样的事物进行评价和管理,同时利用它提高生产效率,增加产量,利用它调控经济决定分配,维护社会公平。具体来说,定额主要有以下几个方面的作用。

2.2.3.1　定额是宏观调控的有效手段

我国社会主义经济是以公有制为主体又要充分发展市场经济且有计划调节,政府宏观调控的手段有行政的、经济的、技术的,而用技术的、经济的手段来调控经济,是最有效也是最可靠的办法。建设工程定额就是一种技术经济手段的综合体现,它是一种衡量标准,是一种计算规则。如果同一建设工程使用的衡量标准不同,计算规则各异,标准和规则就没有比较的实际意义,使用上就会造成混乱。例如:建筑物的面积是一个重要的经济技术指标,如果人们所用的标准不一、规则各异,那就不存在可比性,国家如放弃了这种制定权、解释权就会造成标准、规则上的混乱,社会公正就会受到严重挑战,这时政府应充分利用建设工程定额调控作用,在统一计算规则、统一技术标准、统一计量单位、统一定额名称、统一工作内容的基础上,实行强制性与指导性相结合,政策导向与市场调节相互补的调控机制,有效地指导市场价格,规范计价行为。

2.2.3.2　定额是投资决策的依据

定额是工程计价的主要依据,当建设单位或其招标代理机构在确定和控制工程造价,进行经济评价合理性时,必须以定额为基础,影响工程造价的重要因素是设计内容,而设计内容又是由它的工程所需要的劳动力、材料、机械设备等消耗来确定的,而这些消耗数量都是根据定额计算出来的,定额是确定基本建设投资和建筑工程造价的依据。

2.2.3.3　定额是确定产品成本的依据和价格评判的社会尺度

建筑产品的价格是由其生产单位合格产品所消耗的人力、材料和机械台时数量等所决定的,这些消耗因素构成了产品的成本,而消耗量又是根据定额计算的,所以定额是确定产品成本的依据。由于现在大多数施工企业都没有编制自己的企业定额,其工程计价活动还是离不开现行建设工程定额,建设工程定额仍然起着不可替代的作用,建设工程定额是根据工程建设不同阶段和用途,按照一定的程序和编制方法,制定的不同用途和适用范围的定额标准和计价方式,这种定额标准和计价方式通过公开发布的方式公布执行,具有一定的社会公信力和约束力。

2.2.3.4　定额是执法监督的技术依据

市场经济是法制经济,不是无序经济,建设工程的社会全面监督应该依法办事,需要监督依据和评判尺度,只有依据事先公开发布的建设工程定额作为监督依据和评判尺度,才有公信力和约束力,得出的结论和解释才具有权威性。一般处理争议的原则是"有约定按照约定,没有约定按照有关规定",这个规定就是建设工程定额。

2.2.3.5　定额是编制计划的基础

无论是国家计划还是企业计划,在计划管理中所需编制施工进度计划、年度计划、月旬作业计划以及下达生产任务单等,都是按照定额,合理地平衡调配人力、财力、物力等各项资源,以保证提高经济效益,把计划落到实处。

2.2.3.6　定额是在贯彻"按劳分配"原则

由于工时消耗定额反映了生产产品和劳动量的关系,可以根据定额来对每个劳动者的工作,从而根据他所完成的劳动量的多少来支付他的报酬,体现了"多劳多得,按劳分配"的基本原则。

2.2.3.7　定额是提高企业经济效益的重要工具

定额是一种法定的额度,具有严格的经济监督作用,它要求每个执行定额的人,必须严格遵守定额的规定,并且尽可能有效降低人力、物力、财力等资源的消耗,使它不超过定额的标准从而提高劳动生产率,降低劳动成本。企业在进行计算和平衡资源需要量、组织材料供应、编制施工进度计划等一系列管理工作时都要以定额为标准,因此定额是增强企业管理、提高企业经济效益的重要工具。

2.2.3.8　定额是总结推广先进生产方法的手段

定额是在先进合理的条件下,通过对生产和施工过程的观察、实测、分析而综合制定的,它可以准确反映出生产技术和劳动组织的先进合理程度。因此,我们可以用定额标定的方法,对同一产品在同一操作条件下的不同生产方法进行观察、分析,从而总结出比较完善的生产方法,并经过试验、试点,然后在生产过程中予以推广,使生产效率提高。

2.2.4　工程定额的编制原则与方法

2.2.4.1　工程定额编制原则

1. 平均合理原则

定额水平是一定时期社会生产力水平的反映,体现社会必要劳动消耗,也就是在正常施工条件下,通过努力大多数工人和企业能达到或超过的水平,既不能采用少数先进生产者、先进企业所达到的水平,也不能以落后的生产者和企业的水平为依据,既不过低而达不到促进生产的目的,也不过高而挫伤工人的生产积极性和使企业亏损。

2. 基本准确原则

定额是对千差万别的个别实践进行概括、抽象出一般的数量标准。因此,定额的"准"是相对的,定额的"不准"是绝对的,我们不能要求定额编制得与自己实际完全一致,只能要求它基本准确。定额项目按主要参数划分,要项目齐全、粗细得当、步距合理。定额的计量单位、调整系数应设置科学。

定额步距是指同类型产品或同类工作过程、相邻定额工作标准项目之间的水平间距。定额步距大,项目就减少,精确度就会降低;定额步距小,定额项目就会增多,精确度会增高。

3. 简明适用原则

定额能否得到广泛使用,主要取决于定额的质量和水平的确定以及项目划分得是否简明适用等,在保证各项指标相对基本准确的基础上,要做到简明扼要、合理简化,定额换算内容和方法要简化合理,定额计量单位和有效数字要简单、适用和准确,定额文字说明和注解要简单明了、通俗易懂,定额项目不宜过细过繁,定额步距不宜过小过密,对影响定额的次要参数可采用调整系数等办法简化定额项目做到粗而准确、细而不繁,便于使用。比如当采用挖掘机挖土自卸汽车运土的施工方案,编制土方运输定额,运距不同时,不需要根据每个运距来划分子目,这样会很繁杂,合理确定定额步距,比如 1 km 以内、2 km 以内、3 km 以内、5 km 以内、超过 5 km 每增运 1 km 来划分,通过内插法和相应换算公式就可把每种运距的定额值计算出来。

4. 结合实际情况适当灵活原则

定额的权威性是指国家、专业部、地区统一定额在其规定的相应范围必须遵守,但我国幅员辽阔、各个工程情况复杂又要求定额具有必要的灵活性,定额中规定按实际调整换算就是定额的灵活性,它是对权威性的补充。

5. 统一性和差别性相结合的原则

统一性是由中央主管部门归口,考虑到国家的方针政策和经济发展需要,统一制定定额的编制原则和方法,具体组织和颁发全国统一定额、办法、有关规章制度和条理细则,培育全国统一市场,规范计价行为差别性,就是在统一性基础上,各部门和省、自治区、直辖市主管部门可以在自己的管辖范围内,根据本部门和地区的具体情况,制定部门和地区性定额、补充性制度和管理办法。

6. 以专家为主的原则

定额对工程造价的管理工作至关重要,所以定额的编制要求有一支经验丰富、技术与管理知识全面,有一定政策水平的专家队伍。

2.2.4.2　工程定额编制方法

编制水利工程建设定额以施工定额为基础,施工定额由劳动定额、材料消耗定额和机械使用定额组成,在施工定额的基础上,编制预算定额和概算定额。根据施工定额综合编制预算定额时,考虑到各种因素的影响,人工工时和机械台时分别按施工定额乘以 1.10 和 1.07 的幅度差系数,以预算定额为基础综合扩大编制概算定额时,一般对人工工时和机械台时乘以不大于 1.05 的扩大系数。工程定额的编制方法很多,常用的有以下几种,实际应用中常兼并使用、互相补充。

1. 经验估计法

由定额人员、工程技术人员、工人结合,根据个人或集体在施工实践中累积的经验和资料。经过图纸分析和现场观察,了解施工工艺,分析施工的生产技术组织条件和操作方法的繁简难易等情况,进行座谈讨论,加以分析整理而成定额。

经验估计法优点:方法简单,速度快。缺点:容易受参加制定人员主观因素的局限和影响,因此定额会出现偏高或偏低的现象。此法只使用于企业内部,作为某些局部项目的补充定额,为了提高经验估计法的精确度,使取定的定额水平适当。可以用概率论的方法来估算定额。

2. 统计分析法

统计分析法是把过去施工中同类工程或同类产品的工时消耗的统计资料和原始记录,采用数理统计方法进行分析,再与当前生产技术、组织条件的变化因素结合,进行分析研究,对比类推来合理制定定额的方法。

统计分析法反映了工人过去已达到的水平,在统计时没有也不可能剔除施工过程中不合理的因素,因而此水平偏于保守。为了克服统计分析资料的这个缺陷,使确定的定额水平保证平均先进的性质。采用"二次平均法"计算平均值,作为确定定额水平的依据。

3. 比较类推法

比较类推法是指以同类型或相似类型的产品或工序的典型定额项目的定额水平为标准,经过分析比较,类推出同一种定额各相邻定额水平的方法。

用来对比的两种产品必须是相似或同类型、同系列的,具有明显的可比性。如果缺乏可比性,就不能采用比较类推法来制定定额。比较类推法含有经验估计法的成分,因为对比分析时,会有凭主观经验估计和推算的成分。比较类推法的主要优点是制定定额的工作量不大,只要运用的依据恰当,对比分析细致,可保证劳动定额水平的平衡和提高。产品的系列化、标准化、通用化程度越高,产品的相似性越多,越能显示出这种方法的优点。

4. 技术测定法

技术测定法是制定定额的常用方法之一。这种方法是指实际深入正常生产条件下的施工现场,在分析各工序技术组织条件和工艺规程的基础上,对定额各部分时间的组成进行分析计算和测定来确定定额的方法。这是制定劳动定额的比较科学的一种方法。技术测定法制定定额的步骤是:①把制定定额的工序初步分解为若干个组成部分(如工步、操作、动作等);②分析工序结构和操作方法的合理性及组成部分的时间消耗因素。如能否取消不必要的动作,有无可合并、简化代替、交叉的动作,以达到工时消耗的经济合理;

③计算确定各组成部分和整个工序时间的定额。技术测定法的优点是能使定额的制定建立在分析各种影响因素的基础上,有较充分的科学依据,劳动定额水平容易做到先进合理;使用统一的时间定额标准,可以使定额水平达到统一平衡,使复杂的劳动定额制定工作条理化,便于掌握劳动定额水平。有利于下级的贯彻执行。技术测定法的缺点是制定劳动定额方法复杂,工作量大,耗费时间长,不易做到迅速及时。它对生产工艺过程要求稳定,对企业各项管理工作和管理组织形式要求比较完善。所以,它的应用范围受到一定的限制。

2.2.5 工程定额的内容

水利水电工程建设中现行的各种定额一般由总说明、分册分章说明、目录、定额表和有关附录组成。其中,定额表是各种定额的主要组成部分。

章节说明阐述了适用范围、换算系数和计算规则以及注意事项,附录主要由土石方分级表、混凝土砂浆配合比及材料用量表、水利工程混凝土建筑物立模面系数参考表等表格组成,工程概(预)算定额的定额表的主要内容有表号及定额表名称、工程内容、工程项目计量单位、顺序号、项目、工程细目、定额值、列注等。

《水利水电建筑安装工程统一劳动定额》(简称《统一劳动定额》)包括各种建筑工程和设备安装工程等 20 个分册。各册的定额表内列有各定额项目的不同子目的劳动定额或机械台班定额。均以时间定额与产量定额双重表示。一般横线上方为时间定额,横线下方为产量定额(见表 2-4)。

现行水利部 2002 年《水利建筑工程概算定额》(简称概算定额)和《水利建筑工程预算定额》(简称预算定额)的定额表内列出了各定额项目完成不同子目单位工程量所必要的人工、主要材料和主要机械台时消耗量,对完成不同子目单位工程量所必需的零星材料费、其他材料费和其他机械费,以费率百分比形式表示,各项费用的计费基数和费率按有关规定和说明执行。

概算定额和预算定额各定额项目的定额表上方一般都注明了该定额项目的适用范围、工作内容和工程项目计量单位。例如表 2-7 为一般石方开挖(风钻钻孔)预算定额。下面以表 2-7 为例,简单讲解定额表的组成:

(1)表号及定额表名称:表 2-7 中定额编号:20001 ,定额名称:一般石方开挖(风钻钻孔,岩石级别 V ~ Ⅷ)。

(2)工作内容:主要说明本定额表所包括的操作内容。查定额时,必须将实际发生的项目操作内容与表中的工程内容进行比较,若不一致时应进行调整或抽换。表 2-7 项目工作内容为钻孔、爆破、撬移、解小、翻渣、清面。

(3)工程项目计量单位:如 10 m³、100 m³、1 000 m³。表 2-7 中项目计量单位为 100 m³。

(4)顺序号:表示人工、材料、机械费用的顺序号。起简化说明的作用。如 1 代表人工、2 代表钢钎等(表 2-7 中未列顺序栏)。

(5)项目:定额表中的工程所需人工、材料、机械费用的名称、规格。如表 2-7 所示的普通雷管、炸药、合金钻头等。

(6)工程细目:表征本表中所包括的工程细目。如表 2-7 中定额编号 20001:岩石级别 V ～ Ⅷ等。

表 2-7　一般石方开挖——风钻钻孔

适用范围:一般明挖

工作内容:钻孔、爆破、撬移、解小、翻渣、清面　　　　　　　　　　　单位:100 m³

项目	单位	岩石级别			
		V ～ Ⅷ	Ⅸ ～ Ⅹ	Ⅺ ～ Ⅻ	ⅩⅢ ～ ⅩⅣ
工长	工时	1.4	1.8	2.3	3.0
高级工	工时				
中级工	工时	10.8	17.6	26.7	42.3
初级工	工时	57.7	70.1	84.3	105.8
合计	工时	69.9	89.5	113.3	151.1
合金钻头	个	0.99	1.69	2.48	3.55
炸药	kg	25.03	33.17	39.56	45.90
雷管	个	22.85	30.34	36.22	42.06
导线 火线	m	61.94	82.12	97.96	113.68
电线	m	113.01	149.80	178.67	207.33
其他材料费	%	18	18	18	18
风钻 手持式	台时	4.34	7.89	13.03	22.07
其他机械费	%	10	10	10	10
编号		20001	20002	20003	20004

(7)定额值:表中各种资源的消耗数量。如表 2-7 中定额编号 20001,中级工:10.8 工时,初级工:57.7 工时,人工合计 69.9 工时。

(8)注:有些定额表中,有列注,使用时注意仔细阅读,以免发生错误。

现行《水利水电设备安装工程概算定额》(简称《安装工程概算定额》)和《水利水电设备安装工程预算定额》(简称《安装工程预算定额》)的定额表以实物量或以设备原价为计算基础的安装费率两种形式表示,其中实物量定额占 97.1%。定额包括的内容为设备安装和构成工程实体的主要装置性材料安装的直接费。以实物量形式表现的定额中,人工工时、材料和机械台时都以实物量表示,其他材料费和其他机械费按占主要材料费和主要机械费的百分率计列,构成工程实体的装置性材料(即被安装的材料,如电缆、管道、母线等)安装费不包括装置性材料本身的价值;以费率形式表现的定额中,人工费、材料费、机械费及装置性材料费都以占设备原价的百分率计列,除人工费率外,使用时均不予调整。例如,表 2-8 为发电电压设备的安装概算定额。

表2-8 发电电压设备的安装概算定额

定额编号	项目	单位	安装费(%)				装置性材料费(%)
			合计	人工费	材料费	机械使用费	
06001	电压(kV)6.3	项	12.1	7.2	3.0	1.9	5.3
06002	10.5	项	8.9	4.9	2.6	1.4	3.3
06003	>10.5	项	7.1	3.7	2.2	1.2	3.0

现行《水利工程施工机械台时费定额》列出了水利工程施工中常见的施工机械每工作一个台时所花的费用。定额内容包括一类费用和二类费用两部分。其中,一类费用包括折旧费、修理及替换设备费和安装拆卸费,按2000年度价格水平计算并用金额表示,使用时根据主管部门规定的系数进行调整;二类费用包括机上人工费、动力燃料费,以实物量给出,其费用按国家规定的人工工资计算办法和工程所在地的物价水平分别计算,其中人工费按中级工计算。

2.2.6 工程定额的适应原则

2.2.6.1 专业对口原则

工程定额种类有很多,根据不同的划分方式可以划分不同的定额种类,而每种定额根据有关规定又有它的使用范围。例如,水利水电工程除水工建筑物和水利水电设备外,一般还有房屋建筑、公路、铁路、输电线路等永久性设施,水工建筑物和水利水电设备安装应采用水利、电力主管部门颁发的定额,其他永久性工程应分别采用所属主管部门颁发的相关定额,比如公路工程采用交通部颁发的公路工程定额,铁路工程采用铁道部颁发的铁路工程定额。

2.2.6.2 定额种类与设计阶段相适应的原则

遵循基本建设程序实行多次性计价,保证工程造价管理的准确性与科学性,每个阶段工程造价文件的编制依据都不同,可行性研究阶段编制投资估算采用估算指标,初步设计阶段编制概算采用概算定额,施工图设计阶段编制施工图预算应采用预算定额,如因本阶段定额缺项,需采用下一阶段定额时,应按规定乘以过渡系数。

2.2.6.3 工程定额与费用定额配套使用的原则

在计算各类永久性工程费用时,采用的工程定额除应执行专业对口的原则外,其费用定额也要遵照专业对口的原则,与工程定额相适应。如采用公路工程定额计算永久性公路投资时,应相应采用交通部门颁发的费用定额。对于实行招标投标承包制的工程,编制工程标底时,应按主管部门批准颁发的综合定额和扩大指标以及相应的间接费定额的规定执行。施工企业投标、报价可根据条件适当浮动。

2.2.7 定额使用注意事项

(1)首先要认真阅读定额的总说明和分册分章说明,对说明中指出的编制原则、依据、适用范围、使用方法、已经考虑和未考虑的因素以及有关问题的说明等,都要通晓和熟悉。

(2)要了解定额项目的工作内容。因为定额子目的选择主要是根据工程部位、施工方法、施工机械和其他施工条件来确定的,要根据实际情况正确地选用定额项目,做到不错项、不漏项、不重项。

(3)要学会查找、使用定额的各种附录。定额表中的很多数据是需要参考附录的,对于建筑工程要掌握土壤与岩石分级、砂浆与混凝土配合材料用量的确定;对于安装工程要掌握安装费调整和各种装置性材料用量的确定等。

(4)套定额时,根据实际工作内容要注意定额修正的各种换算关系。当施工条件与定额项目规定条件不符时,应按定额说明和定额表附注中有关规定换算修正。例如,水利建筑工程概预算定额说明中规定,各章的汽车运输定额,适用于水利工程施工路况 10 km以内的场内运输,运距超过 10 km 时,超过部分按增运 1 km 台时数乘 0.75 系数计算。使用时还要区分修正系数是全面修正还是只乘在人工工时、材料消耗或机械台时的某一项或几项上修正。

(5)要注意定额单位和定额中数字表示的适用范围。概预算工程项目的计算单位要和定额项目的计量单位一致。要注意区分土石方工程中的自然方和压实方,砂石备料中的成品方、自然方与堆方码方,砌石工程中的砌体方与石料码方,沥青混凝土的拌和方与成品方等。定额中凡数字后用"以上""以外"表示的都不包括数字本身。凡数字后用"以下""以内"表示的都包括数字本身。凡用数字上下限表示的,如 1 000~2 000,相当于1 000以上至 2 000 以下。

(6)查找定额时,应注意概预算的项目和工程量应与定额项目的设置、定额单位相一致,要根据施工组织设计确定的施工方法和施工条件等确定定额表中对应的子目表,如果定额表中对应的子目表的材料或施工机械与实际使用情况不一致,可以按实调整,分项工程在定额中缺项的,可以根据需要编制补充定额,但必须报当地造价部门审批和备案。

2.2.8　定额使用示例

【例 2-1】　陕西省咸阳市某水利枢纽工程基础土方开挖施工采用 1 m^3 挖掘机挖装(Ⅲ类土),8 t 自卸汽车运输,平均运距 3 km,土方开挖工程量为 27.35 万 m^3,每天三班作业,根据施工单位安排的施工进度计划,该基础土方开挖共需要 30 d 完成,请根据以上条件确定该项目应配置的机械设备种类及数量分别是多少?

解:查《水利建筑工程概算定额》1 m^3 挖掘机挖土自卸汽车运输一节(一-36),定额编号为 10624(见表 2-9),本题目只是要求计算机械配置,所以根据定额可以看出:每完成100 m^3 Ⅲ类土土方开挖,8 t 自卸汽车运输 3 km,需要 1 m^3 液压挖掘机 1.04 台时,需要 59kW 推土机 0.52 台时,需要 8 t 自卸汽车 10.56 台时。下面给出两种计算方法:

表 2-9 1 m³挖掘机挖土自卸汽车运输

适用范围:露天作业（Ⅲ类土） 工作内容:挖装、运输、卸除、空回 单位:100 m³

项目	单位	运距（km）					增运 1 km
		1	2	3	4	5	
工长	工时						
高级工	工时						
中级工	工时						
初级工	工时	7.0	7.0	7.0	7.0	7.0	
合计	工时	7.0	7.0	7.0	7.0	7.0	
零星材料费	%	4	4	4	4	4	
挖掘机液压 1 m³	台时	1.04	1.04	1.04	1.04	1.04	
推土机 59 kW	台时	0.52	0.52	0.52	0.52	0.52	
自卸汽车 5 t	台时	10.23	13.39	16.30	19.05	21.68	2.42
8 t	台时	6.76	8.74	10.56	12.28	13.92	1.52
10 t	台时	6.29	7.97	9.51	10.96	12.36	1.28
编号		10622	10623	10624	10625	10626	10627

1. 根据施工生产强度计算

根据以上对定额的解读,开挖 100 m³土方需要 1 m³液压挖掘机 1.04 台时,则 1 m³液压挖掘机生产率为

$$\frac{100}{1.04} = 96.15（m³/ 台时） （自然方）$$

每台每天完成的工程量为:96.15 × 8 × 3 = 2 307.6[m³/（台·d）] （自然方）

工期要求 30 天完成 27.35 万 m³,则每天应该完成的工程量为 $\frac{27.35 \times 10^4}{30} =$ 9 116.67 （m³/d）。

则需要的挖掘机台数为 $\frac{9\,116.67}{2\,307.6} = 3.95$（台）,取 4 台。

用相同的方法可以计算出需要的 59 kW 推土机为 8 台,需要的 8 t 自卸汽车为 41 台。

2. 根据比例计算

首先计算 1 m³ 挖掘机的配置数量,根据以上对定额的解读,开挖 100 m³ 土方需要 1 m³液压挖掘机 1.04 台时,则完成 27.35 万 m³ 土方开挖需要的挖掘机台时数量为

$$\frac{100}{1.04} = \frac{273\,500}{X}（自然方） 可以计算出 X = 2\,844.4 台时$$

由于工期为 30 天,即工作时间为 30 × 24 = 720（h）。

自卸汽车数量为 $\frac{2\,844.4}{720} = 3.95$ （台）,取 4 台。

用相同的方法可以计算出需要的 59 kW 推土机为 8 台,需要的 8 t 自卸汽车为 41 台。

想一想 练一练

某堤防工程需要开采自然方土料 80 万 m^3,工程施工采用 1 m^3 挖掘机挖土装 8 t 自卸汽车运输 2 km 卸料。①如果要求 2 个月完成土方开挖工程项目,计算需要配备多少台何种工程机械? ②如果承包商现有 4 台 1 m^3 的挖掘机,计算工程需要多少天可以完工,且需要配备多少台其他工程机械?

知识拓展

地方定额与部颁定额的区别。

任务 2.3　水利工程项目划分

【学习目标】

1. 知识目标:①熟悉水利工程的三大类型;②熟悉水利工程的五个部分;③熟悉水利工程三级项目划分。

2. 技能目标:①根据水利工程具体情况可以判断其类型;②可以进行各类型工程五个部分的三级项目划分。

3. 素质目标:①认真仔细的工作态度;②严谨的工作作风;③遵守编制规定的要求。

【项目任务】

学习水利工程建设项目划分。

【任务描述】

水利工程分为三个类型、五个部分和三级项目,它们与水利工程施工组织设计及水利工程概算之间有密不可分的关系。

根据基本项目的内部组成,一般把基本建设划分为建设项目、单项工程、单位工程、分部工程、分项工程,这样便于编制基本建设计划、编制工程概预算文件、控制投资、进行经济核算等。由于水利水电工程是个复杂的建筑群体,包含的建筑群体种类多,涉及范围大,很难像一般的基本建设工程严格按单项工程、单位工程来确切划分工程项目。根据现行水利部 2014 年颁发的《水利工程设计概(估)算编制规定》中的有关规定,按水利工程的性质,将水利工程划分为三种类型(见图 2-1):第一类是枢纽工程;第二类是引水工程;第三类是河道工程。

水利工程按工程性质划分为三大类,具体划分如下:

大型泵站、大型拦河水闸的工程等别划分标准参见《水利水电工程等级划分及洪水标准》。

灌溉工程(1)指设计流量≥5 m^3/s 的灌溉工程,灌溉工程(2)指设计流量 <5 m^3/s 的灌溉工程和田间工程。

在编制水利基本建设项目投资时,按照组成内容,将水利工程项目划分为五个大的部分,即建筑工程、机电设备及安装工程、金属结构设备及安装工程、施工临时工程和独立费用。每一部分下设一级、二级、三级项目,各级项目可根据工程需要设置,但一级项目和二级项目按项目划分的规定,不得合并,三级项目可根据工程具体情况进行调整。

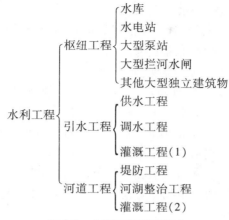

图 2-1　水利工程项目划分

一级项目(相当于单项工程或扩大单位工程),是指竣工后能够独立发挥功能的工程项目。例如,枢纽工程下设的一级项目有挡水工程、泄洪工程等,引水工程及河道工程下设的一级项目有渠道工程、房屋建筑工程等。

二级项目(相当于单位工程),是一级项目的组成部分。它不能独立发挥生产能力而具有独立施工条件,可以单独作为成本计算对象的工程项目。如枢纽工程一级项目中的挡水工程,其二级项目划分为混凝土坝、土石坝等工程。

三级项目(相当于分部或者分项工程)。在二级项目中,为了便于计算工料费用,按其结构性质及施工特点,可进一步划分为若干个三级项目。如溢洪道工程中的土方开挖、石方开挖等工程均为三级项目。

需要注意的是,水利工程的概(估)算包括两部分,即工程部分和移民与环境部分(见图 2-2)。由于工程部分可按市场机制运作,而移民问题政策性非常强,需具体情况具体处理,移民部分必须由政府按政策实施,两者管理方式差别较大,因此按现行规定,工程部分和移民与环境部分分别执行不同的编制方法和标准。上述项目划分只适用于水利工程部分。

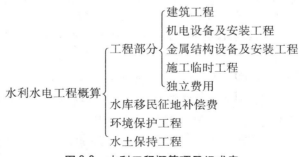

图 2-2　水利工程概算项目组成表

2.3.1　建筑工程

2.3.1.1　枢纽工程

枢纽工程是指水利枢纽建筑物、大型泵站、大型拦河水闸和其他大型独立建筑物(含引水工程的水源工程）。包括挡水工程、泄洪工程、引水工程、发电厂（泵站）工程、升压变电站工程、航运工程、鱼道工程、交通工程、房屋建筑工程、供电设施工程和其他建筑工程。其中,挡水工程等前七项为主体建筑工程。

（1）挡水工程。包括挡水的各类坝（闸）工程。

（2）泄洪工程。包括溢洪道、泄洪洞、冲砂孔（洞）、放空洞、泄洪闸等工程。

（3）引水工程。包括发电引水明渠、进水口、隧洞、调压井、高压管道等工程。

（4）发电厂（泵站）工程。包括地面、地下各类发电厂（泵站）工程。

（5）升压变电站工程。包括升压变电站、开关站等工程。

（6）航运工程。包括上下游引航道、船闸、升船机等工程。

（7）鱼道工程。根据枢纽建筑物布置情况,可独立列项。与拦河坝相结合的,也可作为拦河坝工程的组成部分。

（8）交通工程。包括上坝、进厂、对外等场内外永久公路,以及桥梁、交通隧洞、铁路、码头等工程。

（9）房屋建筑工程。包括为生产运行服务的永久性辅助生产建筑、仓库、办公、值班宿舍及文化福利等房屋建筑工程和室外工程。

（10）供电设施工程。指工程生产运行供电需要架设的输电线路及变配电设施工程。

（11）其他建筑工程。包括安全监测设施工程,照明线路,通信线路,厂坝（闸、泵站）区供水、供热、排水等公用设施,劳动安全与工业卫生设施,水文、泥沙监测设施工程,水情自动测报系统工程及其他。

2.3.1.2　引水工程

引水工程是指供水工程、调水工程和灌溉工程（1）。包括渠（管）道工程、建筑物工程、交通工程、房屋建筑工程、供电设施工程和其他建筑工程。

（1）渠（管）道工程。包括明渠、输水管道工程,以及渠（管）道附属小型建筑物（如观测测量设施、调压减压设施、检修设施）等。

（2）建筑物工程。指渠系建筑物、交叉建筑物工程,包括泵站、水闸、渡槽、隧洞、箱涵（暗涵）、倒虹吸、跌水、动能回收电站、调蓄水库、排水涵（槽）、公路（铁路）交叉（穿越）建筑物等。

建筑物类别根据工程设计确定。工程规模较大的建筑物可以作为一级项目单独列示。

（3）交通工程。指永久性对外公路、运行管理维护道路等工程。

（4）房屋建筑工程。包括为生产运行服务的永久性辅助生产建筑、仓库、办公用房、值班宿舍及文化福利建筑等房屋建筑工程和室外工程。

（5）供电设施工程。指为工程生产运行供电需要架设的输电线路及变配电设施工程。

（6）其他建筑工程。包括安全监测设施工程,照明线路,通信线路,厂坝（闸、泵站）区供水、供热、排水等公用设施工程,劳动安全与工业卫生设施,水文、泥沙监测设施工程,水情自动测报系统工程及其他。

2.3.1.3　河道工程

河道工程是指堤防修建与加固工程、河湖整治工程以及灌溉工程(2)。包括河湖整治与堤防工程、灌溉及田间渠(管)道工程、建筑物工程、交通工程、房屋建筑工程、供电设施工程和其他建筑工程。

(1)河湖整治与堤防工程。包括堤防工程、河湖整治工程、清淤疏浚工程等。

(2)灌溉及田间渠(管)道工程。包括明渠、输配水管道、排水沟(渠、管)工程、渠(管)道附属小型建筑物(如观测测量设施、调压减压设施、检修设施)、田间土地平整等。

(3)建筑物工程。包括水闸、泵站工程,田间工程机井、灌溉塘坝工程等。

(4)交通工程。指永久性对外公路、运行管理维护道路等工程。

(5)房屋建筑工程。包括为生产运行服务的永久性辅助生产建筑、仓库、办公用房、值班宿舍及文化福利建筑等房屋建筑工程和室外工程。

(6)供电设施工程。指工程生产运行供电需要架设的输电线路及变配电设施工程。

(7)其他建筑工程。包括安全监测设施工程,照明线路,通信线路,厂坝(闸、泵站)区供水、供热、排水等公用设施工程,劳动安全与工业卫生设施,水文、泥沙监测设施工程及其他。

2.3.2　机电设备及安装工程

2.3.2.1　枢纽工程

枢纽工程是指构成枢纽工程固定资产的全部机电设备及安装工程。本部分由发电设备及安装工程、升压变电设备及安装工程和公用设备及安装工程三项组成。大型泵站和大型拦河水闸的机电设备及安装工程项目划分参考引水工程及河道工程划分方法。

(1)发电设备及安装工程。包括水轮机、发电机、主阀、起重机、水力机械辅助设备、电气设备等设备及安装工程。

(2)升压变电设备及安装工程。包括主变压器、高压电气设备、一次拉线等设备及安装工程。

(3)公用设备及安装工程。包括通信设备、通风采暖设备、机修设备、计算机监控系统、工业电视系统、管理自动化系统、全厂接地及保护网,电梯,坝区馈电设备,厂坝区供水、排水、供热设备,水文、泥沙监测设备,水情自动测报系统设备,视频安防监控设备,安全监测设备,消防设备,劳动安全与工业卫生设备,交通设备等设备及安装工程。

2.3.2.2　引水工程及河道工程

引水工程及河道工程是指构成该工程固定资产的全部机电设备及安装工程。一般包括泵站设备及安装工程、水闸设备及安装工程、电站设备及安装工程、供变电设备及安装工程和公用设备及安装工程四项组成。

(1)泵站设备及安装工程。包括水泵、电动机、主阀、起重设备、水力机械辅助设备、电气设备等设备及安装工程。

(2)水闸设备及安装工程。包括电气一次设备及电气二次设备及安装工程。

(3)电站设备及安装工程。其组成内容可参照枢纽工程的发电设备及安装工程和升压变电设备及安装工程。

（4）供变电设备及安装工程。包括供电、变配电设备及安装工程。

（5）公用设备及安装工程。包括通信设备、通风采暖设备、机修设备、计算机监控系统、工业电视系统、管理自动化系统、全厂接地及保护网，厂坝（闸、泵站）区供水、排水、供热设备，水文、泥沙监测设备，水情自动测报系统设备，视频安防监控设备，安全监测设备，消防设备，劳动安全与工业卫生设备，交通设备等设备及安装工程。

灌溉田间工程还包括首部设备及安装工程、田间灌水设施及安装工程。

（1）首部设备及安装工程。包括过滤、施肥、控制调节、计量等设备及安装工程等。

（2）田间灌水设施及安装工程。包括田间喷灌、微灌等全部灌水设施及安装工程。

2.3.3　金属结构设备及安装工程

金属结构设备及安装工程是指构成枢纽工程、引水工程和河道工程固定资产的全部金属结构设备及安装工程。包括闸门、启闭机、拦污设备、升船机等设备及安装工程，水电站（泵站等）压力钢管制作及安装工程和其他金属结构设备及安装工程。

金属结构设备及安装工程的一级项目应与建筑工程的一级项目相对应。

2.3.4　施工临时工程

施工临时工程是指为辅助主体工程施工所必须修建的生产和生活用临时性工程。本部分组成内容如下：

（1）导流工程。包括导流明渠、导流洞、施工围堰、蓄水期下游断流补偿设施、金属结构设备及安装工程等。

（2）施工交通工程。包括施工现场内外为工程建设服务的临时交通工程，如公路、铁路、桥梁、施工支洞、码头、转运站等。

（3）施工场外供电工程。包括从现有电网向施工现场供电的高压输电线路（枢纽工程 35 kV 及以上等级；引水工程、河道工程 10 kV 及以上等级；掘进机施工专用供电线路）、施工变（配）电设施设备（场内除外）工程。

（4）施工房屋建筑工程。指工程在建设过程中建造的临时房屋，包括施工仓库，办公及生活、文化福利建筑及所需的配套设施工程。

（5）其他施工临时工程。指除施工导流、施工交通、施工场外供电、施工房屋建筑、缆机平台、掘进机泥水处理系统和管片预制系统土建设施以外的施工临时工程。主要包括施工供水（大型泵房及干管）、砂石料系统、混凝土拌和浇筑系统、大型机械安装拆卸、防汛、防冰、施工排水、施工通信等工程。

根据工程实际情况可单独列示缆机平台、掘进机泥水处理系统和管片预制系统土建设施等项目。

施工排水指基坑排水、河道降水等，包括排水工程建设及运行费。

2.3.5　独立费用

独立费用由以下几部分组成：

（1）建设管理费。

（2）工程建设监理费。

（3）联合试运转费。

（4）生产准备费。包括生产及管理单位提前进厂费、生产职工培训费、管理用具购置费、备品备件购置费、工器具及生产家具购置费。

（5）科研勘测设计费。包括工程科学研究试验费和工程勘测设计费。

（6）其他。包括工程保险费、其他税费。

2.3.6　项目划分注意事项

（1）划分时要注意项目划分要适合所编制的各阶段造价文件,对于招标文件和业主预算要根据工程分包和合同管理的情况来调整项目划分。

（2）《水利工程设计概（估）算编制规定》（水总〔2014〕429 号）中,工程部分第二、三级项目中,仅列了代表性子目,编制概算时,二、三级项目可根据水利水电工程初步设计编制规程的工作深度要求和工程情况增减或再划分,以三级项目为例：

①土方开挖工程,应将土方开挖与砂砾石开挖分列；

②石方开挖工程,应将明挖与暗挖,平洞与斜洞（井）、竖井分列；

③土石方回填工程,应将土方回填与石方回填分列；

④砌石工程,应将干砌石、浆砌石、抛石、钢筋（铁丝）笼块石等分列；

⑤混凝土工程,应将不同工程部位、不同强度等级、不同级配的混凝土分列；

⑥模板工程,应将不同规格形状和材质的模板分列；

⑦钻孔工程,应按使用不同钻孔机械及钻孔的不同用途分列；

⑧灌浆工程,应按不同灌浆种类分列；

⑨机电、金属结构设备及安装工程,应根据设计提供的设备清单,按分项要求逐一分列；

⑩钢管制作及安装工程,应将不同管径的钢管、叉管分列。

（3）建筑安装工程三级项目的设置深度除应满足《水利工程设计概（估）算编制规定》（水总〔2014〕429 号）的规定外还应与定额相适应,对有关部门提供的工程量和预算资料,要注意按项目划分和费用构成正确处理,比如施工临时工程,根据不同的规模、性质,有的在第四部分施工临时工程（1）～（4）项里单独列项,有的包括在"其他施工临时工程"中,有的包括在建安工程直接工程费里的现场经费中。

（4）注意设计单位的习惯与概算项目划分的差异。如施工导流用的闸门及启闭设备大多由金属结构设计人员提供,但应列在第四部分施工临时工程内,而不是第三部分金属结构内。

知识拓展

征地移民工程、水土保持工程、环境保护工程如何进行项目划分?

任务2.4　水利工程费用构成

【学习目标】

1. 知识目标：①了解水利工程费用相关概念；②熟悉水利工程费用之间的层次关系。

2. 技能目标：①知道水利工程费用中各概念的内涵；②熟悉水利工程费用之间的层次关系。

3. 素质目标：①认真仔细的工作态度；②严谨的工作作风；③遵守编制规定的要求。

【项目任务】

学习水利工程费用的概念、层次关系。

【任务描述】

水利工程费用构成中，有众多的概念，而且众多的费用名称之间有复杂的层次关系，熟练掌握这些概念和关系，是做好工程造价与工程施工组织的基础。

建设项目费用是指工程项目从筹建到竣工验收、交付使用所需要的费用总和。水利水电建设项目一般投资多、规模大、涉及范围广，建设项目的划分也是比较细致的，水利工程建设项目费用包括工程部分、移民和环境两个部分。移民和环境部分的费用包括水库移民征地补偿费、水土保持工程费、环境保护工程费，其费用构成按《水利工程建设征地移民补偿投资概(估)算编制规定》《水利工程环境保护设计概(估)算编制规定》《水土保持工程概(估)算编制规定》执行，根据水利部颁发的《水利工程设计概(估)算编制规定》，工程部分的费用包括工程费(建筑及安装工程费、设备费)、独立费用、预备费、建设期融资利息。建筑及安装工程费由直接费、间接费、利润、材料补差和税金组成(费用组成见图2-3)。

$$
\text{工程部分费用}\begin{cases}\text{工程费}\begin{cases}\text{建筑及安装工程费}\\ \text{设备费}\end{cases}\\ \text{独立费用}\\ \text{预备费}\\ \text{建设期融资利息}\end{cases}
$$

图2-3　水利工程费用组成

2.4.1　建筑及安装工程费

建筑及安装工程费由直接费、间接费、利润、材料补差和税金组成。

2.4.1.1　直接费

直接费是指建筑、安装工程施工过程中直接消耗在工程项目上的活劳动和物化劳动。它由基本直接费、其他直接费组成。

基本直接费包括人工费、材料费、施工机械使用费。

其他直接费包括冬雨季施工增加费、夜间施工增加费、特殊地区施工增加费、临时设施费、安全生产措施费和其他。

1. 基本直接费

1）人工费

人工费是指直接从事建筑、安装工程施工的生产工人开支的各项费用,内容包括基本工资和辅助工资。

2）材料费

材料费是指用于建筑、安装工程项目上的消耗性材料、装置性材料和周转性材料摊销费。包括定额工作内容规定应计入的未计价材料和计价材料。

材料预算价格一般包括材料原价、运杂费、运输保险费和采购及保管费四项。

(1)材料原价。指材料指定交货地点的价格。

(2)运杂费。指材料从指定交货地点至工地分仓库或相当于工地分仓库(材料堆放场)所发生的全部费用。包括运输费、装卸费及其他杂费。

(3)运输保险费。指材料在运输途中的保险费。

(4)采购及保管费。指材料在采购、供应和保管过程中所发生的各项费用。主要包括材料的采购、供应和保管部门工作人员的基本工资、辅助工资、职工福利费、劳动保护费、养老保险费、失业保险费、医疗保险费、工伤保险费、生育保险费、住房公积金、教育经费、办公费、差旅交通费及工具用具使用费,仓库、转运站等设施的检修费、固定资产折旧费、技术安全措施费,材料在运输、保管过程中发生的损耗等。

3）施工机械使用费

施工机械使用费是指消耗在建筑、安装工程项目上的机械磨损、维修和动力燃料费用等。包括折旧费、修理及替换设备费、安装拆卸费、机上人工费和动力燃料费等。

(1)折旧费。指施工机械在规定使用年限内回收原值的台时折旧摊销费用。

(2)修理及替换设备费。①修理费指施工机械使用过程中,为了使机械保持正常功能而进行修理所需的摊销费用和机械正常运转及日常保养所需的润滑油料、擦拭用品的费用,以及保管机械所需的费用。②替换设备费指施工机械正常运转时所耗用的替换设备及随机使用的工具附具等摊销费用。

(3)安装拆卸费。指施工机械进出工地的安装、拆卸、试运转和场内转移及辅助设施的摊销费用。部分大型施工机械的安装拆卸不在其施工机械使用费中计列,包含在其他施工临时工程中。

(4)机上人工费。指施工机械使用时机上操作人员人工费用。

(5)动力燃料费。指施工机械正常运转时所耗用的风、水、电、油和煤等费用。

2. 其他直接费

1）冬雨季施工增加费

冬雨季施工增加费指在冬雨季施工期间为保证工程质量所需增加的费用。包括增加施工工序,增设防雨、保温、排水等设施增耗的动力、燃料、材料以及因人工、机械效率降低而增加的费用。

2）夜间施工增加费

夜间施工增加费指施工场地和公用施工道路的照明费用。照明线路工程费用包括在"临时设施费"中;施工附属企业系统、加工厂、车间的照明费用,列入相应的产品中,均不包括在本项费用之内。

3)特殊地区施工增加费

特殊地区施工增加费指在高海拔、原始森林、沙漠等特殊地区施工而增加的费用。

4)临时设施费

临时设施费指施工企业为进行建筑安装工程施工所必需的但又未被划入施工临时工程的临时建筑物、构筑物和各种临时设施的建设、维修、拆除、摊销等。如供风、供水(支线)、供电(场内)、照明、供热系统及通信支线,土石料场,简易砂石料加工系统,小型混凝土拌和浇筑系统,木工、钢筋、机修等辅助加工厂,混凝土预制构件厂,场内施工排水,场地平整、道路养护及其他小型临时设施等。

5)安全生产措施费

安全生产措施费指为保证施工现场安全作业环境及安全施工、文明施工所需要,在工程设计已考虑的安全支护措施之外发生的安全生产、文明施工相关费用。

6)其他

其他包括施工工具用具使用费、检验试验费、工程定位复测及施工控制网测设,工程点交、竣工场地清理,工程项目及设备仪表移交生产前的维护费,工程验收检测费等。

(1)施工工具用具使用费。指施工生产所需,但不属于固定资产的生产工具,检验、试验用具等的购置、摊销和维护费。

(2)检验试验费。指对建筑材料、构件和建筑安装物进行一般鉴定、检查所发生的费用,包括自设实验室所耗用的材料和化学药品费用,以及技术革新和研究试验费,不包括新结构、新材料的试验费和建设单位要求对具有出厂合格证明的材料进行试验、对构件进行破坏性试验,以及其他特殊要求检验试验的费用。

(3)工程项目及设备仪表移交生产前的维护费。指竣工验收前对已完工程及设备进行保护所需的费用。

(4)工程验收检测费。指工程各级验收阶段为检测工程质量发生的检测费用。

2.4.1.2　间接费

间接费指施工企业为建筑安装工程施工而进行组织与经营管理所发生的各项费用。间接费构成产品成本,由规费和企业管理费组成。

1.规费

规费指政府和有关部门规定必须缴纳的费用。包括社会保险费和住房公积金。

1)社会保险费

(1)养老保险费。指企业按照规定标准为职工缴纳的基本养老保险费。

(2)失业保险费。指企业按照规定标准为职工缴纳的失业保险费。

(3)医疗保险费。指企业按照规定标准为职工缴纳的医疗保险费。

(4)工伤保险费。指企业按照规定标准为职工缴纳的工伤保险费。

(5)生育保险费。指企业按照规定标准为职工缴纳的生育保险费。

2)住房公积金

住房公积金指企业按照规定标准为职工缴纳的住房公积金。

2. 企业管理费

企业管理费指施工企业为组织施工生产经营活动所发生的费用。内容包括：

（1）管理人员工资。指管理人员的基本工资、辅助工资。

（2）差旅交通费。指施工企业管理人员因公出差、工作调动的差旅费,误餐补助费,职工探亲路费,劳动力招募费,职工离退休、职工一次性路费,工伤人员就医路费,工地转移费,交通工具运行费及牌照费等。

（3）办公费。指企业办公用文具、印刷、邮电、书报、会议、水电、燃煤(气)等费用。

（4）固定资产使用费。指企业属于固定资产的房屋、设备、仪器等的折旧、大修理、维修费及租赁费等。

（5）工具用具使用费。指企业管理使用不属于固定资产的工具、用具、家具、交通工具和检验、试验、测绘、消防用具等的购置、维修和摊销费。

（6）职工福利费。指企业按照国家规定支出的职工福利费,以及由企业支付离退休职工的易地安家补助费、职工退职金、月以上的病假人员工资、按规定支付给离休干部的各项经费。职工发生工伤时企业依法在工伤保险基金之外支付的费用,其他在社会保险基金之外依法由企业支付给职工的费用。

（7）劳动保护费,是企业按照国家有关部门规定标准发放的一般劳动防护用品的购置及修理费、保健费、防暑降温费、高空作业及进洞津贴、技术安全措施以及洗澡用水、饮用水的燃料费等。

（8）工会经费。指企业按职工工资总额计提的工会经费。

（9）职工教育经费。指企业为职工学习先进技术和提高文化水平按职工工资总额计提的费用。

（10）保险费。指企业财产保险、管理用车辆等保险费用,高空、井下、洞内、水下、水上作业等特殊工种安全保险费、危险作业意外伤害保险费等。

（11）财务费用。指施工企业为筹集资金而发生的各项费用,包括企业经营期间发生的短期融资利息净支出、汇兑净损失、金融机构手续费,企业筹集资金发生的其他财务费用,以及投标和承包工程发生的保函手续费等。

（12）税金。指企业按规定缴纳的房产税、管理用车辆使用税、印花税、城市维护建设税、教育费附加和地方教育附加等。

（13）其他。包括技术转让费、企业定额测定费、施工企业进退场费、施工企业承担的施工辅助工程设计费、投标报价费、工程图纸资料费及工程摄影费、技术开发费、业务招待费、绿化费、公证费、法律顾问费、审计费、咨询费等。

2.4.1.3 利润

利润指按规定应计入建筑、安装工程费中的利润。

2.4.1.4 材料补差

材料补差指根据主要材料消耗量、主要材料预算价格与材料基价之间的差值,计算的主要材料补差金额。材料基价是指计入基本直接费的主要材料的限制价格。

2.4.1.5 税金

税金指增值税销项税额。

2.4.2　设备费

设备费包括设备原价、运杂费、运输保险费和采购及保管费。

2.4.2.1　**设备原价**

（1）国产设备。其原价指出厂价。

（2）进口设备。以到岸价和进口征收的税金、手续费、商检费及港口费等各项费用之和为原价。

（3）大型机组及其他大型设备分瓣运至工地后的拼装费用,应包括在设备原价内。

2.4.2.2　**运杂费**

运杂费指设备由厂家运至工地现场所发生的一切运杂费用。包括运输费、装卸费、包装绑扎费、大型变压器充氮费及可能发生的其他杂费。

2.4.2.3　**运输保险费**

运输保险费指设备在运输过程中的保险费用。

2.4.2.4　**采购及保管费**

采购及保管费指建设单位和施工企业在负责设备的采购、保管过程中发生的各项费用。主要包括：

（1）采购保管部门工作人员的基本工资、辅助工资、职工福利费、劳动保护费、养老保险费、失业保险费、医疗保险费、工伤保险费、生育保险费、住房公积金、教育经费、办公费、差旅交通费、工具用具使用费等。

（2）仓库、转运站等设施的运行费、维修费、固定资产折旧费、技术安全措施费和设备的检验、试验费等。

2.4.3　独立费用

独立费用由建设管理费、工程建设监理费、联合试运转费、生产准备费、科研勘测设计费和其他六项组成。

2.4.3.1　**建设管理费**

建设管理费指建设单位在工程项目筹建和建设期间进行管理工作所需的费用。包括建设单位开办费、建设单位人员费和项目管理费三项。

1.建设单位开办费

建设单位开办费指新组建的工程建设单位,为开展工作所必须购置的办公设施、交通工具等,以及其他用于开办工作的费用。

2.建设单位人员费

建设单位人员费指建设单位从批准组建之日起至完成该工程建设管理任务之日止,需开支的建设单位人员费用。主要包括工作人员的基本工资、辅助工资、职工福利费、劳动保护费、养老保险费、失业保险费、医疗保险费、工伤保险费、生育保险费、住房公积金等。

3.项目管理费

项目管理费指建设单位从筹建到竣工期间所发生的各种管理费用。包括：

（1）工程管理建设过程中用于资金筹措、召开董事（股东）会议、视察工程建设所发生的会议和差旅等费用。

（2）工程宣传费。

（3）土地使用费、房产税、印花税、合同公证费。

（4）审计费。

（5）施工期间所需的水情、水文、泥沙、气象监测费和报汛费。

（6）工程验收费。

（7）建设单位人员的教育经费、办公费、差旅交通费、会议费、交通车辆使用费、技术图书资料费、固定资产折旧费、零星固定资产购置费、低值易耗品摊销费、工具用具使用费、修理费、水电费、采暖费等。

（8）招标业务费。

（9）经济技术咨询费。包括勘测设计成果咨询、评审费、工程安全鉴定、验收技术鉴定、安全评价相关费用，建设期造价咨询，防洪影响评价、水资源论证、工程场地地震安全性评价、地质灾害危险性评价及其他专项咨询等发生的费用。

（10）公安、消防部门派驻工地补贴费及其他工程管理费用。

2.4.3.2　工程建设监理费

工程建设监理费指建设单位在工程建设过程中委托监理单位，对工程建设的质量、进度、安全和投资进行监理所发生的全部费用。

2.4.3.3　联合试运转费

联合试运转费指水利工程的发电机组、水泵等安装完毕，在竣工验收前，进行整套设备带负荷联合试运转期间所需的各项费用。主要包括联合试运转期间所消耗的燃料、动力、材料及机械使用费，工具用具购置费，施工单位参加联合试运转人员的工资等。

2.4.3.4　生产准备费

生产准备费指水利建设项目的生产、管理单位为准备正常的生产运行或管理发生的费用。包括生产及管理单位提前进厂费、生产职工培训费、管理用具购置费、备品备件购置费和工器具及生产家具购置费。

1.生产及管理单位提前进厂费

生产及管理单位提前进厂费指在工程完工之前，生产、管理单位有一部分工人、技术人员和管理人员提前进厂进行生产筹备工作所需的各项费用。内容包括提前进场人员的基本工资、辅助工资、职工福利费、劳动保护费、养老保险费、失业保险费、医疗保险费、工伤保险费、生育保险费、住房公积金、教育经费、办公费、差旅交通费、会议费、技术图书资料费、零星固定资产购置费、低值易耗品摊销费、工具用具使用费、修理费、水电费、采暖费等，以及其他属于生产筹建期间应开支的费用。

2.生产职工培训费

生产职工培训费指生产及管理单位为保证生产、管理工作能顺利进行，需对工人、技术人员和管理人员进行培训所发生的费用。

3.管理用具购置费

管理用具购置费指为保证新建项目的正常生产和管理所必须购置的办公和生活用具

等费用。包括办公室、会议室、资料档案室、阅览室、文娱室、医务室等公用设施需要配置的家具器具。

4.备品备件购置费

备品备件购置费指工程在投产运行初期,由于易损件损耗和可能发生的事故,而必须准备的备品备件和专用材料的购置费。不包括设备价格中配备的备品备件。

5.工器具及生产家具购置费

工器具及生产家具购置费指按设计规定,为保证初期生产正常运行所必须购置的不属于固定资产标准的生产工具、器具、仪表、生产家具等的购置费。不包括设备价格中已包括的专用工具。

2.4.3.5 科研勘测设计费

科研勘测设计费指为工程建设所需的科研、勘测和设计等费用。包括工程科学研究试验费和工程勘测设计费。

1.工程科学研究试验费

工程科学研究试验费指为保障工程质量,解决工程建设技术问题,而进行必要的科学研究试验所需的费用。

2.工程勘测设计费

工程勘测设计费指工程从项目建议书阶段开始至以后各设计阶段发生的勘测费、设计费和为勘测设计服务的常规科研试验费。不包括工程建设征地移民设计、环境保护设计、水土保持设计各设计阶段发生的勘测设计费。

2.4.3.6 其他

1.工程保险费

工程保险费指工程建设期间,为使工程能在遭受水灾、火灾等自然灾害和意外事故造成损失后得到经济补偿,而对工程进行投保所发生的保险费用。

2.其他税费

其他税费指按国家规定应缴纳的与工程建设有关的税费。

2.4.4 预备费

预备费包括基本预备费和价差预备费。

2.4.4.1 基本预备费

基本预备费主要为解决在工程建设过程中,设计变更和有关技术标准调整增加的投资以及工程遭受一般自然灾害所造成的损失和为预防自然灾害所采取的措施费用。

2.4.4.2 价差预备费

价差预备费主要为解决在工程项目建设过程中,因人工工资、材料和设备价格上涨以及费用标准调整而增加的投资。

2.4.5 建设期融资利息

根据国家财政金融政策规定,工程在建设期内需偿还并应计入工程总投资的融资利息。

想一想 练一练

　　1.水利工程项目划分与费用构成之间有什么关系?

　　2.简述建筑及安装工程费的组成。

　　3.简述基本直接费的组成部分。

　　4.简述其他直接费的组成部分。

　　5.简述检验试验费的具体内容。

　　6.简述规费的内容。

　　7.简述材料补差如何计算?

　　8.简述设备费的组成部分。

　　9.简述独立费用的内容。

　　10.简述预备费解决的主要问题。

知识拓展

　　其他工程的费用构成与水利工程一样吗?

项目 3　编制水利工程基础单价

在编制水利水电工程概预算时,需要根据国家政策以及工程项目所在地区的有关规定、工程所在地的具体条件、工程规模、施工技术、材料来源等,编制人工预算单价,材料预算价格,施工机械台时费,施工用电、风、水的预算价格,砂石料单价,混凝土及砂浆材料单价等(这些预算价格统称为基础单价),作为编制建筑与安装工程单价的基础性资料。

任务 3.1　编制人工预算单价

【学习目标】

1. 知识目标:①了解人工预算单价的概念;②了解水利工程人工预算单价的组成与类型;③掌握水利工程人工预算单价的确定步骤。

2. 技能目标:①知道水利工程人工预算单价的组成与类型;②能根据水利水电工程背景确定人工预算单价。

3. 素质目标:①认真仔细的工作态度;②严谨的工作作风;③遵守编制规定的要求。

【项目任务】

学习水利工程人工预算单价的确定方法。

【任务描述】

准确确定水利工程人工预算单价是编制水利工程单价的基础,通过学习,可以根据水利水电工程背景准确确定其人工预算单价。

人工预算单价是指在编制概预算时,用于计算各种生产工人人工费时所采用的人工工时价格,是生产工人在单位时间(工时)所需的费用。它是计算建筑、安装工程单价和施工机械台时费中机上人工费的重要基础单价。

人工预算单价的组成内容和标准,在不同时期、不同地区、不同行业、不同部门都是不相同的。因此,在编制概(预)算时,必须根据工程所在地区国家的相关政策和规定,正确地确定生产工人人工预算单价。人工预算单价编制准确与否,对概(预)算的编制质量起到至关重要的作用。

3.1.1　人工预算单价组成

根据《水利工程设计概(估)算编制规定》(水总〔2014〕429 号),人工预算单价由基本工资、辅助工资两项内容组成,并划分为工长、高级工、中级工、初级工四个档次。

3.1.1.1　基本工资

基本工资包括岗位工资和生产工人年应工作天数以内非作业天数的工资。

1. 岗位工资

岗位工资是指按照职工所在岗位各项劳动要素测评结果确定的工资。

2. 生产工人年应工作天数以内非作业天数的工资

生产工人年应工作天数以内非作业天数的工资包括生产工人开会学习、培训期间的工资,调动工作、探亲、休假期间的工资,因气候影响的停工工资,女工哺乳期间的工资,病假在六个月以内的工资及产、婚、丧假期的工资。

3.1.1.2 辅助工资

辅助工资是指在基本工资之外,以其他形式支付给生产工人的工资性收入,包括根据国家有关规定属于工资性质的各种津贴,主要包括艰苦边远地区津贴、施工津贴、夜餐津贴、节假日加班津贴等。

3.1.2 人工预算单价的计算标准

人工预算单价计算标准,不同地区类别其标准不同。根据国家有关规定,结合水利工程性质特点,水利工程人工预算单价标准执行《水利工程设计概(估)算编制规定》(水总〔2014〕429号),它将建设项目所处地区划分为以下几类:一般地区、一类区、二类区、三类区、四类区、五类区(西藏二类区)、六类区(西藏三类区)、西藏四类区。

人工预算单价根据工程性质以及所处地区类别,按照人工预算单价计算标准(见表3-1),以元/工时为单位。

表3-1 人工预算单价计算标准 (单位:元/工时)

类别与等级	一般地区	一类区	二类区	三类区	四类区	五类区（西藏二类区）	六类区（西藏三类区）	西藏四类区
枢纽工程								
工长	11.55	11.80	11.98	12.26	12.76	13.61	14.63	15.40
高级工	10.67	10.92	11.09	11.38	11.88	12.73	13.74	14.51
中级工	8.90	9.15	9.33	9.62	10.12	10.96	11.98	12.75
初级工	6.13	6.37	6.55	6.84	7.34	8.19	9.21	9.98
引水工程								
工长	9.27	9.47	9.61	9.84	10.24	10.92	11.73	12.11
高级工	8.57	8.77	8.91	9.14	9.54	10.21	11.03	11.40
中级工	6.62	6.82	6.96	7.19	7.59	8.26	9.08	9.45
初级工	4.64	4.84	4.98	5.21	5.61	6.29	7.10	7.47
河道工程								
工长	8.02	8.19	8.31	8.52	8.86	9.46	10.17	10.49
高级工	7.40	7.57	7.70	7.90	8.25	8.84	9.55	9.88

续表 3-1　　　　　　　　　　　　　　　　　　（单位:元/工时）

类别与等级	一般地区	一类区	二类区	三类区	四类区	五类区（西藏二类区）	六类区（西藏三类区）	西藏四类区
中级工	6.16	6.33	6.46	6.66	7.01	7.60	8.31	8.63
初级工	4.26	4.43	4.55	4.76	5.10	5.70	6.41	6.73

注:1. 艰苦边远地区划分执行人事部、财政部《关于印发〈完善艰苦边远地区津贴制度实施方案〉的通知》(国人部发〔2006〕61 号)及各省(自治区、直辖市)关于艰苦边缘地区津贴制度实施意见。

2. 地区类别划分详见《水利工程设计概(估)算编制规定》(水总〔2014〕429 号)附录 7 和附录 8。

3. 跨地区建设项目的人工预算单价可按主要建筑物所在地确定,也可按工程规模或投资比例进行综合确定。

3.1.3　人工预算单价的计算示例

【例 3-1】　某水利枢纽工程位于贵州省六盘水市六枝特区,求高级工的人工预算单价。

解:查《水利工程设计概(估)算编制规定》(水总〔2014〕429 号)附录 7 知:该工程属于一类区,该工程属于水利枢纽工程;查表 3-1 可知,高级工的人工预算单价为 10.92 元/工时。

计算结果如表 3-2 所示。

表 3-2　人工预算单价计算表

艰苦边远地区类别	一类区	定额人工等级	高级工
序号	项目	计算式	单价(元)
1	人工工时预算单价		10.92
2	人工工日预算单价	10.92×8	87.36

想一想 练一练

1. 某河道工程位于河南省信阳市,根据《水利工程设计概(估)算编制规定》(水总〔2014〕429 号),编制该工程初级工的人工预算单价。

2. 某重力坝位于贵州省六盘水市水城县,根据《水利工程设计概(估)算编制规定》(水总〔2014〕429 号),编制该工程工长的人工预算单价。

3. 某堤防工程位于甘肃省庆阳市环县,根据《水利工程设计概(估)算编制规定》(水总〔2014〕429 号),编制该工程中级工的人工预算单价。

知识拓展

当工程跨两个地区时,人工预算单价如何编制。

如某水电站工程位于云南省丽江市玉龙纳西族自治县和迪庆藏族自治州香格里拉县交界处,投资比例为 6:4,根据《水利工程设计概(估)算编制规定》(水总〔2014〕429 号),编制该工程中级工的人工预算单价。

任务 3.2　编制材料预算价格

【学习目标】

1. 知识目标：①熟悉材料预算价格的概念；②熟悉材料预算价格的组成与分类；③掌握水利工程材料预算价格计算的相关规定。

2. 技能目标：①知道水利工程材料预算价格的内涵；②知道水利工程材料预算价格计算的方法和相关指标的确定方法；③能够计算水利工程人工预算价格。

3. 素质目标：①认真仔细的工作态度；②严谨的工作作风；③遵守编制规定的要求。

【项目任务】

学习计算水利工程材料预算价格。

【任务描述】

主要材料预算价格的准确计算，是水利工程建筑及安装工程单价计算的基础，本学习任务就是要准确计算水利工程材料预算价格。

材料是指在建筑工程（如水利工程、房屋建筑工程、道路与桥梁工程等）的建设过程中，所直接耗用的原材料、半成品、成品、零部件等的统称。材料是建筑安装工人加工和施工的劳动对象，包括直接消耗在工程上的消耗性材料、构成工程实体的装置性材料和在施工过程中可重复使用的周转性材料。

材料预算价格是指材料由交货地点运到工地分仓库或相当于工地分仓库的材料堆放场地的出库价格。材料从工地分仓库运至施工现场用料点的场内运杂费已计入定额内。

在水利水电工程建设过程中，材料费是建筑及安装工程投资的主要组成部分，所占的比重很大，一般可达到建筑及安装工程投资的 30%~65%，不仅材料消耗的品种多、数量大，而且材料预算价格是编制建筑及安装工程单价中材料费的基础单价，因此准确的计算材料预算价格，对于提高工程概预算编制质量、正确合理地确定工程造价与工程投资具有重要意义。所以，在编制材料预算价格过程中，必须通过深入细致的市场调查研究，并结合工程所在地编制年的物价水平，实事求是地进行计算。

3.2.1　水利工程材料分类

水利水电工程建设中所使用的材料品种繁多、数量多少不同、规格型号各异，在编制材料的预算价格时没必要也不可能逐一详细计算，而是按其用量的多少及对工程投资的影响程度大小，将材料划分为主要材料和次要材料。对于主要材料，要逐一详细地计算其材料预算价格；而对于次要材料，则采用简化的方法进行计算。

3.2.1.1　主要材料

主要材料是指在施工中用量大或用量虽小但价格很高，对工程投资影响较大的材料。

水利水电工程中常用的主要材料如下：

（1）水泥。包括硅酸盐水泥、普通硅酸盐水泥、矿渣硅酸盐水泥、火山灰硅酸盐水泥、粉煤灰硅酸盐水泥及一些特殊性能的水泥。

（2）钢材。包括各种钢筋、钢绞线、钢板、工字钢、角钢、槽钢、扁钢、钢轨、钢管等。

（3）木材。包括原木、板枋材等。

（4）油料。包括汽油、柴油。

（5）火工产品。包括炸药（起爆炸药、单质猛炸药、混合猛炸药）、雷管（火雷管、电雷管、延期雷管、毫秒雷管）、导电线或导火线（导火索、纱包线、导爆索等）。

（6）砂石料。包括砂砾料、砂、卵（砾）石、碎石、块石、料石等当地建筑材料，是建筑工程中混凝土、反滤层、堆砌石和灌浆等结构物的主要建筑材料。

（7）电缆及母线。

3.2.1.2　次要材料

次要材料又称其他材料，是指在施工中品种繁多且用量少，对工程投资影响较小的除主要材料外的其他材料。

次要材料与主要材料是相对而言的，两者之间并没有严格的界限，要根据工程实际对某种材料用量的多少及其在工程投资中所占的比重来确定。例如：大体积混凝土工程为减少水泥用量，需要掺用大量的粉煤灰；碾压混凝土坝工程也掺有大量的粉煤灰；还有大量采用沥青混凝土的防渗工程等，可将粉煤灰、沥青视为主要材料。而对于石方开挖量很小的工程，炸药可作为次要材料。对于土石坝工程，木材用量很少则也可以作为次要材料。

3.2.2　主要材料预算价格的组成与计算

3.2.2.1　主要材料预算价格的组成内容

主要材料预算价格一般包括材料原价、运杂费、运输保险费、采购及保管费四项内容。根据《水利工程营业税改征增值税计价依据调整办法》（办水总〔2016〕132 号），材料原价、运杂费、运输保险费和采购及保管费等分别按不含增值税进项税额的价格计算。（注：无特别说明，本书所涉及的材料价格均按不含增值税进项税额的价格。）

主要材料预算价格的计算公式为

材料预算价格 =（材料原价 + 运杂费）×（1 + 采购及保管费率）+ 运输保险费　（3-1）

3.2.2.2　主要材料预算价格的编制

编制材料预算价格，首先要了解有关材料各方面的信息：工程所在地区就近建筑材料市场的材料价格、材料供应情况、对外交通条件、已建工程的有关经验和资料、国家或地方有关法规、规范等。其次应综合考虑，科学合理地选择材料供货商、供货地点、供货比例和运输方式等。使编制的材料预算价格尽可能符合工程实际，以达到节约投资、降低工程造价的目的。

根据《水利工程营业税改征增值税计价依据调整办法》（办水总〔2016〕132 号），材料价格应采用发布的不含税信息价格或市场调研的不含税价格。招标投标时，若采用含税价格，则材料价格可采用将含税价格除以调整系数的方式调整为不含税价格，调整方法如下：主要材料除以 1.17 调整系数，主要材料是指水泥、钢筋、柴油、汽油、炸药、木材、引水管道，安装工程的电缆、轨道、钢板等未计价材料，其他占工程投资比例高的材料；次要材料除以 1.03 调整系数；购买的砂、石料、土料暂按除以 1.02 调整系数；商品混凝土除以

1.03 调整系数。对于运杂费,若按原金额标准计算的运杂费除以 1.03 调整系数;若按费率计算运杂费时费率乘以 1.10 调整系数。

1. 材料原价

材料原价是指材料指定交货地点的价格(按不含增值税进项税额的价格)。材料原价(火工产品除外)按工程所在地区就近的大物资供应公司、材料交易中心的市场成交价或设计选定的生产厂家的出厂价计算。有时也可采用工程所在地建设工程造价管理部门公布的材料价格信息计算。由于同种材料,因产地、供应商以及供货方式的不同,使同种材料的供应价格不同,则材料原价按不同产地的市场价格和供货比例,采取加权平均方法进行计算。

2. 运杂费

运杂费是指材料由产地或交货地点至工地分仓库或相当于工地分仓库(材料堆放场地)所发生的全部费用之和,包括各种运输工具的运输费、装卸费、调车费、出入库费以及其他杂费等费用。由工地分仓库或相当于工地分仓库(材料堆放场地)至现场各施工点的运输费用,已包括在定额内,在材料预算价格中不再计算。

材料预算价格的编制,应根据施工组织设计所选定的材料来源、运输方式、运输工具、运输线路和运输里程,并按照交通部门的有关规定,计算材料的运杂费。特殊材料或部件运输,还要考虑特殊措施费、改造路面和桥梁等费用。

1)铁路运杂费

在国有铁路线路上运输材料时,其运杂费一律按铁道部《铁路货物运价规则》(铁运〔2005〕46 号)及有关规定计算。在地方营运的铁路线路上运输材料时,执行地方的规定。

(1)铁路运输费。国营铁路部门运输费计算三要素是货物运价号、运价里程和运价率。

①确定运价里程。根据货物运价里程表按到发站最短路径查得。

②确定计费质量。整车货物以吨为单位。火车整车运输货物时,除特殊情况外,一律按车辆标记载重量计费,若货物质量超过标记载重量时,按货物实际质量计费。零担货物按实际质量计费单位为 10 kg,不足 10 kg 按 10 kg 计。对每立方米不足 500 kg 的轻浮货物(如油桶),整车运输时,装车高度、宽度和长度不得超过规定限度,以车辆标重计费;零担运输时,以货物包装最高、最宽、最长部分计算体积,按立方米折重 500 kg 计价。

③确定运价号。根据铁道部门有关规定,按所运材料的品名,对照查出采用整车或零担运输的运价号。常用材料的运价号见表 3-3(根据铁道部《铁路货物运价规则》(铁运〔2005〕46 号)规定)。

表 3-3 常用材料铁路运输运价号

材料名称	水泥	钢材	木材	汽油、柴油	炸药	砂石料
整车(1~7 号)	5	5	5	7	5 + 50%	2
零担(21~22 号)	21	21	21	22	22 + 50%	21

④确定运价率。根据铁道部门有关规定,按运价号,对照查出货物的运价率。铁路货物的运价率见表 3-4。

表 3-4　现行铁路货物的运价率

办理类别	运价号	基价 1		基价 2	
		单位	标准	单位	标准
整车	1	元/t	8.50	元/(t·km)	0.071
	2	元/t	9.10	元/(t·km)	0.080
	3	元/t	11.80	元/(t·km)	0.084
	4	元/t	15.50	元/(t·km)	0.089
	5	元/t	17.30	元/(t·km)	0.096
	6	元/t	24.20	元/(t·km)	0.129
	7			元/(轴·km)	0.483
零担	21	元/10 kg	0.188	元/(10 kg·km)	0.001 0
	22	元/10 kg	0.263	元/(10 kg·km)	0.001 4

⑤确定运价。根据国家规定,按照材料运价号确定运价标准。

⑥铁路运价组成。铁路运价由基价 1 和基价 2 组成,其计算公式为

整车货物每吨运价 = 基价 1 + 基价 2 × 运价里程　　　　(3-2)

零担货物每 10 kg 运价 = 基价 1 + 基价 2 × 运价里程　　(3-3)

(2)铁路有关附加费。应根据国家及地方有关文件规定执行,主要附加费如下:

①铁路电气化附加费。凡通过电气化铁路运输路段,应按规定根据电气化铁路运输里程计算。

②铁路建设基金以及国家批准的地方铁路建设附加费。

③铁路取送车费。根据《铁路货物运价规则》(铁运〔2005〕46 号)规定,用铁路机车往专用线或专业铁道的站外交接地点调送车辆时,要按每车公里收取送车费,里程按往返合计计算。

④使用专用车费:如使用散装水泥罐车,按规定征收。

(3)计算材料运输费时应注意以下几点:

A. 整车与零担比例。

整车与零担比例是指火车运输中整车和零担货物的比例,又称"整零比"。整车运价较零担便宜,材料运输中,应以整车运输为主。根据已建大中型水利水电工程实际情况,水泥、木材、炸药、汽油和柴油等按整车运输计算,钢材可考虑一部分零担,其比例应按实际资料选取。若无实际资料,则可据已建工程经验值选取,大型水利水电工程可按10% ~ 20%、中型工程按 20% ~30% 选取。

整车与零担的比例视工程情况而定,计算时,则按整车和零担所占的百分率加权平均计算运价。

其计算公式为

运价 = 整车运价 × 整车量(%) + 零担运价 × 零担量(%)　　(3-4)

B. 装载系数。

装载系数是指货物实际运输质量与运输车辆标记载重量的比值。火车整车运输货物时,除特殊情况外,一律按车辆标记载重量计费。但在实际运输过程中,经常出现不能满载的情况(如由于材料批量原因,可能装不满一整车而不能满载;或虽已满载,但因材料容重小,其运输质量达不到车皮的标记载重量;或为保证行车安全,对炸药类危险品也不允许满载),因此就存在实际运输质量与运输车辆标记载重量不同的问题,则在计算运输费用时,常用装载系数来表示。其计算公式为

$$装载系数 = \frac{实际运输质量}{运输车辆标记载重量} \tag{3-5}$$

据调查统计,火车整车运输装载系数如表 3-5 所示,供计算材料运价时参考。考虑装载系数后,实际运价计算公式为

$$运价 = \frac{规定运价}{装载系数} \tag{3-6}$$

表 3-5   火车整车运输装载系数

序号	材料名称		单位	装载系数
1	水泥、油料		t/车皮 t	1.00
2	木材		m³/车皮 t	0.90
3	钢材	大型工程	t/车皮 t	0.90
4		中型工程	t/车皮 t	0.80 ~ 0.85
5	炸药		t/车皮 t	0.65 ~ 0.70

C. 毛重系数。

材料毛重指包括包装品质量的材料运输质量。运输部门不是以物资的实际质量计算运费的,而是按毛重计算运费的,所以材料运输费中要考虑材料的毛重系数。其计算公式为

$$毛重系数 = \frac{毛重}{净重} = \frac{材料实际质量 + 包装品质量}{材料实际质量} \tag{3-7}$$

$$材料毛重 = 材料质量 \times 毛重系数 \tag{3-8}$$

毛重系数大于或等于 1。一般情况下,建筑材料中,水泥、钢材、木材和油罐车运输的油料毛重系数为 1;炸药的毛重系数为 1.17;油料采用自备油桶运输时,其毛重系数为:汽油 1.15,柴油 1.14。

考虑毛重系数后的实际运价为

$$实际运价 = 规定运价 \times 毛重系数 \tag{3-9}$$

(4)铁路运价计算。

综合考虑以上因素,铁路运价计算公式为

$$铁路运价 = \frac{整车规定运价}{装载系数} \times 毛重系数 \times 整车比例 \tag{3-10}$$

(5)铁路杂费。主要包括调车费、装卸费、捆扎费、出入库费和其他杂费等。

2）公路运杂费

公路运杂费按工程所在省、自治区、直辖市交通部门有关规定或市场价计算。公路运费的计费重量，一般货物计费重量均按实际运输重量计算。汽车运输货物不考虑装载系数，但要考虑毛重系数。

3）水路运杂费

水路运杂费按工程所在省、自治区、直辖市航运部门现行有关规定或市场价计算。

4）综合运杂费

一个工程有两种以上对外交通方式时，要根据运输流程，以及各种运输方式中材料所占的比例，计算综合运杂费。

3. 材料运输保险费

材料运输保险费是指材料在运输途中的保险费。材料运输保险费费率一般按工程所在省、自治区、直辖市或保险公司的有关规定。

运输保险费的计算公式为

$$材料运输保险费 = 材料原价 \times 材料运输保险费率 \qquad (3-11)$$

4. 材料采购及保管费

材料采购及保管费是指材料在采购、供应和保管过程中所发生的各项费用。其主要内容包括：

（1）材料的采购、供应和保管部门工作人员的基本工资、辅助工资、职工福利费、劳动保护费、养老保险费、失业保险费、医疗保险费、工伤保险费、生育保险费、住房公积金、教育经费、办公费、差旅交通费及工具用具使用费。

（2）仓库、转运站等设施的检修费、固定资产折旧费、技术安全措施费。

（3）材料在运输、保管过程中发生的损耗等。

根据《水利工程营业税改征增值税计价依据调整办法》（办水总〔2016〕132 号），采购及保管费按现行计算标准（采购及保管费费率见表3-6）乘以 1.10 调整系数。

表3-6　采购及保管费费率

序号	材料名称	费率（%）	序号	材料名称	费率（%）
1	水泥、碎（砾）石、砂、块石	3	3	油料	2
2	钢材	2	4	其他材料	2.5

材料采购及保管费的计算公式为

$$材料采购及保管费 = （材料原价 + 运杂费）\times 采购及保管费费率 \times 1.10 \qquad (3-12)$$

3.2.3　其他材料预算单价的确定

其他材料预算价格可参考工程所在地区的工业与民用建筑、安装工程材料预算价格或信息价格。

3.2.4　基价、调差价及限价

为了避免材料市场价格起伏变化，造成间接费、利润的相应变化，有些主管部门（如工业与民用建筑)对主要材料规定了统一价格,按此价格进入工程单价计取有关费用,故称为取费价格,这种价格由主管部门发布,在一定时期内固定不变,故又称基价。

水利部颁发的《水利工程设计概(估)算编制规定》(水总〔2014〕429 号)中规定,西藏等地区,部分材料运输距离较远、预算价格较高,应按基价计入工程单价,预算价与基价的差值以补差形式计算税金后计入工程单价。这种只规定上限的基价,称为规定价或限价。按材料实际市场价格计算的材料预算价与限价之间的差值称为价差,即材料调差价。

在编制工程单价时,凡遇到主要材料预算价格超过规定的基价时,应按基价计入工程单价,超出基价的部分仅计入税金列入工程单价表中。如外购砂石料的预算价格(不含增值税进项税额)超过 70 元/m³,按 70 元/m³ 取费,余额以补差形式仅计算税金列入工程单价表。根据《水利工程营业税改征增值税计价依据调整办法》(办水总〔2016〕132 号),主要材料基价调整后见表 3-7。

表 3-7　主要材料基价

序号	材料名称	单位	基价(元)	序号	材料名称	单位	基价(元)
1	柴油	t	2 990	4	水泥	t	255
2	汽油	t	3 075	5	炸药	t	5 150
3	钢筋	t	2 560	6	砂石骨料	m³	70

3.2.5　材料预算价格计算示例

【例 3-2】　某混凝土坝工程所用水泥由某地水泥厂直供,水泥强度等级为 42.5,其中袋装水泥占 20%、散装水泥占 80%,袋装水泥市场价(不含增值税进项税额)为 320 元/t,散装水泥市场价(不含增值税进项税额)为 300 元/t。通过调查确定的运输流程及各项费用为:自水泥厂通过公路运往工地仓库,其中袋装水泥运杂费为 22.0 元/t,散装水泥运杂费为 13.2 元/t;从仓库到拌和楼由汽车运送,运费为 1.8 元/t,进罐费为 1.5 元/t;运输保险费按 1% 计。试计算水泥的预算价格。

解:水泥原价 = 袋装水泥市场价×20% + 散装水泥市场价×80%
$$= 320 \times 20\% + 300 \times 80\% = 304(元/t)$$
水泥运杂费 = 水泥厂至工地仓库运杂费 + 工地仓库至拌和楼运杂费 + 进罐费
$$= (22.0 \times 20\% + 13.2 \times 80\%) + 1.8 + 1.5 = 18.26(元/t)$$
水泥运输保险费 = 水泥原价×运输保险费费率 = 304×1% = 3.04(元/t)
水泥采购及保管费 = (水泥原价 + 运杂费)×采购及保管费费率×1.10
$$= (304 + 18.26) \times 3\% \times 1.10 = 10.63(元/t)$$
水泥预算价格 = 水泥原价 + 运杂费 + 运输保险费 + 采购及保管费
$$= 304 + 18.26 + 3.04 + 10.63 = 335.93(元/t)$$

【例 3-3】　某水利枢纽工程位于某省 A 市,工地距 A 市 73 km,距 B 市火车站 28 km,钢筋由省物资站供应 30%,由 A 市金属材料公司供应 70%。两个供应点供应的钢筋,低合金 20MnSi 螺纹钢占 60%,普通 A3 光面钢筋占 40%(与设计要求一致),按下列资料计算钢筋的综合预算价格。

(1)出厂价(不含增值税进项税额):低合金 20MnSi 螺纹钢 2 400 元/t;普通 A3 光面钢筋 2 200 元/t。

(2)运输流程:

①省物资站供应的钢筋:用火车运至 B 市火车站,运距 150 km,再用汽车运至工地分仓库,运距 28 km。

②A 市金属材料公司供应的钢筋:直接由汽车运至工地分仓库,运距 73 km。

(3)计算依据:

①铁路:火车运输整车零担比 70:30,整车装载系数 0.80;火车整车运价 20.00 元/t,零担运价 0.06 元/kg;火车出库装车综合费 4.60 元/t,卸车费 1.60 元/t。

②公路:汽车运价 0.55 元/(t·km);汽车装车费 2.00 元/t、卸车费 1.80 元/t。

③运输保险费费率为 0.8%。

④毛重系数为 1。

解:(1)综合材料原价 = 2 400 × 60% + 2 200 × 40% = 2 320(元/t)。

(2)综合运杂费 = 60.90 × 0.3 + 43.95 × 0.7 = 49.04(元/t)。

其中,省物资站供应钢筋的运杂费为:

①火车出库装车费 4.60 元/t;

②运至 B 市火车站的铁路运费 = 20.00 ÷ 0.8 × 0.7 + 0.06 × 1 000 × 0.3 = 35.50(元/t);

③B 市火车站的火车卸车费为 1.60 元/t;

④汽车装、卸费 = 2.00 + 1.80 = 3.80(元/t);

⑤B 市火车站至工地分仓库的汽车运费 = 0.55 × 28 = 15.40(元/t);

小计运杂费为 60.90 元/t。

A 市材料供应公司供应钢筋的运杂费为:

①汽车装、卸费 = 2.00 + 1.80 = 3.80(元/t);

②汽车运费 = 0.55 × 73 = 40.15(元/t)。

小计运杂费为 43.95 元/t。

(3)运输保险费 = 2 320 × 0.8% = 18.56(元/t)

(4)采购及保管费 = (2 320 + 49.04) × 2% × 1.10 = 52.12(元/t)

(5)钢筋综合预算价格 = 综合材料原价 + 综合运杂费 + 运输保险费 + 采购及保管费 = 2 320 + 49.04 + 18.56 + 52.12 = 2 439.72(元/t)

本例题也可先分别计算低合金 20MnSi 螺纹钢和普通 A3 光面钢筋的预算价格,再按其所占比例求得钢筋的综合预算价格。采用主要材料运输费用计算表和主要材料预算价格计算表进行计算,计算过程如表 3-8、表 3-9 所示,计算结果与上述解法相同。

表 3-8   主要材料运输费用计算表

编号	1	2	材料名称	钢筋		材料编号	
交货条件	物资站	材料公司	运输方式	火车	汽车	火车	
交货地点			货物等级			整车	零担
交货比例	30%	70%	装载系数	0.80		70%	30%

编号	运输费用项目	运输起讫地点	运输距离（km）	计算公式	合计（元）
1	铁路运杂费	物资站—B市站	150	$20.00 \div 0.80 \times 0.7 + 0.06 \times 1\,000 \times 0.3 + 4.6 + 1.6$	41.70
	公路运杂费	B市站—工地	28	$0.55 \times 28 + 2.00 + 1.80$	19.20
	综合运杂费				60.90
2	公路运杂费	材料公司—工地	73	$0.55 \times 73 + 2.00 + 1.80$	43.95
	综合运杂费				43.95
每吨运杂费（元/t）				$60.90 \times 0.3 + 43.95 \times 0.7 = 49.04$	

表 3-9   主要材料预算价格计算表

编号	名称及规格	单位	原价依据	单位毛重（t）	每吨运费（元）	价格（元）				
						原价	运杂费	采购及保管费	运输保险费	预算价格
1	20MnSi 螺纹钢	t		1.0	49.04	2 400	49.04	53.88	19.20	2 522.12
2	普通 A3 光面钢筋	t		1.0	49.04	2 200	49.04	49.48	17.60	2 316.12
钢筋综合材料预算价格						$2\,522.12 \times 60\% + 2\,316.12 \times 40\%$				2 439.72

想一想 练一练

1. 某水利枢纽工程所用柴油 0#、10# 由中石油供应,供应比例 6∶4,由油罐车直接运输 500 km 至工地分仓库。

已知条件:①出厂价(不含增值税进项税额):0# 柴油价格为 6 500 元/t,10# 柴油价格为 6 000 元/t;②油罐车综合运价:0.80 元/(t·km);③运输保险费率为 4‰;④计算柴油的综合预算价格。

2. 某水利工地使用 42.5 级普通水泥,由甲厂和乙厂供应,已知:火车上交货价(不含增值税进项税额)均为 380 元/t,供货比例为甲厂∶乙厂 = 70∶30,厂家运至工地水泥罐的运杂费(含上罐费)分别为:甲厂 110 元/t,乙厂 150 元/t,水泥运输保险费取材料原价的 2‰,计算该种水泥的预算价格。

知识拓展

所用材料规格及型号不明确时,如何编制材料预算价格?

如某水利枢纽工程所用钢筋由一大型钢厂供应,火车整车运输。普通 A3 光面钢筋占 30%,低合金 20MnSi 螺纹钢占 60%。按下列已知条件,计算钢筋预算价格,并写出计算过程。

(1)出厂价如表 3-10 所示。

表 3-10　各种钢筋预算价格

名称及规格	单位	出厂价(元)	名称及规格	单位	出厂价(元)
A3 φ 10 mm 以下	t	4 150	20MnSi φ 25 mm 以外	t	4 350
A3 φ 16～18 mm	t	4 100	20MnSi φ 20～25 mm	t	4 300

(2)运输方式及距离(见图 3-1)。

图 3-1　运输方式及距离

(3)火车整车运输,基价 1 为 17.30 元/t,基价 2 为 0.096 元/(t·km),上站费为 1.8 元/t,整车卸车费为 1.10 元/t,装载系数为 0.9;汽车运价为 0.50 元/(t·km),转运站费用为 4 元/t,汽车装车费为 2 元/t,卸车费为 1.5 元/t。

(4)运输保险费费率为 1%。

❖ 任务 3.3　编制施工机械台时费

【学习目标】

1.知识目标:①熟悉施工机械台时费的概念;②熟悉水利工程施工机械台时费的组成;③掌握水利工程施工机械台时费的计算方法;④了解补充机械台时费的计算方法。

2.技能目标:①知道施工机械台时费的内容和组成;②会计算水利工程施工机械台时费和编制补充施工机械台时费。

3.素质目标:①认真仔细的工作态度;②严谨的工作作风;③遵守编制规定的要求。

【项目任务】

学习水利工程施工机械台时费的计算方法。

【任务描述】

水利工程施工机械台时费是水利工程建筑及安装工程单价计算的基础,本学习任务是计算水利工程施工机械台时费和编制补充机械台时费。

施工机械台时费是指一台施工机械在一个小时内,为使机械正常运转所支出和分摊的各项费用之和,又称台时价格。施工机械台时费是编制建筑及安装工程单价中机械使用费的基础单价。随着施工机械化程度的不断提高,机械使用费所占工程投资比例越来越大,已达 20%~30% 。因此,准确计算施工机械台时费就变得非常重要。

根据水利部 2002 年颁发的《水利工程施工机械台时费定额》及有关规定,结合 2016 年水利部颁发的《水利工程营业税改征增值税计价依据调整办法》(办水总〔2016〕132 号),施工机械台时费的编制是按调整后的施工机械台时费定额和不含增值税进项税额的基础价格计算。

3.3.1　施工机械台时费的组成

水利工程施工机械台时费由两类费用组成,分别是一类费用和二类费用。

3.3.1.1　一类费用

一类费用由折旧费、修理及替换设备费(含大修理费、经常性修理费)和安装拆卸费组成,现行部颁定额是按 2000 年的价格水平计算并用金额表示的,编制施工机械台时费时,应考虑物价上涨因素,按编制年水平进行调整,具体按国家有关主管部门公布的物价调整系数进行调整。

1. 折旧费

折旧费是指施工机械在寿命期内收回原始价值的台时折旧摊销费用。

2. 修理及替换设备费

修理及替换设备费是指施工机械在使用过程中,为了使机械保持正常功能而进行修理所需的费用、日常保养所需的润滑油料费、擦拭用品费、机械保管费以及替换设备、随机使用的工具、附具等所需的台时摊销费用。

3. 安装拆卸费

安装拆卸费是指施工机械进出工地的安装、拆卸、试运转和场内转移及辅助设施的摊销费用。不需要安装拆卸的施工机械,台时费中不计列此项费用,例如自卸汽车、船舶、拖轮等。

《水利工程施工机械台时费定额》中,凡备注栏内注有"※"的大型施工机械,表示该项定额未计列安装拆卸费,其费用在临时工程中的"其他施工临时工程"中计算,则这六种机械为:①斗容为 3 m³ 及以上挖掘机、轮斗挖掘机;②混凝土搅拌站、混凝土搅拌楼;③胎带机;④塔带机;⑤缆索起重机、简易缆索起重机、25 t 及以上塔式起重机,门座式起重机;⑥针梁模板平车、钢模台车、滑模台车。除上述六种机械外,凡《水利工程施工机械台时费定额》中列有安装拆卸费的施工机械,其安装拆卸费应计入台时费,在临时工程中不再单独列项。

3.3.1.2　二类费用

二类费用是指机械正常运转时机上人工费和施工机械所消耗的动力、燃料费,在《水利工程施工机械台时费定额》中以工时数量和实物消耗量表示,其定额数量一般不允许调整,其费用按国家规定的人工预算工资计算办法和工程所在地的物价水平分别计算。

1. 机上人工费

机上人工费是指施工机械运转时应配备的机上操作人员预算工资所需的费用。在定额中以工时数量表示,它包括机械运转时间、辅助时间、机上人员用餐、交接班以及必要的机械正常中断时间。机下辅助人员预算工资一般列入工程人工费,而不包括在此项费用内。

2. 动力、燃料费

动力、燃料费指施工机械正常运转时所耗用的各种动力费用及燃料费用,包括风(压缩空气)、水、电、汽油、柴油、煤及木柴等所需的费用。定额中以实物消耗量表示。

3.3.2　施工机械台时费的计算

施工机械台时费编制应依据水利部 2002 年颁发的《水利工程施工机械台时费定额》及有关规定,并结合《水利工程营业税改征增值税计价依据调整办法》(水总〔2016〕132号)进行编制。

3.3.2.1　一类费用

根据施工机械设备规格、型号、设备容量等参数,查阅《水利工程施工机械台时费定额》可得一类费用的折旧费、修理及替换设备费以及安装拆卸费。编制施工机械台时费时,应考虑物价上涨因素,按主管部门发布的不同调整系数进行调整,同时要考虑营业税改收增值税后台时费的变化,根据调整办法,施工机械台时费定额的折旧费除以1.15调整系数,修理及替换设备费除以 1.11 调整系数,安装拆卸费不变。掘进机及其他由建设单位采购、设备费单独列项的施工机械,台时费中不计折旧费,设备费除以 1.17 调整系数。

一类费用的计算公式为

一类费用 =(折旧费 /1.15 + 修理及替换设备费 /1.11 + 安装拆卸费)× 编制年调整系数

(3-13)

3.3.2.2　二类费用

根据施工机械台时费定额中的人工工时数量、动力、燃料消耗量及各工程的人工预算单价、材料预算价格,计算出二类费用。其中,人工费按中级工计算。

二类费用的计算公式为

$$二类费用 = 机上人工费 + 动力、燃料费 \qquad (3-14)$$

其中　　　　　机上人工费 = 定额机上人工工时数 × 中级工的人工预算单价

动力、燃料费 = $\sum$(定额动力、燃料消耗量 × 相应的价格)

3.3.2.3　施工机械台时费

施工机械台时费的计算公式为

$$施工机械台时费 = 一类费用 + 二类费用 \qquad (3-15)$$

施工机械台时费计算时,应注意施工机械台时费主要作为基本直接费参数,参与工程单价的编制,为防止材料价格波动引起工程单价的较大变化,二类费用计算中,涉及基价的材料,应先比较预算价格与基价的大小,若预算价格大于基价者,以基价计算台时费基价(为区别于台时费,凡基价进入计算的台时费可称为台时费基价);反之,预算价格计算台时费。

3.3.2.4　施工机械组合台时费

组合台时(简称组时)是指多台机械设备相互衔接或配备形成的机械联合作业系统。组时费是指系统中各机械台时费之和,即

$$B = \sum_{i=1}^{m} T_i n \qquad (3-16)$$

式中 B——机械组合台时费;

m——该系统的机械设备种类数目;

T_i——某种机械设备的台时费;

n——某种机械配备的台数。

3.3.3 补充机械台时费的编制

当施工组织设计选用的机械在《水利工程施工机械台时费定额》中缺项或规格、型号与定额不符时,必须编制补充机械台时费。

3.3.3.1 按施工机械台时费定额编制方法编制

1.一类费用

1)折旧费

折旧费的计算公式为

$$折旧费 = \frac{机械预算价格 \times (1 - 残值率)}{机械经济寿命台时} \tag{3-17}$$

机械预算价格分为:

(1)国产机械预算价格,指设备出厂价与运杂费之和,其中运杂费一般按设备出厂价的5%计算。

(2)进口机械预算价格是指到岸价、关税、增值税、银行和进出口公司手续费、商检费以及国内运杂费等项费用之和,按国家有关规定和资料计算。

(3)公路运输机械时的预算价格需增加车辆购置附加费,按规定,国内生产和组装的车辆取出厂价的10%;进口车取到岸价、关税与增值税之和的15%。

机械残值率是指机械达到使用寿命要报废时的残值,扣除清理费后占机械预算价格的百分率,一般取4% ~5% 。

机械经济寿命台时是指机械开始运转至经济寿命终止的运转总台时。

其计算公式为

$$机械经济寿命台时 = 经济使用年限 \times 年工作台时 \tag{3-18}$$

经济使用年限指国家规定的该种机械从使用到经济寿命终止的平均年限。

年工作台时是指该种机械在经济使用期内平均每年运行的台时数。

2)修理及替换设备费

(1)大修理费。

大修理费是指施工机械按规定的大修间隔期,为使机械保持正常使用功能而进行大修理所需的摊销费用。

大修理费的计算公式为

$$台时大修理费 = \frac{一次大修理费 \times 大修理次数}{机械耐用总台时} \tag{3-19}$$

$$大修理次数 = \frac{耐用总台时}{大修理间接台时} - 1 \tag{3-20}$$

(2)经常性修理费。

　　经常性修理费是指机械在寿命期内除大修理外的各级定期保养及临时故障排除和机械停置期间的维护等所需的各种费用;为保证机械正常运转所需替换设备,随机工具器具的摊销费用及机械日常保养所需润滑擦拭材料费之和,分摊到台班费中,即为经常修理费。经常性修理费包括修理费、润滑及擦拭材料费。

　　在实际计算经常性修理费时,通常用经常性修理费占大修理费的百分比来计算,百分比一般通过对典型机械的测算确定,然后求得同类其他机修的修理费。

　　台时经常性修理费的计算公式为

$$经常性修理费费率 = \frac{典型机械台班经常修理费}{典型机械台时大修理费} \times 100\% \qquad (3-21)$$

　　(3)机械保管费。

　　机械保管费是指机械保管部门保管机械所需的费用。包括机械在规定年工作台时以外的保养、维护所需的人工、材料和用品费用。

　　台时保管费的计算公式为

$$台时保管费 = \frac{机械预算价格}{机械年工作台时} \times 保管费费率 \qquad (3-22)$$

　　机械预算价格低,保管费费率高;反之,机械预算价格高,保管费费率低。保管费费率一般取 $0.15\% \sim 1.5\%$。

　　(4)替换设备及工具、附具费。

　　替换设备及工具、附具费是指机械正常运行所需要更换的设备、工具、附具摊销到台时中的费用。

　　台时替换设备及工具、附具费的计算公式为

$$台时替换设备及工具、附具费 = \frac{年替换设备及工具、附具费}{年工作台时} \qquad (3-23)$$

　　在资料不易取得的情况下,也可按上述占大修理费的百分比的方法计算。

　　3)安装拆卸费

　　安装拆卸费是指机械在进出工地的安装、拆卸、试运转和场内转移及辅助设施摊销费用。

　　台时安装拆卸费的计算公式为

$$台时安装拆卸及辅助设施费 = 台时大修理费 \times 安拆费费率 \qquad (3-24)$$

$$安装拆卸费费率 = \frac{典型机械安装拆卸及辅助设施费}{典型机械台时大修理费} \times 100\% \qquad (3-25)$$

　　2.二类费用

　　1)机上人工费

　　机上人工费是指施工机械使用时机上操作人员人工费用。

　　台时机上人工费的计算公式为

$$台时机上人工费 = 机上人工工时数 \times 人工工时预算单价 \qquad (3-26)$$

机上人工工时数可参照同类机械确定。

　　2)动力、燃料消耗费

　　计算补充机械台时费时,动力、燃料台时耗用量可按下列公式计算:

（1）电动机械台时电力耗用量

$$Q = N \cdot K \tag{3-27}$$

式中　Q——台时电力耗用量，kWh；

　　　　N——电动机额定功率，kW；

　　　　K——电动机台时燃料消耗综合系数。

（2）内燃机械与蒸汽机械

$$Q = N \cdot G \cdot K \tag{3-28}$$

式中　Q——内燃机械台时油料耗用量或蒸汽机械台时燃料消耗量，kg；

　　　　N——发动机额定功率，kW；

　　　　G——额定耗油量或额定耗煤量，kg/kWh；

　　　　K——发动机台时燃料消耗综合系数。

（3）风动机械

$$Q = 60V \cdot K \tag{3-29}$$

式中　Q——台时压缩空气消耗量，m³；

　　　　V——额定压缩空气消耗量，m³/min；

　　　　K——综合系数。

以上各式中的综合系数 K 值可参考有关资料选用。

3.施工机械台时费

施工机械台时费为一类费用与二类费用之和。

3.3.3.2　按直线内插法编制

当所求机械的容量、吨位、动力等机械特征指标在《水利工程施工机械台时费定额》范围之内时，可采用"直线内插法"编制补充机械台时费。

3.3.3.3　按占折旧费比例法编制

当所求的机械特征指标在《水利工程施工机械台时费定额》范围之外时，还可按占折旧费比例法，即利用现行定额中某种类似机械的修理及替换设备费、安装拆卸费与其折旧费的比例，推算同类型所求机械的台时费一类费用，并根据有关动力消耗参数确定二类费用指标，最终计算所求机械的台时费定额指标。

3.3.4　施工机械台时费计算示例

【例3-4】　试计算河南省三门峡水利枢纽工程施工使用的 20 t 自卸汽车的施工机械台时费。该工程柴油预算价格（不含增值税进项税额）为 5.80 元/kg，台时费一类费用不调整。

解：查《水利工程施工机械台时费定额》编号 3019，20 t 自卸汽车的一类费用中折旧费为 50.53 元，修理及替换设备费为 32.84 元；二类费用消耗的机上人工 1.3 工时，柴油 16.2 kg。三门峡水利枢纽工程属于一般地区，则该工程的中级工人工工时预算单价为 8.90元/工时。

一类费用 = 50.53/1.15 + 32.84/1.11 = 73.52（元/台时）；

二类费用 = 1.3 × 8.90 + 16.2 × 2.99（基价）= 60.01（元/台时）；

该工程 20 t 自卸汽车台时费基价 $= 73.52 + 60.01 = 133.53$（元/台时）（该价进入基本直接费）；

20 t 自卸汽车台时费价差 $= 16.2 \times (5.80 - 2.99) = 45.52$（元/台时）（该价进入材料价差）；

则该工程 20 t 自卸汽车台时费 $= 133.53 + 45.52 = 179.05$（元/台时）。

【例 3-5】 试计算陕西省延安引黄供水工程（工程位于延川县）中某衬砌后断面为 $10 \ m^2$ 隧洞的钢模台车的施工机械台时费。已知该钢模台车的出厂价（不含增值税）为 5.9 万元，该钢模台车的施工总台时数为 1 000 h，运杂费按 5% 计算，残值率按 4% 计算。该机械电动机功率为 8 kW，电动机台时燃料消耗综合系数为 0.75，工程电价为 0.968 元/kWh。

解： 查《水利工程概预算补充定额》编号 2091 衬砌后断面为 $10 \ m^2$ 隧洞的钢模台车一类费用中折旧费为 40.47 元，修理及替换设备费为 8.50 元，无安装拆卸费，二类费用中人工为 3.0 工时，电为 4.7 kWh；工程所在地属于一类地区，引水工程，则中级工的人工预算单价为 6.82 元/工时。

衬砌后断面为 $10 \ m^2$ 隧洞的钢模台车的折旧费 $= 59\ 000 \times (1 + 5\%) \times (1 - 4\%) \div 1\ 000 = 59.47$（元/台时）；

修理及替换设备费 $= (8.50/40.47) \times 59.47 = 12.49$（元/台时）；

则一类费用 $= 59.47/1.15 + 12.49/1.11 + 0 = 62.97$（元/台时）。

二类费用中的人工数量参考定额中的机械，人工消耗量为 3.0 工时。

电动机械台时电力耗用量 $Q = 8 \times 0.75 \times 1 = 6.0$（kWh）；

则二类费用 $= 3.0 \times 6.82 + 6 \times 0.968 = 26.27$（元/台时）。

则新的钢模台车的施工机械台时费为：$62.97 + 26.27 = 89.24$（元/台时）。

想一想 练一练

1. 陕西省延安市南沟门水库位于延安市洛川县境内，该工程施工时有自行式振动碾，该机械的机械台时费应如何计算？

2. 计算 $5 \ m^3$ 装载机的机械台时费。已知该水利枢纽工程在甘肃省兰州市附近，根据造价管理部门的规定，一类费用调整系数为 1.10，施工用电预算单价为 0.830 元/kWh，柴油预算单价为 7.40 元/kg。

3. 计算 200 kW 柴油发电机的机械台时费。已知该水利枢纽工程在湖南省浏阳市附近，根据造价管理部门的规定，一类费用调整系数为 1.05，柴油预算单价为 7.60 元/kg。

4. 某水库除险加固工程，土坝基础防渗处理采用水泥土搅拌桩，使用多头搅拌桩机施工。计算多头搅拌桩机（BJS – 15B）台时费基价。已知该工程在浙江省绍兴市新昌县。根据造价管理部门的规定，一类费用调整系数为 1.05，施工用电预算单价为 0.84 元/kWh，柴油预算单价为 6.60 元/kg，汽油预算单价为 6.80 元/kg。

知识拓展

地方水利工程施工机械台时（台班）费的组成和计算。

任务3.4　编制施工用电、风、水价格

【学习目标】

　　1.知识目标:①了解施工用电、风、水价格的概念;②熟悉水利工程施工用电、风、水价格的组成;③掌握施工用电、风、水价格的计算方法和步骤。

　　2.技能目标:①知道水利工程施工用电、风、水价格的组成;②会计算水利工程施工用电、风、水价格。

　　3.素质目标:①认真仔细的工作态度;②严谨的工作作风;③遵守编制规定的要求。

【项目任务】

　　学习水利工程施工用电、风、水价格的计算。

【任务描述】

　　水利工程施工用电、风、水,在施工中用量很大,准确计算水利工程施工用电、风、水价格非常重要,通过学习能够计算水利工程施工用电、风、水价格。

　　水利水电工程施工中,要消耗大量的电、风、水,其预算价格编制的准确程度,将直接影响到施工机械台时费和工程单价的高低,从而影响工程造价,因此在编制电、风、水的预算价格时,要根据施工组织设计确定电、风、水的供应方式、布置形式、设备配备等,据此编制施工用电、风、水的预算价格。

3.4.1　施工用电价格的组成与计算

　　施工用电按其用途可分为生产用电和生活用电两部分。生产用电直接计入工程成本,包括施工机械用电、施工照明用电和其他生产用电。生活用电是指生活、文化、福利建筑的室内、外照明和其他生活用电。因为生活用电不直接用于生产,应在间接费内开支或由职工负担,不在施工用电电价计算范围内,故水利水电工程概预算中的施工用电电价计算范围仅指生产用电。

　　水利水电工程施工用电供电方式如下:

　　(1)外购电。由国家或地方电网及其他电厂供电的电网供电。电网供电电价低廉,电源可靠,是施工时的主要电源。

　　(2)自发电。由建设单位或施工企业自建发电厂供电(如自备柴油发电机、自建水力或火力发电厂供电等)。自发电成本较高,一般作为施工企业的备用电源或高峰用电时使用。

3.4.1.1　施工用电价格的组成

　　施工用电价格,由基本电价、电能损耗摊销费和供电设施维修摊销费三部分组成。

　　1.基本电价

　　1)外购电(电网供电)的基本电价

　　外购电(电网供电)的基本电价是指施工企业直接向供电单位购电按规定所需支付的单位供电价格。凡是国家电网供电,则执行国家规定的基本电网电价中的非工业标准

电价,包括电网电价(如非工业标准电价)及各种按规定的加价(如三峡工程建设基金、公用事业附加费、燃料附加费、农网改造还贷等加价)。由地方电网或其他企业中小型电网供电的,执行地方电价主管部门规定的电价。

2)自发电的基本电价

自发电的基本电价是指施工企业自建发电厂(或自备发电机)的单位发电成本。自建发电厂一般有柴油发电厂(或柴油发电机组)、燃煤发电厂和水力发电厂等。

(1)柴油发电厂:是自发电电厂中较普通的一种,在初设阶段编制概算时,根据设计确定的电厂配置的发电设备,以台时总费用来计算单位电能的成本作为基本电价。

①柴油发电机供电如果采用水泵供给冷却水时,基本电价的计算公式为

$$基本电价 = \frac{台时总费用}{台时总发电量 \times (1 - 厂用电率)} \tag{3-30}$$

其中　　　台时总发电量 = 柴油发电机额定容量之和 × 发电机出力系数 K

台时总费用 = 柴油发电机组(台)时总费用 + 水泵组(台)时总费用

发电机出力系数 K 根据设备的技术性能和状态选定,一般可取 $0.8 \sim 0.85$;厂用电率取 $3\% \sim 5\%$。

②柴油发电机供电如果采用循环冷却水,而不用水泵,则基本电价的计算公式为

$$基本电价 = \frac{台时总费用}{台时总发电量 \times (1 - 厂用电率)} + 单位循环冷却水费 \tag{3-31}$$

其中　　　　　　台时总费用 = 柴油发电机组(台)时总费用

单位循环冷却水费取 $0.05 \sim 0.07$ 元/kWh,其他同前。

柴油发电机组供电的基本电价同样采用上述方法确定。

(2)燃煤发电厂及水力发电厂:根据设计所确定的设备配置和工程施工所需的发电量、发电厂运行人员数量、管理人员数量和燃煤消耗、厂用电率等,计算出折旧、大修、运行、维修、管理、损耗等各项费用,按火电厂及水力发电厂常用的发电单位成本分析方法计算基本电价。

2. 电能损耗摊销费

1)外购电的电能损耗摊销费

外购电的电能损耗摊销费是指从施工企业与供电部门的产权分界点处(供电部门计量收费点)起到现场各施工点最后一级降压变压器低压侧止,所有变配电设备和输配电线路上所发生的电能损耗摊销费。它包括由高压电网到施工主变压器高压侧之间的高压输电线路损耗和由主变压器高压侧至现场各施工点最后一级降压变压器低压侧之间的变配电设备及配电线路损耗两部分。

2)自发电的电能损耗摊销费

自发电的电能损耗摊销费是指从施工企业自建发电厂的出线侧至现场各施工点最后一级降压变压器低压侧止,所有变配电设备和输配电线路上发生的电能损耗摊销费。当出线侧为低压供电时,损耗已包括在台时耗电定额内;当出线侧为高压供电时,则应计入变配电设备及线路损耗摊销费。

从最后一级降压变压器低压侧至施工用电点的施工设备和低压配电线路损耗,已包

括在各用电施工设备、工器具的台时耗电定额内,电价中不再考虑。

电能损耗摊销费通常用电能损耗率表示。

3. 供电设施维修摊销费

供电设施维修摊销费是指摊入电价的变配电设备的基本折旧费、大修理费、安装拆卸费、设备及输配电线路的移设和运行维护费等。

水利部《水利工程设计概(估)算编制规定》(水总〔2014〕429 号)规定,施工场外变配电设备可计入临时工程,故供电设施维修摊销费中不包括基本折旧费。

供电设施维修摊销费在初设概算阶段一般可根据经验指标计算。在编制修正概算或预算阶段,可按下式计算,其计算公式为

$$摊销费 = 应摊销的总费用 \div 总电量(包括生活用电) \qquad (3\text{-}32)$$

3.4.1.2　施工用电价格的计算

根据施工组织设计确定的供电方式以及不同电源供电量所占比例,按国家或工程所在省、自治区、直辖市规定的电网电价和各种规定的加价进行计算,同时结合《水利工程营业税改征增值税计价依据调整办法》文件要求,在编制施工用电价格时,电网供电价格中的基本电价应不含增值税进项税额;柴油发电机供电价格中的柴油发电机组(台)时总费用应按调整后的施工机械台时费定额和不含增值税进项税额的基础价格计算。

1. 外购电电价

外购电的计算公式为

$$电网供电价格 = \frac{基本电价}{(1 - 高压输电线路损耗率) \times (1 - 35\ kV\ 以下变配电设备及配电线路损耗率)} +$$
$$供电设施维修摊销费(变配电设备除外) \qquad (3\text{-}33)$$

式中,高压输电线路损耗率取 3% ~ 5% ;35 kV 以下变配电设备及配电线路损耗率取 4% ~ 7% ;供电设施维修摊销费取 0.04 ~ 0.05 元/kWh。

2. 自发电电价

(1)采用专用水泵供给冷却水,计算公式为

$$柴油发电机供电价格 = \frac{柴油发电机组(台)时总费用 + 水泵组(台)时总费用}{柴油发电机额定容量之和 \times 发电机出力系数\ K \times (1 - 厂用电率)} \div$$
$$(1 - 变配电设备及配电线路损耗率) + 供电设施维修摊销费 \qquad (3\text{-}34)$$

(2)采用循环冷却水,计算公式为

$$柴油发电机供电价格 = \frac{柴油发电机组(台)时总费用}{柴油发电机额定容量之和 \times 发电机出力系数\ K \times (1 - 厂用电率)} \div$$
$$(1 - 变配电设备及配电线路损耗率) + 供电设施维修摊销费 +$$
$$单位循环冷却水费 \qquad (3\text{-}35)$$

式中,K 为发电机出力系数,一般取 0.80 ~ 0.85;厂用电率取 3% ~ 5%;变配电设备及配电线路损耗率取 4% ~ 7%;供电设施维修摊销费取 0.04 ~ 0.05 元/kWh;单位循环冷却水费取 0.05 ~ 0.07 元/kWh。

3. 综合电价

外购电与自发电的电量比例,要根据工程具体情况,由施工组织设计确定。同一工程

中有两种或两种以上供电方式供电时,综合电价应根据供电比例加权平均计算。

3.4.2　施工用风价格的组成与计算

水利水电工程施工用风主要是指在施工过程中用于石方开挖、混凝土振捣、基础处理、金属结构和机电设备安装工程等风动机械(如风钻、潜孔钻、风水枪、风砂枪、混凝土喷射机、振动器、铆钉枪、凿岩台车等)所需的压缩空气。

压缩空气可由固定式空压机和移动式空压机供给。对分区布置多个供风系统的工程,施工用风价格按各系统供风量的比例加权平均计算综合风价。

3.4.2.1　施工用风价格的组成

施工用风价格由基本风价、供风损耗摊销费和供风设施维修摊销费组成。

1. 基本风价

基本风价是指根据施工组织设计供风系统所配置的空压机设备,按台时总费用除以台时总供风量计算的单位风量价格。

(1)空气压缩机系统如果采用水泵冷却,基本风价的计算公式为

$$基本风价 = \frac{空压机组(台)时总费用 + 水泵组(台)时总费用}{空压机额定容量之和(m^3/min) \times 60\ min \times 能量利用系数\ K} \tag{3-36}$$

式中,能量利用系数 K 取 0.70～0.85。

(2)空气压缩机系统如果采用循环冷却水,不用水泵时,基本风价的计算公式为

$$基本风价 = \frac{空压机组(台)时总费用}{空压机额定容量之和(m^3/min) \times 60\ min \times 能量利用系数\ K} +$$
$$单位循环冷却水费 \tag{3-37}$$

式中,单位循环冷却水费取 0.007 元/m³。

2. 供风损耗摊销费

供风损耗摊销费是指由压气站至用风工作面的固定供风管道,在输送压气过程中所发生的漏气损耗、压气在管道中流动时的阻力风量损耗摊销费用。

损耗与管道质量、管道长度等有关。损耗摊销费常用损耗率表示,损耗率一般可按总用风量的 6%～10%选取,供风管路短的取小值,长的取大值。

风动机械本身的用风及移动的供风管道损耗已包括在该机械的台时耗风定额内,不在风价中计算。

3. 供风设施维修摊销费

供风设施维修摊销费是指摊入风价的供风管道的维护、修理费用。该项费用数值甚微,初步设计阶段常采用经验指标值,一般取 0.004～0.005 元/m³。编制工程预算时,若无实际资料或资料不足,也可采用上述经验值。

3.4.2.2　施工用风价格计算

根据施工组织设计所配置的空气压缩机系统设备组(台)时总费用(根据《水利工程营业税改征增值税计价依据调整办法》要求,应按调整后的施工机械台时费定额和不含增值税进项税额的基础价格计算)和组(台)时总有效供风量计算。

(1)采用水泵供水冷却时,计算公式为

$$施工用风价格 = \cfrac{空压机组(台)时总费用 + 水泵台(组)总费用}{\begin{aligned}&空压机额定容量之和(m^3/min) \times 60\ min \times 能量利用系数\ K \\ &(1 - 供风损耗率) + 供风设施维修摊销费\end{aligned}} \div \tag{3-38}$$

（2）采用循环水冷却时，计算公式为

$$施工用风价格 = \cfrac{空压机组(台)时总费用}{\begin{aligned}&空压机额定容量之和(m^3/min) \times 60\ min \times 能量利用系数\ K \\ &(1 - 供风损耗率) + 供风设施维修摊销费 + 单位循环冷却水费\end{aligned}} \div \tag{3-39}$$

式中，K 为能量利用系数，一般取 0.70 ~ 0.85；供风损耗率取 6% ~ 10%；单位循环冷却水费取 0.007 元/m³；供风设施维修摊销费取 0.004 ~ 0.005 元/m³。

（3）综合风价。若同一工程采用两个或两个以上供风系统供风，综合风价应该根据供风比例加权平均计算。

3.4.3 施工用水价格的组成与计算

水利水电工程施工用水包括生产用水和生活用水两部分。生产用水直接计入工程成本，主要包括施工机械用水、机械加工用水、砂石料筛洗用水、土石坝砂石料压实用水、混凝土拌制和养护用水、钻孔灌浆用水、消防、环保用水等。生活用水主要包括职工、家属的饮用水和洗涤用水等。

水利水电工程概预算中施工用水的水价，仅指生产用水的水价。生产用水的水价是各种用水施工机械台时费和工程单价的计算依据。生活用水应由间接费用开支或职工自行负担，不属于施工用水水价计算范围。

如果生产、生活用水采用同一系统供水，那么凡为生活用水而增加的费用（如水净化药品费等），均不应摊入生产用水的单价内。若生产用水的供水方式，需分别设置几个供水系统，则可按各系统供水量的比例加权平均计算综合水价。

3.4.3.1 施工用水价格的组成

施工用水价格由基本水价、供水损耗摊销费和供水设施维修摊销费组成。

1. 基本水价

基本水价是根据施工组织设计所确定的施工高峰期间用水量所配备的供水系统设备（不含备用设备），按台时产量分析计算的单位水量的价格。

2. 供水损耗摊销费

水量损耗是指施工用水在储存、输送、处理过程中的水量损失。在计算水价时，水量损耗通常以损耗率的形式表示。损耗率的计算公式为

$$损耗率(\%) = \frac{损失水量}{水泵总出水量} \times 100\% \tag{3-40}$$

供水损耗率大小与储水池、供水管路的施工质量以及运行中维修管理水平的高低有直接关系，编制概算时一般可按出水量的 6% ~ 10% 计取，在预算阶段，如有实际资料，根据实际资料计算；若无实际资料，则可根据上述数值计算。

3. 供水设施维修摊销费

供水设施维修摊销费是指摊入水价的蓄水池、供水管路等供水设施的单位维护修理费用。该项费用难以准确计算，在编制水利水电工程概算阶段一般可按经验指标 0.04 ~

0.05 元/m³ 计入水价,在编制预算阶段,如有实际资料,应根据实际资料计算;若无实际资料,则可根据上述数值计算。大型工程或一、二级供水系统可取大值,中小型工程或多级供水系统可取小值。

3.4.3.2 施工用水价格的计算

根据施工组织设计供水系统所配备的水泵设备的组(台)时总费用(根据《水利工程营业税改征增值税计价依据调整办法》要求,应按调整后的施工机械台时费定额和不含增值税进项税额的基础价格计算)和组(台)时总有效出水量计算。

施工用水水价的计算公式为

$$施工用水价格 = \frac{水泵组(台)时总费用}{水泵额定容量之和(m^3/h) \times 能量利用系数 K} \div$$
$$(1 - 供水损耗率) + 供水设施维修摊销费 \qquad (3-41)$$

式中,能量利用系数 K,一般取 0.75 ~ 0.85。

3.4.3.3 水价计算时应注意的问题

根据供水系统不同情况,在计算水泵的台时费和台时总出水量时,应考虑以下几种情况:

(1)水泵的台时总出水量计算,应根据施工组织设计选定的水泵型号、系统的实际扬程和水泵性能曲线确定。

(2)在计算台时总出水量和台时总费用时,如计入备用水泵的出水量,则台时总费用中亦应包括备用水泵的台时费;反之,如备用水泵的出水量不计,则台时费也不计。一般不计备用水泵。

(3)供水系统为一级供水时,台时总出水量按全部工作水泵的总出水量计算。

(4)供水系统为多级供水时,又分以下几种情况:

①当全部水量通过最后一级水泵出水,则台时总出水量按最后一级的出水量计算,但台时总费用应包括所有各级工作水泵的台时费。

②当有部分水量不通过最后一级水泵,而由其他各级分别供水时,要逐级计算水价。

③当生产、生活采用同一个系统多级供水时,若最后一级全部供生活用水,则台时总出水量包括最后一级出水量,但该级台时费不应计算在台时总费用内。

④施工用水有循环用水时,水价要根据施工组织设计的供水工艺流程计算。

3.4.4 施工用电、风、水价格计算示例

【例3-6】 某水利工程施工用电,90%由地方电网供电,10%由自备柴油机发电。已知电网基本电价为 0.60 元/kWh,高压线路损耗率取 5%,变配电设备和输电线路损耗率取 7%,供电设施维修摊销费取 0.05 元/kWh。柴油机总容量为 1 000 kW,其中 200 kW 一台,400 kW 两台,并配备 3.7 kW 水泵三台供给冷却水。以上三种机械台时费分别为 140 元/台时、245 元/台时和 15 元/台时。厂用电率取 5%,发电机出力系数取 0.80。请计算外购电、自发电电价和综合电价。

解:外购电电价为

$$外购电电价 = \frac{0.60}{(1 - 5\%) \times (1 - 7\%)} + 0.05 = 0.729(元/kWh)$$

自发电电价为

$$自发电电价 = \frac{140 \times 1 + 245 \times 2 + 15 \times 3}{1\ 000 \times 0.80 \times (1 - 5\%) \times (1 - 7\%)} + 0.05 = 1.005(元/kWh)$$

综合电价为

$$综合电价 = 0.729 \times 90\% + 1.005 \times 10\% = 0.757(元/kWh)$$

【例 3-7】　某水利枢纽工程,根据工程规模及工程特点,设置两个供风系统,基本资料参照表 3-11,试计算该工程施工用风综合价格。

表 3-11　基本资料

指标名称	单位	系统一	系统二
		一台	三台
空压机容量	m^3/min	40	20
供风比例	%	40	60
能量利用系数		0.75	0.80
供风损耗率	%	8	8
单位循环冷却水费	元/m^3	0.007	0.007
供风设施维修摊销费	元/m^3	0.005	0.005
空压机台时费	元/台时	142	70

解:系统一施工用风价格为

$$142/[40 \times 60 \times 0.75 \times (1 - 8\%)] + 0.005 + 0.007 = 0.098(元/m^3)$$

系统二施工用风价格为

$$(70 \times 3)/[20 \times 3 \times 60 \times 0.80 \times (1 - 8\%)] + 0.005 + 0.007 = 0.091(元/m^3)$$

施工用风综合价格为

$$0.098 \times 40\% + 0.091 \times 60\% = 0.094(元/m^3)$$

【例 3-8】　某水利工程施工生产用水,根据施工组织设计设置两个供水系统,均为一级供水,基本资料参照表 3-12 所示,试计算该工程施工生产用水的综合水价。

表 3-12　基本资料

指标名称	单位	系统一	系统二
		150D30×4 水泵	100D45×3 水泵
水泵	台	3(含备用1台)	3(含备用1台)
出水量	$m^3/(h \cdot 台)$	200	110
供水比例	%	70	30
能量利用系数		0.8	0.8
供水损耗率	%	10	10
供水设施维修摊销费	元/m^3	0.04	0.04
水泵台时费	元/台时	98	70

解：系统一的施工用水价格为

$$(98 \times 2) \div [200 \times 2 \times 0.8 \times (1 - 10\%)] + 0.04 = 0.721(元/m^3)$$

系统二的施工用水价格为

$$(70 \times 2) \div [110 \times 2 \times 0.8 \times (1 - 10\%)] + 0.04 = 0.924(元/m^3)$$

综合水价 $= 0.721 \times 70\% + 0.924 \times 30\% = 0.782(元/m^3)$

想一想 练一练

1. 某水利工程施工用电,90% 由电网供电,10% 由自备柴油机发电。已知电网电价为 0.30 元/kWh,电力建设基金 0.04 元/kWh,三峡建设基金 0.007 元/kWh,柴油发电机总容量为 1 000 kW,其中 200 kW 一台,400 kW 两台,并配备三台水泵供给冷却水。以上三种机械台时费分别为 160 元/台时、245 元/台时和 13.6 元/台时。请计算外购电电价、自发电电价和综合电价。(已知资料:高压输电线路损耗率取 5%,变配电设备及配电线路损耗率取 7%,供电设施维修摊销费取 0.04 元/kWh,发电机出力系数取 0.8,厂用电率取 5%。)

2. 某工程施工用水设一个取水点,分三级供水。各级水泵站出水口处均设有调节水池,供水系统主要技术指标见表 3-13,已知水泵出力系数取 0.80,供水综合损耗率取 10%,供水设施维修摊销费取 0.04 元/m³。试计算施工用水的综合水价。

表 3-13　供水系统主要技术指标

位置	台数	设计扬程 (m)	水泵额定流量 (m³/h)	设计用水量 (m³)	台时费 (元/台时)	备注
一级泵站	5	43	972	2 000	150	其中备用1台
二级泵站	4	35	892	1 000	120	其中备用1台
三级泵站	2	140	155	100	98	其中备用1台

3. 某工程的供风系统所配备的空压机数量及主要技术指标、台时单价见表 3-14。能量利用系数 K 取 0.80,供风损耗率取 8%,单位循环冷却水摊销费取 0.007 元/m³,供风设施维修摊销费取 0.004 元/m³。

表 3-14　供风系统主要技术指标

空压机名称	额定容量(m³/min)	数量(台)	额定容量之和(m³/min)	台时费(元/台时)
固定式空压机	40	2	80	125.30
固定式空压机	20	3	60	68.04
移动式空压机	6	3	18	28.06
合计			158	

知识拓展

某施工单位自建火力发电厂(水力发电厂),则如何编制施工用电价格。

任务 3.5　编制砂石料单价

【学习目标】

1. 知识目标:①了解砂石料单价计算的基本方法及内涵;②了解砂石料的分类及砂石料的生产工艺。

2. 技能目标:①知道砂石料单价的内涵;②能够根据给定的砂石料生产工艺及工序单价,进行砂石料单价再计算。

3. 素质目标:①认真仔细的工作态度;②严谨的工作作风;③遵守编制规定的要求。

【项目任务】

学习水利工程砂石料单价计算的方法和单价组成的内涵。

【任务描述】

通过学习砂石料生产工艺,理解砂石料单价的计算方法和内涵,并能够根据给定的砂石料生产工艺及工序单价,进行砂石料单价再计算。

砂石料是砂砾料、砂、碎石、砾石、块石、条石等骨料的统称。在水利水电工程建设过程中,由于砂石料的使用量很大,大中型水利工程一般由施工单位自行采备。自行采备的砂石料必须单独编制单价。小型工程一般可在市场上就近采购,外购砂石料的单价按编制材料预算价格的方法编制。

3.5.1　砂石料单价计算方法

常用的砂石料单价计算方法有两种:一是系统单价法;二是工序单价法。

3.5.1.1　系统单价法

系统单价法是从料源开采运输起到骨料运至拌和楼(场)骨料料仓(场)止的生产全过程(以整个砂石料生产系统)为计算单元,用系统的班(或时)生产总费用除以系统班(或时)骨料产量求得砂石料单价。

砂石料单价的计算公式为

$$砂石料单价 = \frac{系统生成总费用(班或时)}{系统骨料产量(班或时)} \tag{3-42}$$

$$人工费 = 施工组织设计确定人工数量 \times 人工单价 \tag{3-43}$$

$$机械费 = 施工组织设计确定机械组合数量 \times 机械台时(班)费 \tag{3-44}$$

$$材料费 = 施工组织设计确定材料消耗量 \times 材料单价 \tag{3-45}$$

系统骨料产量为系统平均产量,应考虑施工期不同时期(初期、中期、末期)的生产均匀性等因素,经分析后确定。虽然避免了损耗变化和体积变化对计算成果的影响,但要求施工组织设计达到较高的深度,系统的班(时)生产总费用才能确定,并且生产系统班(时)平均产量确定也有一定的随意性。

3.5.1.2　工序单价法

工序单价法是按砂石生产系统生产流程,分解成若干个工序,以工序为计算单元,再计入损耗及体积变化,求得骨料单价。按计入损耗的方式,又可分为综合系数法和单价系数法。

　　综合系数法是按各工序计算出骨料单价后,一次计入损耗;单价系数法是将各工序的损耗和体积变化,以工序流程单价系统的形式计入各工序单价。该方法概念明确,结构科学,易于结合工程实际,现水利水电工程中常采用此法。本书重点介绍工序单价法。

3.5.2　砂石料单价计算原则与步骤

　　根据《水利工程设计概(估)算编制规定》(水总〔2014〕429 号)以及《水利工程营业税改征增值税计价依据调整办法》(办水总〔2016〕132 号)规定,自采砂石料单价根据料源情况、开采条件和工艺流程按相应定额和不含增值税进项税额的基础价格进行计算,并计取间接费、利润及税金。自采砂石料按不含税金的单价参与工程费用计算。

3.5.2.1　收集基本资料

　　(1)料场的位置、分布、地形条件、工程地质和水文地质特性、料场砂石料的松石状况,杂质或泥土含量、岩石类别及物理力学特性等。

　　(2)料场的储量、可开采数量、设计需用量。

　　(3)料场的天然级配组成与设计级配,级配平衡计算成果。

　　(4)料场覆盖层的清除厚度、数量及其占毛料开采量的比例,覆盖层清除方式等。

　　(5)砂石料的开采、运输、堆存、加工、筛洗方式。

　　(6)成品料的运输、堆存方式,弃料处理、运输方式等。

　　(7)砂石料生产系统的加工工艺流程及设备配置,各生产环节的设计生产能力及相互间的衔接方式。

3.5.2.2　砂石料生产工艺流程

　　1.覆盖层清除

　　该工序单价应根据施工组织设计确定的施工方法,套用水利部现行概预算定额一般土石方工程进行编制,然后摊入砂石料成品单价中。在概预算中不允许单独列项计算。

　　2.毛料开采运输

　　毛料开采运输是指毛料从料场开采后,运输至筛分厂毛料堆存处的整个过程。该工序单价应根据施工组织设计确定的施工方法,套用水利部现行概预算定额相应子目进行编制。

　　3.毛料的破碎、筛分、冲洗加工

　　1)天然砂石料的破碎、筛分、冲洗加工

　　一般包括预筛分、超径石破碎、筛洗、中间破碎、二次筛分、堆存及废弃料清除等工序。

　　筛洗是指将毛料和碎石半成品通过各级筛分机与洗砂机筛分、冲洗成设计需要的质量合格的不同粒径粗骨料与细骨料的过程。一般包括预筛、初筛、复筛、洗砂等过程。

　　破碎加工一般包括超径石破碎和中间破碎。超径石破碎是指将预筛分隔离的超径石进行一次或两次破碎,加工成需要粒径的碎石半成品的过程;中间破碎是指由于生产和级配平衡的需要,将一部分大粒径骨料进行破碎加工的过程。按现行定额规定,超径石破碎定额包括中间破碎,只是在计算破碎单价时应根据要求破碎产品的粒径不同查找相应的定额表。

二次筛分是指粗骨料在运输、贮存过程中会受污染,逊径含量可能超标,为保证质量,在骨料进搅拌楼前进行的第二次筛分。

2) 人工砂石料的破碎、筛分、冲洗加工

一般包括破碎(分为粗碎、中碎、细碎)、筛分(分为预筛、初筛、复筛)、清洗等工序。当人工砂石料加工的碎石原料含泥量超过 5% 时,需增加预洗工序。

编制破碎、筛分、冲洗加工单价时,应根据施工组织设计确定的施工机械、施工方法,套用水利部现行概预算定额相应子目进行编制。

4. 成品骨料的运输

成品骨料的运输是指将经过筛分、冲洗加工后的成品骨料,由筛分楼(场)成品料仓(场)运至混凝土拌和楼(站)骨料仓(场)的过程。运输方式根据施工组织设计确定,运输单价采用水利部现行概预算定额的相应子目编制。

5. 弃料处理

弃料处理是指因天然砂砾料中的自然级配组合与设计采用级配组合不同而产生的弃料处理的过程。该部分费用应摊入成品骨料单价内。

具体采用以上哪些工序,要根据料场天然级配和混凝土生产时所需骨料确定其组合。水利部现行定额(2002 年)按不同的生产规模,列出了通用工艺设备,砂石料的生产工艺可根据需要进行组合。

3.5.2.3　确定砂石料单价计算参数

计算参数是指砂石料生产流程中各工序的工序单价系数。主要参数如下。

1. 覆盖层清除单价系数

覆盖层清除单价系数即为覆盖层清除摊销率,是指覆盖层的清除量占设计成品骨料总用量的比例,其计算公式为

$$覆盖层清除摊销率 = 覆盖层清除量(t) ÷ 设计成品骨料总用量(t) × 100\%　(3-46)$$

如果各料场清除覆盖层性质与施工方法不同,应分别计算各料场覆盖层清除摊销率。

2. 毛料采运单价系数

毛料采运单价系数按水利部现行定额(2002 年)确定,其中天然砂砾料采运单价系数按砂砾料筛洗定额表中砂砾料的采运量除以定额数量确定;砾石原料采运单价系数按人工砂石料加工定额表中碎石原料量(包含含泥量)除以定额数量确定。

3. 超径石破碎单价系数

超径石破碎(进行一次或两次)单价系数即为超径石破碎摊销率。如果超径石破碎利用,则需将其破碎单价按超径石破碎摊销率摊入到成品骨料单价中。其计算公式为

$$超径石破碎工序单价系数 = 超径石破碎量(t) ÷ 设计成品骨料总用量(t) × 100\%$$

$$(3-47)$$

4. 中间破碎单价系数

中间破碎单价系数即为中间破碎摊销率。其计算公式为

$$中间破碎工序单价系数 = 中间破碎量(t) ÷ 设计成品骨料总用量(t) × 100\%$$

$$(3-48)$$

5.二次筛分单价系数

如果骨料需要进行二次筛分,则需将二次筛分工序单价按二次筛分单价系数摊入到成品骨料单价中去。

$$二次筛分工序单价系数 = 二次筛分量(t) \div 设计成品骨料总用量(t) \times 100\%$$
$$(3\text{-}49)$$

6.含泥碎石预洗单价系数

含泥碎石预洗单价系数按照水利部现行定额(2002 年)分章说明规定确定。

7.弃料处理单价系数

在砂石料加工过程中,有部分废弃的砂石料,在砂石骨料单价计算中,施工损耗已在定额中考虑,不再计入弃料处理摊销费,只对级配弃料、超径石弃料和剩余骨料弃料等分别计算摊销费。如施工组织设计规定某种弃料需要挖装运出至指定弃料地点,则还应计算这一部分运出弃料摊销费。

弃料处理单价系数则为弃料处理摊销率,其计算公式为

$$弃料处理摊销率 = 弃料处理量 \div 设计成品骨料总用量 \times 100\% \qquad (3\text{-}50)$$
$$级配弃料摊销率 = 级配弃料量 \div 设计成品骨料总用量 \times 100\% \qquad (3\text{-}51)$$
$$超径石弃料摊销率 = 超径石弃料量 \div 设计成品骨料总用量 \times 100\% \qquad (3\text{-}52)$$
$$剩余骨料弃料摊销率 = 剩余骨料弃料量 \div 设计成品骨料总用量 \times 100\% \qquad (3\text{-}53)$$

弃料处理单价应按弃料处理摊销率摊入到成品骨料单价中。

此外,砂砾料筛洗、人工制碎石、人工制砂、人工制碎石和砂、成品(半成品)运输等工序的工序单价系数均为 1.0。

3.5.2.4　计算砂石料的各工序单价

1.覆盖层清除单价

覆盖层清除单价以自然方计,根据施工组织设计确定的施工方法,采用土石方工程相应定额编制工序单价,该工序单价可按比例摊入骨料成品单价中。

2.毛料开采运输单价

毛料(砂砾料或碎石原料)开采运输单价应根据施工组织设计确定的施工方法,结合砂石料加工厂生产规模,采用水利部现行概预算定额(2002 年)第六章"砂石备料工程"中相应定额子目编制概预算单价。

3.预筛分及超径石破碎单价

根据施工组织设计确定的施工方法,采用水利部现行概预算定额(2002 年)第六章"砂石备料工程"中相应定额子目编制概预算单价。

4.筛分冲洗及中间破碎工序单价

直接套用筛洗定额计算。

5.成品骨料运输单价

根据施工组织设计确定的施工方法,采用水利部现行概预算定额(2002 年)第六章"砂石备料工程"中相应定额子目编制成品骨料运输概预算单价。

6.弃料处理单价

超径石弃料摊销单价 =（砂砾料开采运输单价 + 预筛分单价 + 超径石弃料
运输单价）× 超径石弃料摊销率   (3-54)

剩余骨料弃料摊销单价 = 成品骨料单价 × 剩余骨料弃料摊销率   (3-55)

级配弃料摊销单价 =（砂砾料开采运输单价 + 预筛分单价 + 筛洗单价 +
级配弃料运输单价）× 级配弃料摊销率   (3-56)

7.根据拟定砂石料生产工艺流程计算砂石料的综合单价

砂石料的综合单价等于各工序单价分别乘以其单价系数后累加。在砂石料的综合单价计算中,若弃料用于其他工程项目,应按可利用量的比例从砂石单价中扣除。

3.5.3 成品骨料单价计算步骤

3.5.3.1 收集基本资料

(1)料场的位置、分布、地形条件、工程地质和水文地质特性、料场砂石料的松石状况,杂质或泥土含量、岩石类别及物理力学特性等。

(2)料场的储量、可开采数量、设计需用量。

(3)料场的天然级配组成与设计级配,级配平衡计算成果。

(4)料场覆盖层的清除厚度、数量及其占毛料开采量的比例,覆盖层清除方式等。

(5)砂石料的开采、运输、堆存、加工、筛洗方式。

(6)成品料的运输、堆存方式,弃料处理、运输方式等。

(7)砂石料生产系统的加工工艺流程及设备配置,各生产环节的设计生产能力及相互间的衔接方式。

3.5.3.2 确定单价计算的基本参数

确定基本参数,包括覆盖层清除摊销率、弃料摊销率等,按前述方法进行计算。

3.5.3.3 计算成品骨料各工序单价

根据施工方法、工艺流程选用现行定额,参照天然骨料和人工骨料编制方法计算成品骨料各工序单价。

3.5.3.4 计算成品骨料单价

成品骨料综合单价 = 覆盖层清除摊销单价 + 开采加工单价 + 弃料处理摊销单价

    (3-57)

公式中的工序计算可参照前述方法。

计算成品骨料单价时应注意以下几个问题:

(1)定额计量单位,除注明者外,毛料开采、运输一般为成品方(堆方、码方),砂石料加工等内容为成品重量(t)。计量单位之间的换算如无实际资料,可参考表3-15数据。

表3-15 砂石料密度参考表

砂石料类别	天然砂石料			人工砂石料		
	松散砂砾混合料	分级砾石	砂	碎石原料	成品碎石	成品砂
密度(t/m³)	1.74	1.65	1.55	1.76	1.45	1.50

（2）计算人工碎石加工单价时，如生产碎石的同时，附带生产人工砂，其数量不超过总量的 10%，则可采用单独制碎石定额计算其单价；如果生产碎石的同时，生产的人工砂的数量通常超过总量的 11%，则适用于同时制碎石和砂的加工工艺，并套用同时制碎石和砂定额分别计算其单价。

（3）在计算砂砾料（或碎石原料）采运单价时，如果有几个料场，或有几种开采运输方式，应分别编制单价后用加权平均方法计算毛料采运综合单价。

（4）弃料单价应为选定处理工序处的砂石料单价。在预筛时产生的超径石弃料单价，其筛洗工序单价可按砂砾料筛洗定额中的人工和机械台时数量各乘 0.2 的系数计价，并扣除用水。若余弃料需转运到指定地点，其运输单价应按砂石备料工程有关定额子目计算。

（5）根据施工组织设计，砂石加工厂的预筛粗碎车间与成品筛洗车间距离超过 200 m 时，应按半成品料运输方式及相关定额计算其单价。

（6）砂石料若是自采自用，则砂石料作为基础单价规定只计算基本直接费，不计间接费、利润和税金，但随着业主责任制和招标投标制的推行，一个施工单位承包生产砂石料，供应另一个施工单位砂石料，此时出现商品交易，就意味着要依法纳税和间接费合理分割问题。在编制投标估算和设计概算阶段，按现行规定编制，砂石料不作为商品；在编制招标阶段的工程师概算和业主内控预算时应根据实际情况处理，可视为外购砂石料。

3.5.4 块石、片石、条石、料石单价计算

砂石料中除砂砾料、砂、卵（砾）石、碎石外，还包括块石、片石、条石、料石。

自行采备块石、片石、条石、料石单价是指开采满足工程要求的石料并运至工地施工现场指定堆料点所需的单位费用。一般包括料场覆盖层（杂草、树木、腐殖土、风化与弱风化岩石及夹泥层等覆盖层）清除、石料开采、加工（修凿）、运输、堆存以及以上施工过程中的损耗等。在块石、片石、条石、料石加工及运输各节概预算定额中，均已考虑了开采、加工、运输、堆存损耗因素在内，计算概预算单价时不另计系数和损耗。

$$J_{石} = Ff + D_1 + D_2 \tag{3-58}$$

式中　$J_{石}$——自采块石、片石、条石、料石单价，片石、块石单价以元/m³成品码方计，料石、条石以元/m³清料方计；

f——覆盖层清除摊销率，指覆盖层清除量占需用石料方量的比例（%）；

F——覆盖层清除单价，元/m³；

D_1——石料开采加工单价，根据岩石级别、石料种类和施工方法按定额相应子目计算，元/m³；

D_2——石料运输堆存单价，根据施工方法和运距按定额相应子目计算，元/m³。

3.5.5 外购砂石料单价计算

外购砂石料单价可根据建材市场实际情况和有关规定，参考材料预算价格计算方法进行编制。

水利部《水利工程设计概(估)算编制规定》(水总〔2014〕429号)和《水利工程营业税改征增值税计价依据调整办法》(办水总〔2016〕132号)规定,外购砂、碎石(砾石)、块石、料石等材料预算价格(不含增值税进项税额)超过70元/m³时,应按基价70元/m³进入工程单价参加取费,预算价格与基价的差额以材料补差形式列入单价表中并计取税金。

3.5.6　砂石料单价计算示例

【例3-9】　某施工企业自行采备砂石料,试计算砂石料单价,已知资料如下:

(1)施工组织设计确定的砂石料加工工艺流程为:覆盖层清除 → 毛料开采运输 → 预筛分、超径石破碎运输 → 筛洗、运输 → 成品骨料运输。其中,预筛分、超径石破碎、筛洗、运输工序中需将其弃料运至指定地点。

(2)工序单价分别如下:

覆盖层清除:11.61元/m³;

弃料运输:12.38元/m³;

粗骨料:毛料开采运输10.98元/m³,预筛分、超径石破碎运输7.06元/m³,筛洗、运输9.26元/m³,成品骨料运输7.98元/m³;

砂:毛料开采运输14.33元/m³,预筛分、超径石破碎运输7.16元/m³,筛洗、运输8.35元/m³,成品骨料运输16.01元/m³。

(3)设计砂石料用量137.5万m³,其中粗骨料97.9万m³,砂39.6万m³;料场覆盖层15.8万m³,成品储备量145.2万m³。超径石弃料3.72万m³,粗骨料级配弃料23.43万m³,砂级配弃料5.17万m³。

解:(1)砂石料基本单价计算。

砂石料基本单价 = 毛料开采运输 + 预筛分、超径石破碎运输 + 筛洗、运输 + 成品骨料运输

粗骨料基本单价 = 10.98 + 7.06 + 9.26 + 7.98 = 35.28(元/m³)

砂基本单价 = 14.33 + 7.16 + 8.35 + 16.01 = 45.85(元/m³)

(2)砂石料摊销单价计算。

覆盖层清除摊销单价 = 覆盖层清除单价×覆盖层清除摊销率

$$= 11.61 × 15.8 ÷ 145.2 = 1.26(元/m³)$$

超径石弃料摊销单价 = 超径石弃料单价×超径石弃料摊销率

$$= (10.98 + 7.06 + 12.38) × 3.72 ÷ 97.9 = 1.16(元/m³)$$

粗骨料级配弃料摊销单价 = 粗骨料级配弃料单价×级配弃料摊销率

$$= (10.98 + 7.06 + 9.26 + 12.38) × 23.43 ÷ 97.9 = 9.50(元/m³)$$

砂级配弃料摊销单价 = 砂级配弃料单价×砂级配弃料摊销率

$$= (14.33 + 7.16 + 8.35 + 12.38) × 5.17 ÷ 39.6 = 5.51(元/m³)$$

(3)砂石料综合单价计算。

砂石料综合单价 = 基本单价 + 摊销单价

粗骨料综合单价 = 35.28 + 1.26 + 1.16 + 9.50 = 47.20(元/m³)

砂综合单价 = 45.85 + 1.26 + 5.51 = 52.62(元/m³)

想一想 练一练

1.绘制出砂石料生产加工工艺流程图,并根据具体情况能编制砂石料单价。

2.编制砂石料时,各工序单价系数如何确定?

3.如何编制块石单价?

知识拓展

某水利枢纽工程,所用骨料采用天然砂砾料,料场覆盖层清除量为 15 万 m^3(成品方),设计成品骨料用量150 万 m^3(成品方),超径石7.5 万 m^3(成品方)作弃料,并运至弃渣场。不考虑材料补差,试计算骨料概算单价。

已知:(1)施工方法:覆盖层清除采用 3 m^3 液压挖掘机挖装20 t 自卸汽车运 1 km;砂砾料开采运输采用 3 m^3 液压挖掘机挖装20 t 自卸汽车运 2 km;砂砾料筛洗系统能力2 × 220 t/h;超径石弃料运输采用 3 m^3 液压挖掘机挖装20 t 自卸汽车运 1 km;骨料运输采用 3 m^3 液压挖掘机挖装20 t 自卸汽车运 2 km。

(2)工艺流程图见图3-2。

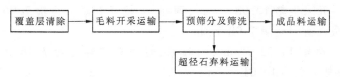

图3-2　工艺流程图

(3)人工、材料预算单价。初级工6.13 元/工时,中级工8.90 元/工时,水0.50 元/m^3。

(4)施工机械台时费汇总表见表3-16。

表3-16　施工机械台时费汇总表

机械名称及型号	单位	台时费(元)	机械名称及型号	单位	台时费(元)
液压挖掘机 3 m^3	台时	370.05	直线振动筛1 500 ×4 800	台时	46.83
推土机88 kW	台时	103.10	槽式给料机1 100 ×2 700	台时	31.54
自卸汽车20 t	台时	132.80	胶带输送机 $B = 500$	米时	0.33
圆振动筛1 500 ×3 600	台时	33.31	胶带输送机 $B = 650$	米时	0.48
圆振动筛180 ×4 200	台时	38.31	胶带输送机 $B = 800$	米时	0.51
螺旋分级机1 500	台时	40.54	胶带输送机 $B = 1 000$	米时	0.59

任务 3.6　编制混凝土、砂浆材料单价

【学习目标】

1.知识目标:①了解混凝土、砂浆材料单价的概念;②了解水利工程用大体积混凝土与常见土木工程混凝土的区别;③掌握混凝土、砂浆材料单价计算的步骤。

2.技能目标:①知道水利工程混凝土、砂浆材料单价的内涵;②能进行水利工程混凝土、砂浆材料单价的计算。

3.素质目标:①认真仔细的工作态度;②严谨的工作作风;③遵守编制规定的要求。

【项目任务】

学习水利工程混凝土、砂浆材料单价的计算。

【任务描述】

水利工程大体积混凝土的材料组成和常规土木工程混凝土是不一样的,大体积混凝土涉及混凝土非标准龄期、混凝土强度的选择、混凝土各组成材料的确定等,均与混凝土材料单价的计算有关,通过学习,掌握混凝土材料单价计算的调整系数的选取原则,并且掌握混凝土、砂浆材料单价计算的步骤和方法。

混凝土和砂浆是混凝土工程的主要构成材料,常见的混凝土有纯混凝土、掺外加剂混凝土、掺粉煤灰混凝土以及碾压混凝土等。混凝土、砂浆材料单价在混凝土工程单价中占有较大的比重,因此在编制混凝土工程概预算单价时,应根据设计选定混凝土及砂浆的强度等级、级配以及配合比试验资料计算。若初设阶段无试验资料,可参照概预算定额附录混凝土和砂浆配合比表,计算混凝土及砂浆材料单价。

3.6.1　混凝土、砂浆材料单价的概念

混凝土、砂浆材料单价是指配制 1 m³ 混凝土、砂浆所需的水泥、砂石骨料、水、掺合料及外加剂等各种材料的费用之和,不包括混凝土和砂浆拌制、运输、浇筑等工序的人工、材料和机械费用,也不包括除搅拌损耗外的施工操作损耗以及超填量等。

根据《水利工程营业税改征增值税计价依据调整办法》,混凝土、砂浆材料单价按混凝土配合比中各项材料的预算量和不含增值税进项税额的材料价格进行计算。

3.6.2　混凝土材料单价计算

3.6.2.1　编制混凝土材料单价应遵循的原则

1.大体积混凝土工程混凝土材料单价编制

编制大体积混凝土工程(如拦河坝等)概预算单价时,混凝土材料必须按掺加适量粉煤灰以节省水泥用量来编制其单价作为计价依据,掺量比例应根据设计对混凝土的温度控制要求或试验资料选取。若无试验资料,可根据一般工程实际掺用比例情况,按现行《水利建筑工程概算定额》《水利建筑工程预算定额》附录 7 掺粉煤灰混凝土材料配合表选取。

2.现浇混凝土及碾压混凝土工程材料单价编制

编制现浇混凝土及碾压混凝土工程概预算单价时,混凝土材料均应采用掺外加剂(木质素磺酸钙等)的混凝土配合比来编制其单价作为计价依据,以减少水泥用量。一般情况下,不得采用纯混凝土配合比作为编制混凝土概预算单价的依据。

3.6.2.2　混凝土材料单价的计算步骤与方法

混凝土各组成材料用量是计算混凝土材料单价的基础,应根据工程试验提供的资料计算。若设计深度或试验资料不足,也可按下述步骤和方法计算混凝土半成品的材料用量及材料单价。

1. 选定水泥品种与强度等级

拦河坝等大体积水工混凝土，一般可选用强度等级为 32.5 与 42.5 的水泥。对水位变化区的外部混凝土，宜选用普通硅酸盐大坝水泥和普通硅酸盐水泥；对大体积建筑物内部混凝土、位于水下的混凝土和基础混凝土，宜选用矿渣硅酸盐大坝水泥、矿渣硅酸盐水泥和粉煤灰硅酸盐水泥。

2. 确定混凝土强度等级和级配

混凝土强度等级和级配是根据水工建筑物各结构部位的运用条件、设计要求和施工条件确定的。在资料不足的情况下，可参考表 3-17 选定。

表 3-17 混凝土强度等级与级配参考表

工程类别	不同强度等级、不同级配混凝土所占比例（%）			
	C20~C25 二级配	C20 三级配	C15 三级配	C10 四级配
大体积混凝土坝	8	32		60
轻型混凝土坝	8	92		
水闸	6	50	44	
溢洪道	6	69	25	
进水塔	30	70		
进水口	20	60	20	
隧洞衬砌				
混凝土泵衬砌边顶拱	80	20		
混凝土泵衬砌顶拱	30	70		
竖井衬砌				
混凝土泵浇筑	100			
其他方法浇筑	30	70		
明渠混凝土		75	25	
地面厂房	35	35	30	
河床式电站厂房	50	25	25	
地下厂房	50	50		
扬水站	30	35	35	
大型船闸	10	90		
中小型船闸	30	70		

3. 确定混凝土材料配合比

混凝土材料中各种组成材料的用量，应根据设计强度等级，由试验确定，计算时，其水泥、砂石预算用量要比配合比理论计算量分别增加 2.5%、3% 与 4%。初步设计阶段的混凝土，若无试验资料，可参照水利部现行《水利建筑工程概算定额》《水利建筑工程预算定额》（2002 年）附录 7 中的"混凝土、砂浆配合比及材料用量表"，在使用现行部颁定额附录 7 时，应注意以下几个方面：

（1）混凝土强度等级与设计龄期的换算系数。

现行定额中,不同混凝土配合比所对应的混凝土强度等级均是以28天龄期考虑的,如设计龄期为60天、90天、180天、360天时,应按表3-18的换算系数将各龄期强度等级换算为28天龄期强度等级。当换算结果介于两种强度等级之间时,应选用高一级的强度等级。如某大坝混凝土采用180天龄期设计强度等级为C20,则换算为28天龄期时对应的混凝土强度等级为$C20 \times 0.71 \approx C14$,其结果介于C10~C15,则混凝土的强度等级取C15。

表3-18 混凝土龄期与强度等级换算系数

设计龄期(天)	28	60	90	180	360
强度等级换算系数	1.00	0.83	0.77	0.71	0.65

(2)骨料种类、粒度换算系数。

表中混凝土材料配合比是按卵石、粗砂拟定的,如改用碎石或中砂、细砂,应对配合比表中的各组成材料用量按表3-19系数换算(注:粉煤灰的换算系数同水泥的换算系数)。

表3-19 碎石或中砂、细砂配合比换算系数

项目	水泥	砂	石子	水
卵石换为碎石	1.10	1.10	1.06	1.10
粗砂换为中砂	1.07	0.98	0.98	1.07
粗砂换为细砂	1.10	0.96	0.97	1.10
粗砂换为特细砂	1.16	0.90	0.95	1.16

注:1.水泥按重量计,砂、石子、水按体积计。
　2.若实际采用碎石及中砂、细砂,则总的换算系数应为各单项换算系数的乘积。

(3)埋块石混凝土材料用量的调整。

埋块石混凝土,应按配合比表的材料用量,扣除埋块石实体的数量计算。

$$埋块石混凝土材料量 = 配合比表列材料用量 \times (1 - 埋块石率\%) \quad (3\text{-}59)$$
$$1 块石实体方 = 1.67 码方$$

因埋块石增加的人工工时见表3-20。

表3-20 埋块石混凝土人工工时增加量

埋块石率(%)	5	10	15	20
每100 m³埋块石混凝土增加人工工时	24.0	32.0	42.4	56.8

注:不包括块石运输及影响浇筑的工时。

(4)当工程采用的水泥强度等级与配合比表中不同时,应对配合比表中的水泥用量进行调整,见表3-21。

表 3-21　水泥强度等级换算系数参考表

原强度等级	代换强度等级		
	32.5	42.5	52.5
32.5	1.00	0.86	0.76
42.5	1.16	1.00	0.88
52.5	1.31	1.13	1.00

（5）除碾压混凝土材料配合比表外，混凝土配合比表中各材料的预算量包括场内运输及操作损耗，不包括搅拌后（熟料）的运输和浇筑损耗，搅拌后的运输和浇筑损耗已根据不同浇筑部位计入定额内。

（6）水泥用量按机械拌和拟定，若采用人工拌和，则水泥用量需增加5%。

4. 计算混凝土材料单价

在混凝土组成材料中，若水泥、外购骨料的预算价格超过基价，应按基价（水泥基价 255 元/t，砂石骨料基价 70 元/m³）计算混凝土材料单价，超出部分以材料补差形式计取税金列入工程单价表中；否则，按预算价格计算混凝土材料单价。

混凝土材料单价计算公式为

$$混凝土材料单价 = \sum（某材料用量 \times 某材料预算价格） \tag{3-60}$$

当采用商品混凝土时，其材料预算单价（不含增值税进项税额）与基价（200 元/m³）相比，若大于基价，应按基价 200 元/m³ 计入工程单价参与取费，预算价格与基价的差额以材料补差形式进行计算，材料补差列入单价表中并计取税金；否则，预算价格计入工程单价参与取费。

如果有几种不同强度等级的混凝土，需要计算混凝土材料的综合单价，则按各强度等级的混凝土所占比例计算加权平均单价。

3.6.3　砂浆材料单价计算

砂浆材料单价的计算方法和混凝土材料单价的计算方法大致相同，应根据工程试验提供的资料确定砂浆的各组成材料及相应的用量，计算出砂浆材料单价。若无试验资料，可参照水利部现行《水利建筑工程预算定额》附录7"水泥砂浆材料配合比表"中各组成材料的预算量，计算砂浆材料的单价。

砂浆材料单价计算公式为

$$砂浆材料单价 = \sum（某材料用量 \times 某材料预算价格） \tag{3-61}$$

3.6.4　混凝土、砂浆材料单价计算示例

【例3-10】　某工程部位采用掺粉煤灰混凝土材料（掺粉煤灰量 25%，取代系数

1.3)，采用的混凝土为 C20（三级配），混凝土用 P.O 32.5 普通硅酸盐水泥。已知混凝土各组成材料的预算价格（不含增值税）为：P.O 32.5 普通硅酸盐水泥 320 元/t、中砂 80 元/m³、碎石 60 元/m³、水 0.60 元/m³、粉煤灰 200 元/t、外加剂 6.0 元/kg。试计算该混凝土材料的预算单价。

解：（1）确定混凝土的强度等级以及配合比。若无试验资料，根据 2002 年《水利建筑工程预算定额》附录 7 中的表 7-10"掺粉煤灰混凝土材料配合比表"，查得 C20 混凝土的各组成材料预算量见表 3-22。

（2）分析组成材料，并根据配合比换算系数表 3-19 对各种组成材料进行调整。

（3）确定组成材料的单价。在混凝土材料中，若水泥和外购砂石骨料的预算价格超出基价，应按基价计算，超过部分以材料补差形式计取税金列入工程单价表中。水泥以基价 0.255 元/kg，中砂以基价 70 元/m³ 代入计算，计算结果如表 3-22 所示。

表 3-22　混凝土材料单价计算

编号	名称及规格				单位	预算量	调整系数	单价（元）	合价（元）
	混凝土强度等级	级配	水泥强度等级	材料名称					
1	C20	三	32.5	水泥	kg	178	1.10 × 1.07	0.255	53.42
				粉煤灰	kg	79	1.10 × 1.07	0.20	18.60
				中砂	m³	0.40	1.10 × 0.98	70	30.18
				碎石	m³	0.95	1.06 × 0.98	60	59.21
				外加剂	kg	0.36		6.0	2.16
				水	m³	0.125	1.10 × 1.07	0.60	0.09
				合计					163.66

【例 3-11】　某工程 M15 接缝砂浆采用 32.5 矿渣大坝水泥。已知材料的预算价格为：P.O 32.5 普通硅酸盐水泥 340 元/t，矿渣大坝水泥 360 元/t，中砂 75 元/m³、碎石 80 元/m³、水 1.10 元/m³。计算该砂浆的材料预算单价。

解：（1）确定砂浆的配合比。若无试验资料，根据 2002 年《水利建筑工程预算定额》附录 7 中的表 7-15"水泥砂浆材料配合比表"，查得 M15 接缝砂浆的材料预算量见表 3-23。

（2）确定组成材料的单价。在砂浆材料中，若水泥和外购砂石骨料的预算价格超出基价，应按基价计算，超过部分以材料补差形式计取税金列入工程单价表中。矿渣大坝水泥以基价 0.255 元/kg，中砂以基价 70 元/m³ 代入计算，计算结果如表 3-23 所示。

表 3-23　混凝土材料单价计算表

编号	名称及规格			材料名称	单位	预算量	调整系数	单价（元）	合价（元）
	混凝土强度等级	级配	水泥强度等级						
1	M15		32.5	矿渣大坝水泥	kg	469		0.255	119.60
				中砂	m³	1.05		70	73.50
				水	m³	0.270		0.60	0.16
				合计					193.26

想一想 练一练

1. 某工程用 M15 砌筑砂浆。已知各组成材料的预算价格为：32.5 普通硅酸盐水泥 300 元/t，中砂 80 元/m³、碎石 70 元/m³、水 0.60 元/m³。试计算该砌筑砂浆的材料预算单价。

2. 某泵用混凝土 C25 二级配，水泥采用 32.5 普通水泥。已知混凝土各组成材料的预算价格为：42.5 普通水泥 460 元/t，粗砂 60 元/m³、碎石 75 元/m³、水 0.82 元/m³。试计算该混凝土材料的预算单价。

3. 某混凝土工程采用的 90 天龄期的纯混凝土，强度等级为 C30 三级配，混凝土用 P.O 42.5 普通硅酸盐水泥。已知混凝土各组成材料的预算价格为：P.O 42.5 普通硅酸盐水泥 430 元/t，中砂 95 元/m³、碎石 70 元/m³、水 0.80 元/m³。试计算该混凝土的材料预算单价。

4. 某埋石混凝土工程，埋石率为 8%，混凝土为 C20 三级配，混凝土用 P.O 32.5 普通硅酸盐水泥。已知混凝土各组成材料的预算价格为：P.O 32.5 普通硅酸盐水泥 430 元/t，中砂 80 元/m³、碎石 70 元/m³、水 0.80 元/m³，块石 90 元/m³。试计算该埋石混凝土的材料预算单价。

知识拓展

在设计资料不足情况下，如何编制混凝土材料综合单价？

项目4　编制水利建筑及安装工程概算单价

任务 4.1　建筑及安装工程概算单价编制准备

【学习目标】

1.知识目标:①了解工程单价的概念;②掌握水利工程建筑及安装工程单价计算的方法和步骤;③水利工程建筑及安装工程单价计算中相关取费原则。

2.技能目标:①知道水利工程单价的内涵;②能进行水利工程单价的计算。

3.素质目标:①认真仔细的工作态度;②严谨的工作作风;③遵守编制规定的要求。

【项目任务】

学习水利工程单价的计算方法及计算中相关的取费原则。

【任务描述】

水利工程建筑及安装工程单价包括查定额,套用基础单价,查用相关费率等程序,然后才可以进行计算,具体的计算也有一定的方法和步骤,本学习任务主要学习水利工程建筑及安装工程单价计算的步骤和方法。

4.1.1　建筑工程单价计算方法

水利工程概(估)算工程单价分为建筑和安装工程单价两类,它是编制水利水电工程建筑和安装工程投资的基础。

建筑、安装工程单价,简称工程单价,指完成单位工程量(如 1 m³,1 t ,1 台等)所消耗的直接费、间接费、利润、材料补差和税金的全部费用。各费用的含义及组成详见项目2任务 2.4。

工程单价由量、价、费三要素组成。

量,指完成单位工程量所需的人工、材料和施工机械台时数量。需根据设计图纸及施工组织设计等资料,正确选用定额相应子目确定。

价,指人工预算单价、材料预算价格和机械台时等基础单价。

费,指按规定计入工程单价的其他直接费、现场经费、间接费、企业利润和税金。需按规定的取费标准计算。

4.1.1.1　建筑工程单价编制步骤

建筑工程单价编制步骤如下:

(1)了解工程概况,熟悉设计文件与设计图纸,收集编制依据(如定额、基础单价、费用标准等)。

(2)根据施工组织设计确定的施工方法,结合工程特征、施工条件、施工工艺和设备配备情况,正确选用定额子目。

（3）将本工程人工、材料、机械等的基础单价分别乘以定额的人工、材料、机械设备的消耗量，计算所得人工费、材料费、机械使用费相加可得基本直接费。

（4）根据基本直接费和各项费用标准计算其他直接费、间接费、利润、材料补差和税金，并汇总求得工程单价。

4.1.1.2　建筑工程单价表的编制

建筑工程单价在实际工程中一般采用列表法，工程单价表按如下步骤编制：

（1）按定额编号、工程名称、单位、数量等分别填入表中相应栏内。其中，"名称"一栏，应填写详细和具体，如混凝土要分强度等级和级配等。

（2）将定额中的人工、材料、机械等消耗量，以及相应的人工预算单价、材料预算价格和机械台时费分别填入表中相应各栏。

（3）按"消耗量×单价"的方法，得出相应的人工费、材料费和机械使用费，相加得出基本直接费。

（4）根据规定的费率标准，计算直接费、间接费、利润、材料补差、税金等，汇总即得出该工程单价。

建筑工程单价计算程序表见表4-1。

表4-1　建筑工程单价计算程序表

序号	项目	计算方法
一	直接费	1+2
1	基本直接费	（1）+（2）+（3）
（1）	人工费	∑（定额人工工时数×人工预算单价）
（2）	材料费	∑（定额材料用量×材料预算价格）
（3）	机械使用费	∑（定额机械台时用量×机械台时费）
2	其他直接费	1×其他直接费费率
二	间接费	一×间接费费率
三	利润	（一+二）×利润率
四	材料补差	∑定额材料耗用量×（材料预算价格−材料基价）
五	税金	（一+二+三+四）×税率
六	工程单价	一+二+三+四+五

4.1.2　安装工程单价计算方法

安装工程包括机电设备安装和金属结构设备安装两部分。机电设备主要指发电设备、升压变电设备、公用设备。其中，发电设备如水轮机、发电机、起重设备安装、辅助设备等；升压变电设备如主变压器、高压电器设备等；公用设备如通信设备、通风采暖设备、机修设备、计算机监控系统、管理自动化系统、全厂接地及保护网等。金属结构设备主要指闸门、启闭设备、拦污栅、压力钢管等。

4.1.2.1　安装定额表现形式

现行《水利水电设备安装工程概算定额》有两种表现形式,其安装工程单价的计算方法也有区别。

1.以实物量形式表示的定额

以实物量形式表示的安装工程定额,其安装工程单价的计算与前述建筑工程单价计算方法和步骤基本相同,这种形式编制的单价较准确,但计算相对烦琐。由于这种方法量、价分离,所以能满足动态变化的要求。

采用实物量计算单价的项目有水轮机、水轮发电机、主阀、大型水泵、水力机械辅助设备,电气设备中的电缆线、接地、保护网、变电站设备(除高压电气设备)、通信设备、起重设备、闸门以及压力钢管等设备。

2.以安装费率形式表示的定额

安装费率是以安装费占设备原价的百分率形式表示的定额。定额中给定了人工费、材料费和机械使用费各占设备原价的百分比。计算公式为

$$安装工程直接费 = 设备原价 × 各费率之和(\%) \tag{4-1}$$

定额人工费安装费率以北京地区为基准给出,在编制安装工程单价时,须根据编制地区的不同进行调整。应根据定额主管部门当年发布的北京地区人工预算单价,与该工程设计概(估)算采用的人工预算单价进行对比,测算其比例系数,据以调整人工费率指标。调整的方法是将定额人工费率乘以本工程安装费率调整系数。调整系数计算如下:

$$人工费安装费率调整系数 = \frac{工程所在地人工预算单价}{北京地区人工预算单价} \tag{4-2}$$

采用安装费率计算单价的项目有电气设备中的发电电压设备、控制保护设备、计算机监控系统、直流系统、厂用电系统和电气试验设备、变电站高压电器设备等。

4.1.2.2　安装工程单价编制

安装工程单价由直接费、间接费、利润和税金组成。其编制方法有实物量法和安装费率法。安装工程单价的具体编制方法和编制程序如表 4-2 所示。

表 4-2　安装工程单价计算程序表

序号	项目	计算方法	
		实物量法	安装费率法
一	直接费	1+2	1+2
1	基本直接费	(1)+(2)+(3)	(1)+(2)+(3)+(4)
(1)	人工费	∑(定额人工工时数×人工预算单价)	人工费(%)=定额人工费(%)
(2)	材料费	∑(定额材料用量×材料预算价格)	材料费(%)=定额材料费(%)
(3)	机械使用费	∑(定额机械台时用量×机械台时费)	机械使用费(%)=定额机械使用费(%)
(4)	装置性材料费		装置性材料费(%)=定额装置性材料费(%)

续表 4-2

序号	项目	计算方法	
		实物量法	安装费率法
2	其他直接费	1×其他直接费费率之和(%)	1×其他直接费费率之和(%)
二	间接费	(1)×间接费费率(%)	(1)×间接费费率(%)
三	利润	(一+二)×利润率(%)	(一+二)×利润率(%)
四	材料补差	定额材料耗用量× (材料预算价格−材料基价)	
五	未计价装置性 材料费	未计价装置性材料用量× 材料预算价格	
六	税金	(一+二+三+四+五)×税率(%)	[一(%)+二(%)+三(%)]× 税率(%)
七	工程单价	一+二+三+四+五+六	单价(%)=一(%)+二(%)+ 三(%)+六(%) 单价=单价(%)×设备原价

4.1.3　建筑及安装工程单价取费

4.1.3.1　直接费

1.基本直接费

$$人工费 = \sum 定额劳动量(工时) \times 人工预算单价(元／工时) \qquad (4-3)$$

$$材料费 = \sum 定额材料用量 \times 材料预算价格 \qquad (4-4)$$

$$机械使用费 = \sum 定额机械使用量(台时) \times 施工机械台班(台时)费(元／台时)$$
$$\qquad (4-5)$$

其中,人工、材料、机械的用量均可查定额得出。

2.其他直接费

$$其他直接费 = 基本直接费 \times 其他直接费费率之和(\%) \qquad (4-6)$$

其他直接费费率如下:

1)冬、雨季施工增加费

西南、中南、华东区为 0.5% ~ 1.0%,华北区为 1.0% ~ 2.0%,西北、东北区为 2.0% ~ 4.0%,西藏自治区为 2.0% ~ 4.0%。

西南区、中南区、华东区中,按规定不计冬季施工增加费的地区取小值,计算冬雨季施工增加费的地区可取大值;华北区的内蒙古等较严寒地区可取大值,其他地区取中值或小值;西北、东北区中的陕西、甘肃等省取小值,其他地区可取中值或大值。

各地区包括的省(自治区、直辖市)如下:

(1)华北地区:北京、天津、河北、山西、内蒙古等 5 个省(自治区、直辖市)。

(2)东北地区:辽宁、吉林、黑龙江等三省。

（3）华东地区：上海、江苏、浙江、安徽、福建、江西、山东等 7 个省（直辖市）。

（4）中南地区：河南、湖北、湖南、广东、广西、海南等 6 个省（自治区）。

（5）西南地区：重庆、四川、贵州、云南等 4 个省（直辖市）。

（6）西北地区：陕西、甘肃、青海、宁夏、新疆等 5 个省（自治区）。

2）夜间施工增加费

枢纽工程：建筑工程为 0.5%，安装工程为 0.7%。

引水工程：建筑工程为 0.3%，安装工程为 0.6%。

河道工程：建筑工程为 0.3%，安装工程为 0.5%。

3）特殊地区施工增加费

特殊地区施工增加费是指在高海拔、原始森林、沙漠等特殊地区施工而增加的费用，其中高海拔地区的施工增加已计入定额；其他特殊增加费（如酷热、风沙）应按工程所在地区规定的标准计算；地方没有规定的不得计算此项费用。

4）临时设施费

枢纽工程：建筑及安装工程为 3.0%。

引水工程：建筑及安装工程为 1.8%~2.8%。若工程自采加工人工砂石料，费率取上限；若工程自采加工天然砂石料，费率取中值；若工程采用外购砂石料，费率取下限。

河道工程：建筑及安装工程为 1.5%~1.7%。灌溉田间工程取下限，其他工程取中上限。

5）安全生产措施费

枢纽工程：建筑及安装工程为 2.0%。

引水工程：建筑及安装工程为 1.4%~1.8%。一般取下限标准，隧洞、渡槽等大型建筑物较多的引水工程、施工条件复杂的引水工程取上限标准。

河道工程：建筑及安装工程 1.2%。灌溉田间工程取下限，其他工程取中上限。

6）其他

枢纽工程：建筑工程为 1.0%，安装工程为 1.5%。

引水工程：建筑工程为 0.6%，安装工程为 1.1%。

河道工程：建筑工程为 0.5%，安装工程为 1.0%。

特别说明：

（1）砂石备料工程其他直接费费率为 0.5%。

（2）掘进机施工隧洞工程其他直接费取费费率执行以下规定：土石方类工程、钻孔灌浆及锚固类工程，其他直接费费率为 2%~3%；掘进机由建设单位采购、设备费单独列项，台时费中不计折旧费时，土石方类工程、钻孔灌浆及锚固类工程，其他直接费费率为 4%~5%；敞开式掘进机费率取低值，其他掘进机取高值。

4.1.3.2　间接费

$$间接费 = 直接费 \times 间接费费率 \qquad (4-7)$$

根据工程性质不同，间接费标准分为枢纽工程、引水工程、河道工程三部分，间接费费率标准分别见表 4-3。

表 4-3　间接费费率标准

序号	工程类别	计算基础	间接费费率(%)		
			枢纽工程	引水工程	河道工程
一	建筑工程				
1	土方工程	直接费	8.5	5~6	4~5
2	石方工程	直接费	12.5	10.5~11.5	8.5~9.5
3	砂石备料工程(自采)	直接费	5	5	5
4	模板工程	直接费	9.5	7~8.5	6~7
5	混凝土浇筑工程	直接费	9.5	8.5~9.5	7~8.5
6	钢筋制安工程	直接费	5.5	5	5
7	钻孔灌浆工程	直接费	10.5	9.5~10.5	9.25
8	锚固工程	直接费	10.5	9.5~10.5	9.25
9	疏浚工程	直接费	7.25	7.25	6.25~7.25
10	掘进机施工隧洞工程(1)	直接费	4	4	4
11	掘进机施工隧洞工程(2)	直接费	6.25	6.25	6.25
12	其他工程	直接费	10.5	8.5~9.5	7.25
二	机电、金属结构设备安装工程	人工费	75	70	70

表 4-3 使用的注意事项如下:

引水工程:一般取下限标准,隧洞、渡槽等大型建筑物较多的引水工程、施工条件复杂的引水工程取上限标准。

河道工程:灌溉田间工程取下限,其他工程取上限。

工程类别划分如下:

(1)土方工程。包括土方开挖与填筑。

(2)石方工程。包括石方开挖与填筑、砌石、抛石工程等。

(3)砂石备料工程(自采)。包括天然砂砾料和人工砂石料的开采加工。

(4)模板工程。包括现浇各种混凝土时制作及安装的各类模板工程。

(5)混凝土浇筑工程。包括现浇和预制各种混凝土、钢筋制作安装、伸缩缝、止水、防水层、温控措施等。

(6)钢筋制安工程。包括钢筋制作与安装工程等。

(7)钻孔灌浆工程。包括各种类型的钻孔灌浆、防渗墙、灌注桩工程等。

(8)锚固工程。包括喷混凝土(浆)、锚杆、预应力锚索(筋)工程等。

(9)疏浚工程。指用挖泥船、水力冲挖机组等继续疏浚江河、湖泊的工程。

(10)掘进机施工隧洞工程(1)。包括掘进机施工土石方类工程、钻孔灌浆及锚固类工程等。

(11)掘进机施工隧洞工程(2)。包括掘进机设备单独列项采购并且在台时费中不计折旧费的土石方类工程、钻孔灌浆及锚固类工程等。

（12）其他工程。除表 4-3 中所列 11 类工程外的其他工程。

4.1.3.3　利润

$$利润 =（直接费 + 间接费）× 利润率 \qquad (4-8)$$

利润率不分建筑工程和安装工程，均按 7% 计算。

4.1.3.4　材料补差

根据相关规定，对砂、石材料预算价格高于 70 元/m³ 的部分应计算材料补差，计算方法如下：

$$材料补差 = 定额材料耗用量 ×（材料预算价格 - 材料基价）\qquad (4-9)$$

4.1.3.5　税金

$$税金 =（直接费 + 间接费 + 利润 + 材料补差）× 税率 \qquad (4-10)$$

现行计算税率标准为 11%，自采砂石料税率为 3%。

4.1.3.6　建筑工程单价

$$建筑工程单价 = 直接费 + 间接费 + 利润 + 材料补差 + 税金 \qquad (4-11)$$

4.1.4　定额使用原则与注意事项

4.1.4.1　编制建筑工程单价应注意的问题

（1）了解工程的地质条件及建筑物的结构形式和尺寸等。熟悉施工组织设计，了解主要施工条件、施工方法和施工机械等，以便正确选用定额。

（2）现行定额指标是按目前水利水电工程的人工、材料、施工机械台时数量以及施工机械的名称、规格、型号进行调整。定额是按一日三班作业施工，每班 8 h 工作制拟定。如采用一日一班制或二班制，定额不做调整。

（3）定额中的人工是指完成该定额子目工作内容所需的人工耗用量。包括基本工作和辅助工作，并按其所需技术等级，分别列示出工长、高级工、中级工、初级工的工时及其合计数。定额中的材料是指完成该定额子目工作内容所需的全部材料耗用量，包括主要材料（以实物量形式在定额中列出）及其他材料、零星材料。定额中的机械是指完成该定额子目工作内容所需的全部机械耗用量，包括主要机械和其他机械。其中，主要材料以台（组）时数量在定额中列出。

（4）定额中凡一种材料（或机械）名称之后，同时并列几种不同型号、规格的，表示这种材料（或机械）只能选用其中一种进行计价。凡一种材料（或机械）分几种型号规格与材料（或机械）名称同时并列的，则表示这些名称相同而规格不同的材料或机械应同时计价。

（5）定额中其他材料费、零星材料费、其他机械费均以费率（%）形式表示，其计量基数是：其他材料费以主要材料费之和为计算基数，零星材料费以人工费、机械费之和为计算基数，其他机械费以主要机械费之和为计算基数。

（6）定额只用一个数字表示的，仅适用于该数字本身。当所求值介于两个相邻子目之间时，可用插入法调整，调整方法如下：

$$A = B + \frac{(C - B)(a - b)}{c - b} \qquad (4\text{-}12)$$

式中　　A——所求定额数；

　　　　B——小于 A 而最接近 A 的定额数；

　　　　C——大于 A 而最接近 A 的定额数；

　　　　a——A 项定额参数；

　　　　b——B 项定额参数；

　　　　c——C 项定额参数。

（7）注意定额总说明、分章说明、各子目下的"注"以及附录等当中的有关调整系数。如海拔超过 2 000 m 的调整系数、土方类别调整系数等。

（8）概算定额已按现行施工规范计入了合理的超挖量、超填量、施工附加量及施工损耗量所需增加的人工、材料和机械使用量；预算定额一般只计施工损耗量所需增加的人工、材料和机械使用量。所以，在编制工程概（估）算时，应按工程设计几何轮廓尺寸计算工程量；编制工程预算时，工程量中还应考虑合理的超挖、超填和施工附加量。

（9）凡定额中缺项或虽有类似定额，但其技术条件有较大差异时，应根据本工程施工组织设计编制补充定额，计算工程单价。补充定额应与现行定额水平及包含内容一致。

（10）非水利水电工程项目，按照专业专用的原则，应执行相关专业部门颁发的相应定额，如《公路工程设计概算定额》《铁路工程设计概算定额》《建筑工程预算定额》等。

4.1.4.2　编制安装工程单价应注意的问题

（1）装置性材料费：是指它本身属材料，但又是被安装的对象，安装后构成工程的实体。装置性材料分为主要装置性材料和次要装置性材料。

主要装置性材料也叫未计价装置性材料。凡在定额中作为独立的安装项目的材料，即为主要装置性材料，如轨道、管路、电缆、母线、滑触线等。主要装置性材料本身的价值在安装定额内并未包括，需要另外计价，所以主要装置性材料也叫未计价装置性材料。未计价材料用量，应根据施工图设计量计算（并计入规定的操作损耗量），定额规定的操作损耗率见安装定额总说明。由未计价材料设计用量和工地材料预算价格计算其费用。概算定额附录中列有部分子目的装置性材料数量，供编制概算缺乏设计主要装置性材料规格、数量资料时参考。

次要装置性材料也叫已计价装置性材料。次要装置性材料因品种多，规格杂，且价值也较低，故在概预算安装费用子目中均已列入其他费用，所以次要装置性材料又叫已计价装置性材料，如轨道的垫板、螺栓、电缆支架、母线金具等。在编制概（预）算单价时，不必再另行计算。

（2）采用安装费率法计算安装工程单价时，定额人工安装费率需按定额附录中的调整方法进行调整。

对进口设备的安装费率也需要调整，调整的方法是将定额安装费率乘以进口设备安装费率调整系数。进口设备的安装费率调整系数计算如下：

$$进口设备安装费率调整系数 = \frac{同类国产设备原价}{进口设备原价} \qquad (4\text{-}13)$$

（3）设备自工地仓库运至安装现场的一切费用，称为设备场内运费，属于设备运杂费范畴，不属于设备安装费。在《水利水电设备安装工程预算定额》中列有"设备工地运输"一章，是为施工单位自行组织运输而拟定的定额，不能理解为这项费用也属于安装费范围。

（4）压力钢管制作、运输和安装均属安装费范畴，应列入安装费栏目下，这点是和设备不同的，应特别注意。

（5）设备与材料的划分。

①制造厂成套供货范围的部件、备品备件、设备体腔内定量填物（如透平油、变压器油、六氟化硫气等）均作为设备。

②不论是成套供货，还是现场加工或零星购置的贮气罐、阀门、盘用仪表、机组本体上的梯子、平台和栏杆等均作为设备，不能因供货来源不同而改变设备性质。

③如管道和阀门构成设备本体部件，应作为设备，否则应作为材料。

④随设备供应的保护罩、网门等已计入相应设备出厂价格内时，应作为设备；否则应作为材料。

⑤电缆和管道的支吊架、母线、金属、金具、滑触线和架、屏盘的基础型钢、钢轨、石棉板、穿墙隔板、绝缘子、一般用保护网、罩、门、梯子、栏杆和蓄电池架等，均作为材料。

（6）"电气调整"在概算定额中各章节均已包括这项工作内容，而在预算定额中是单列一章，独立计算，不包括在各有关章节内。这点应注意，避免在编制预算时遗漏这个项目。

（7）按设备重量划分子目的定额，当所求设备的重量介于同型设备的子目之间时，按插入法计算安装费。如与目标起重量相差 5% 以内，可不作调整。

（8）压力钢管一般在工地制作和安装，在概算定额中包括一般钢管和叉管的制作及安装共二节，并将直管、弯管、渐变管、斜管和伸缩节等综合考虑，使用时均不作调整只把叉管制作安装单独列出。预算定额中，钢管的制作及安装项目划分得比较细，把钢管制作、安装、运输分别单独列出，并且定额费以直管列出，对于其他形状的钢管制作和安装以及安装斜度 ≥15° 时按不同斜度分别乘规定的修正系数。

（9）使用电站主厂房桥式起重机进行安装工作时，桥式起重机台时费不计基本折旧费和安装拆卸费。

想一想 练一练

根据取费要求，分别计算位于陕西省延安市洛川县的水利枢纽工程、引水工程、河道工程的各项取费标准。

任务 4.2　编制土方开挖工程概算单价

【学习目标】

1.知识目标：①了解土的分级；②熟悉水利工程用土方开挖工程的分类；③掌握编制规定及定额中关于水利工程土方开挖工程的相关规定。

2.技能目标：①能编制各种水利工程土方开挖工程概算单价；②能熟练使用水利工程

定额及概估算编制规定。

3.素质目标:①认真仔细的工作态度;②严谨的工作作风;③遵守编制规定的要求。

【项目任务】

学习水利工程土方开挖工程概算单价的计算。

【任务描述】

土方开挖工程概算单价的计算,涉及准确查定工程定额,根据定额说明做好定额消耗数量的调整,再根据已知的基础单价及概估算编制规定中关于费率的取值规定,即可以计算出不同开挖方法和不同开挖形状的土方开挖工程概算单价。

4.2.1 土方工程分类

土方工程按施工工序可分为开挖、运输两个工序,主要施工方法有人力施工、机械施工两种。

土方工程定额一般是按影响土方工程工效的主要因素,如土的级别、取(运)土距离、施工方法、施工条件、质量要求等参数来划分节和子目的。

4.2.1.1 土方开挖

土方开挖工程分为明挖和暗挖,明挖分为一般土方、渠道、沟槽、柱坑,暗挖分为平洞、斜井和竖井。常用机械有单斗挖掘机、推土机、铲运机、自卸汽车、铁路机车、带式输送机、拖拉机和卷扬机等。

(1)一般土方开挖定额,适用于一般明挖土方工程和上口宽超过 16 m 的渠道及上口面积大于 80 m² 的柱坑土方工程。

(2)渠道土方开挖定额,适用于上口宽小于或等于 16 m 的梯形断面、长条形、底边需要修整的渠道土方工程。

(3)沟槽土方开挖定额,适用于上口宽小于或等于 4 m 的矩形断面或边坡陡于 1:0.5 的梯形断面,长度大于宽度 3 倍的长条形,只修底不修边坡的土方工程,如截水墙、齿墙等各类墙基和电缆沟等。

(4)柱坑土方开挖定额,适用于上口面积小于或等于 80 m²、长度小于宽度 3 倍、深度小于上口短边长度或直径、四侧垂直或边坡陡于 1:0.5、不修边坡只修底的柱坑工程,如集水井、柱坑、机座等工程。

(5)平洞土方开挖定额,适用于水平夹角小于或等于 6°、断面面积大于 2.5 m² 的各形隧洞洞挖工程。

(6)斜井土方开挖定额,适用于水平夹角为 6°～75°、断面面积大于 2.5 m² 的各形隧洞洞挖工程。

(7)竖井土方开挖定额,适用于水平夹角大于 75°、断面面积大于 2.5 m²、深度大于上口短边长度或直径的洞挖工程,如抽水井、闸门井、交通井、通风井等。

编制土方开挖单价时,应根据设计开挖方案,考虑影响开挖的因素,选择相应定额子目计算。

4.2.1.2 土方运输

将开挖的土方运输至指定地点。土方的运输包括集料、装土、运土、卸土、卸土场整理等工序。

　　土方开挖的土料一般都有运输要求,通常需要编制挖运综合单价。土方工程定额中编入了大量的挖运综合子目,可直接套用编制挖运综合单价。如果设计挖运方案与定额中的挖运子目不同,须分别套用开挖与装运定额计算基本直接费,然后将其合并计算综合单价。

4.2.2　土方开挖工程单价编制规定

　　(1)土方定额的计量单位,除注明外,均按自然方计算(如定额中挖土、推土、运土)。自然方是指未经扰动的自然状态的土方;松方指自然方经人工或机械开挖而松动过的土方;实方指填筑(回填)并经过压实后的成品方,如土方压实和土石坝填筑综合定额。在编制单价时应注意统一计量单位。

　　(2)概预算定额中,土质级别及岩石级别按土石十六级分类法划分,其中前四级为土类级别。砂砾(卵)石开挖和运输定额,按Ⅳ类土定额计算。

　　(3)挖掘机或装载机挖装土料自卸汽车运输定额,是按挖装自然方拟定。如挖松土,其中人工及挖装机械乘以 0.85 的系数。

　　(4)推土机的推土距离和铲运机的铲运距离是指取土中心至卸土中心的平均距离。推土机推运松土,定额乘以 0.8 的系数。

　　(5)预算定额中挖掘机、轮斗挖掘机或装载机挖装土(含渠道土方)自卸汽车运输各节,适用于Ⅲ类土,Ⅰ、Ⅱ类土人工、机械乘以 0.91 的系数;Ⅳ类土乘以 1.09 的系数。概算定额则是按土的级别划分子目,无须调整。

　　(6)汽车运输定额,适用于水利工程施工路况 10 km 以内的场内运输,若运距超过 10 km,超过部分按增运 1 km 台时数乘以 0.75 计算,即

$$汽车运距超过 10\ km 运输定额值 = 5\ km 值 + 5 × 增运 1\ km 值 +$$
$$(运距 - 10) × 增运 1\ km 值 × 0.75$$

　　(7)土方洞挖定额中轴流通风机台时数量,按一个工作面长 200 m 拟定,如超过 200 m,按定额乘以表 4-4 中的调整系数。

表 4-4　轴流通风机台时调整系数

工作面长度(m)	200	300	400	500	600	700	800	900	1 000
调整系数	1.00	1.33	1.50	1.80	2.00	2.28	2.50	2.78	3.00

　　(8)土方开挖和填筑工程定额,除规定的工作内容外,还包括挖小排水沟、修坡、清除场地草皮、杂物、交通指挥、安全设施及取土场的小路修筑与维护等所需的人工和费用,但不包括伐树挖根及清除料场覆盖层所需的人工和费用。

4.2.3　土方开挖工程单价编制

　　【例 4-1】　某水利枢纽工程,位于四川省青川县,坝基基坑(Ⅳ类土)采用 1 m³ 挖掘机挖装,10 t 自卸汽车运 2 km。

　　已知:根据现行《水利工程设计概(估)算编制规定》,本工程初级工人工预算单价为

6.38 元/工时,柴油单价为 6.90 元/kg,1 m³ 液压挖掘机台时费为 125.36 元/台时,59 kW 推土机台时费为 68.69 元/台时,10 t 自卸汽车台时费为 87.19 元/台时,其他直接费费率取为 7%,间接费费率为 8.5%,利润率为 7%,税率为 11%。

问题:根据《水利建筑工程概算定额》编制基坑开挖概算单价。

解:根据资料中的施工方法,查《水利建筑工程概算定额》第一章"1 m³ 挖掘机挖土自卸汽车运输"一节,计算见表 4-5。

表 4-5　建筑工程单价表

单价编号	01		项目名称		基坑土方开挖
定额编号	10629		定额单位		100 m³
施工方法	1 m³ 挖掘机挖土 10 t 自卸汽车运 2 km				
序号	项目	单位	数量	单价(元)	合价(元)
一	直接费	元			1 098.31
1	基本直接费	元			1 026.46
(1)	人工费	元			48.49
	初级工	工时	7.6	6.38	48.49
(2)	材料费				39.48
	零星材料费	%	4	986.98	39.48
(3)	机械使用费	元			938.49
	挖掘机 1 m³	台时	1.13	125.36	141.66
	推土机 59 kW	台时	0.57	68.69	39.15
	自卸汽车 10 t	台时	8.69	87.19	757.68
2	其他直接费	%	7	1 026.46	71.85
二	间接费	%	8.5	1 098.31	93.36
三	利润	%	7	1 191.67	83.42
四	材料补差	元			451.53
	柴油		14.9×1.13+8.4×0.57+ 10.8×8.69	3.91	451.53
五	税金	%	11	1 726.62	189.93
	合计	元			1 916.55
	工程单价	元/m³			19.17

想一想 练一练

1.分别计算以下Ⅲ类渠道土方开挖工程概算单价:渠道设计参数见表 4-6,施工采用 1 m³ 挖掘机挖土,8 t 自卸汽车运 2.4 km。

表 4-6　渠道设计参数

渠道类型	渠底 B	渠深 H	边坡系数 m	渠道类型	渠底 B	渠深 H	边坡系数 m
总干渠	12	8	1.2	北干渠	7	5	1
支渠 1	5	4	1	南干渠	7	4.5	1
支渠 2	4	3	1	支渠 3	3	2	1

2.某水利枢纽工程,由大坝、溢洪道、泄洪洞、发电引水隧洞、电站厂房、变电站及输电线路工程等组成。该工程位于青海省互助县(陕西省宝鸡市千阳县、或陕西省榆林市横山县、或四川省青川县、或海南省文昌县、或河南省巩义市区等)的县城镇以外,该工程三种土方开挖施工方案,分别计算其工程单价。(计算中所缺基础单价可以参考教材示例)

(1)工程的Ⅲ类一般土方开挖:1 m³ 挖掘机挖土,8 t 自卸汽车运 2 km。

(2)工程的Ⅳ类一般土方开挖:施工采用 1 m³ 挖掘机挖土,5 t 自卸汽车运 6.4 km。

(3)坝基基础土方开挖采用 1 m³ 挖掘机挖装,10 t 自卸汽车运 4.3 km 至弃料场弃料。基础土方为Ⅲ类土。

任务 4.3　编制石方开挖工程概算单价

【学习目标】

1.知识目标:①了解石的分级;②熟悉水利工程石方开挖工程的分类;③掌握编制规定及定额中关于水利工程石方开挖工程的相关规定。

2.技能目标:①能编制各种水利工程石方开挖工程概算单价;②能熟练使用水利工程定额及概估算编制规定。

3.素质目标:①认真仔细的工作态度;②严谨的工作作风;③遵守编制规定的要求。

【项目任务】

学习水利工程石方开挖工程概算单价的计算。

【任务描述】

石方开挖工程概算单价的计算,与土方开挖工程单价计算完全不同,该工程单价计算的石方开挖单价中嵌套了石渣运输工程单价,但石渣运输工程单价属于中间单价(也称子单价)。所以,该工程单价的编制涉及准确查定工程定额(包括石方开挖定额和石渣运输定额),根据定额说明做好定额消耗数量的调整,再根据已知的基础单价及概(估)算编制规定中关于费率的取值规定,即可以计算出不同开挖方法和不同开挖形状及不同运输方式的石方开挖工程概算单价。

4.3.1　石方工程分类

水利水电工程石方工程量很大,且多为基础、洞井及地下厂房工程。采用先进技术,合理安排施工,并充分利用弃渣做块石、碎石原料,可降低工程造价。

石方工程包括石方开挖、运输和支撑等内容。

4.3.1.1　石方开挖类型

石方开挖按施工条件(开挖方式)分为明挖和暗挖两大类。按施工方法分为人工打孔爆破法、机械钻孔爆破法和掘进机开挖等几种。

概预算定额的石方开挖分类及其特征如表 4-7 所示。

表 4-7　石方开挖类型划分

开挖类型		特征	
		概算定额	预算定额
明挖	一般石方	底宽大于 7 m 的沟槽;上口面积大于 160 m² 的坑;倾角小于或等于 20°、开挖厚度大于 5 m(垂直于设计面的平均厚度)的坡面;一般明挖石方工程	
	一般坡面石方	倾角大于 20°、开挖厚度小于或等于 5 m 的坡面	
	沟槽石方	底宽小于等于 7 m,两侧垂直或有边坡的长条形石方开挖	
	坡面沟槽石方	槽底轴线与水平夹角大于 20° 的沟槽石方	
	坑石方	上口面积小于或等于 160 m²,深度小于或等于上口短边长度或直径的工程	
	保护层石方	无此项目(其他分项定额中已综合了保护层开挖等措施)	设计规定不允许破坏岩层结构的石方开挖
	基础石方	不同深度的基础石方开挖	无此项目(已包含在其他分项定额中)
暗挖	平洞石方	洞轴线与水平夹角小于或等于 6° 的洞挖工程	
	斜井石方	井轴线与水平夹角成 45°~75° 的洞挖;井轴线与水平夹角成 6°~45° 的洞挖,按斜井石方开挖定额乘 0.90 系数计算	
	竖井石方	井轴线与水平夹角大于 75°、上口面积大于 5 m²、深度大于上口短边长度或直径的石方开挖工程	
	地下厂房石方	地下厂房或窑洞式厂房开挖	

石方开挖爆破材料:①炸药。包括露天硝铵炸药、铵油炸药、岩石铵沥蜡炸药、胶质硝化甘油炸药、高威力硝铵炸药、浆状炸药、水胶炸药、乳胶炸药等,炸药代表型号规格见表 4-8。②起爆材料。包括导爆索、塑料导爆管、雷管、导线等。

表 4-8　炸药代表型号规格

项目	代表型号
一般石方开挖	2 号岩石铵梯炸药
边坡、槽、坑、基础、保护层石方开挖	2 号岩石铵梯炸药和 4 号抗水岩石铵梯炸药各半
平洞、斜井、竖井、地下厂房石方开挖	4 号抗水岩石铵梯炸药

4.3.1.2　石方开挖工程单价

(1)《水利建筑工程概算定额》石方开挖各节子目中,均已计入了允许的超挖量和合理的施工附加量所消耗的人工、材料和机械的数量及费用,编制概算单价时不得另计超挖和施工附加工程量所需的费用。

《水利建筑工程概算定额》石方开挖已按各部位的不同要求,根据规范规定分别考虑了预裂爆破、光面爆破、保护层开挖等措施。例如,厂坝基础开挖定额中已考虑了预裂和保护层开挖措施,所以无须再单独编制预裂爆破和保护层开挖单价。

(2)《水利建筑工程预算定额》石方开挖各节子目中,未计入允许的超挖量和施工附加量所消耗的人工、材料和机械的数量及费用。编制石方开挖预算单价时,需将允许的超挖量及合理的施工附加量,按占设计工程量的比例计算摊销率,然后将超挖量和施工附加量所需的费用乘以各自的摊销率后计入石方开挖单价。施工规范允许的超挖石方,可按超挖石方定额(如平洞、斜井、竖井超挖石方)计算其费用。合理的施工附加量的费用按相应的石方开挖定额计算。

《水利建筑工程预算定额》对保护层和预裂、防震等措施均单独列项,不包括在各项石方开挖定额中。

4.3.1.3 石方运输

石方运输定额与土方运输定额类似,亦按装运方法和运输距离划分节和子目。

1.运输距离的确定

水平运输距离是指从取料中心至卸料中心的全距离,若坝基开挖的面积很大,应以坝基面积的中心点至弃渣场的中心点的距离作为水平运输距离。

2.石渣运输距离的计算

一般机械运输石渣时坡度已考虑在内。

洞内运距按工作面长度的一半计算。

当一个工程有几个弃渣场时,可按弃渣量比例计算加权平均运距。

编制石方运输单价,当有洞内外连续运输时,应分别套用不同的定额子目。洞内运输部分,套用"洞内"运输定额的"基本运距"及"增运"子目;洞外运输部分,套用"露天"定额中"增运"子目,并且仅选用运输机械的台时使用量。当洞内和洞外为非连续运输(如洞内为斗车,洞外为自卸汽车)时,洞外运输部分应套用"露天"定额的"基本运距"及"增运"子目。

4.3.1.4 石方工程综合单价

石方工程综合单价是指包含石渣运输费用的开挖单价。在编制石方工程综合单价时,应根据施工组织设计确定的施工方法、运输距离、建筑物施工部位的岩石级别、设计开挖断面等正确套用定额。

《水利建筑工程概算定额》石方开挖定额各节子目中均列有"石渣运输"项目,该项目的数量,已包括完成定额单位所需增加的超挖量和施工附加量。编制概算单价时,按定额石渣运输量乘以石方运输单价(仅计算直接费),计算石方工程综合单价。

《水利建筑工程预算定额》石方开挖定额中没有列出石渣运输量,应分别计算开挖与出渣单价,并考虑允许的超挖量及合理的施工附加量的费用分摊,再合并计算开挖综合预算单价。

4.3.2　石方开挖工程单价编制规定

（1）概预算定额中，岩石共分为十二个等级，即十六级划分法的五至十六级。石方开挖定额子目中，岩石最高级别为XIV级，当岩石级别大于XIV级时，可按相应各节XIII～XIV级岩石开挖定额乘以表4-9的调整系数计算。

表 4-9　岩石级别影响系数

项目	人工	材料	机械
风钻为主各节定额	1.30	1.10	1.40
潜孔钻为主各节定额	1.20	1.10	1.30
液压钻、多臂钻为主各节定额	1.15	1.10	1.15

（2）洞挖定额中的通风机台时数量是按一个工作面长400 m拟定的。如超过，应按表4-10系数调整通风机台时数量。

表 4-10　通风机台时调整系数

隧洞工作面长（m）	400	500	600	700	800	900	1 000	1 100	1 200
系数	1.00	1.20	1.33	1.43	1.50	1.67	1.80	1.91	2.00
隧洞工作面长（m）	1 300	1 400	1 500	1 600	1 700	1 800	1 900	2 000	
系数	2.15	2.29	2.40	2.50	2.65	2.78	2.90	3.00	

（3）《水利建筑工程预算定额》中，预裂爆破、防震孔、插筋孔均适用于露天施工，若为地下工程，定额中人工、机械应乘以1.15系数。

（4）石方开挖定额中的其他材料费以主要材料费之和为计算基数，零星材料费按占人工费、机械费之和的百分数计算，其他机械费按占主要机械费的百分数计算。

（5）定额材料中所列"合金钻头"，是指风钻（手提式、气腿式）所用的钻头；"钻头"是指液压履带钻或液压凿岩台车所用的钻头。

4.3.3　石方开挖工程单价编制

【例4-2】　地处河南省境内黄河干流上的某水利枢纽工程，进水孔水闸基础石方开挖工程，石方为VIII级，开挖采用100型潜水钻钻孔爆破，钻孔平均孔深为10 m，石渣运输采用1 m³装载机装8 t自卸汽车运输7 km弃渣。

已知：基础单价及费率标准见表4-11。

表 4-11　基础单价及费率标准

序号	项目名称	单位	单价（元）
1	工长	工时	11.55
2	中级工	工时	8.90
3	初级工	工时	6.13

续表 4-11

序号	项目名称	单位	单价(元)
4	柴油	t	4 800
5	风	m³	0.18
6	水	m³	0.65
7	电	kWh	0.9
8	合金钻头	个	200
9	潜孔钻钻头 100 型	个	180
10	冲击器	套	1 200
11	炸药	kg	15
12	火雷管	个	1.50
13	电雷管	个	1.00
14	导火线	m	1.00
15	导电线	m	0.85
16	手持式风钻	台时	34.79
17	潜孔钻 100 型	台时	337.15
18	装载机 1 m³	台时	60.00
19	推土机 88 kW	台时	109.52
20	自卸汽车 8 t	台时	73.92
21	其他直接费	%	7
22	间接费	%	12.5
23	利润	%	7
24	税金	%	11

问题:参考现行《水利工程设计概(估)算编制规定》和《水利建筑工程概算定额》计算进水孔水闸基础石方概算单价。

解:(1)计算各工序单价,计算结果见表 4-12、表 4-13。

(2)进水孔水闸基础石方概算单价为 65.28 元/m³。

表 4-12　建筑工程单价(一)

单价编号	01		项目名称	石渣运输
定额编号	20506、20507		定额单位	100 m³
施工方法	1 m³ 装载机装 8 t 自卸汽车运输 7 km 弃渣			

序号	项目	单位	数量	单价	合价
1	基本直接费	元			2 617.63
(1)	人工费	元			121.37
	初级工	工时	19.8	6.13	121.37
(2)	材料费	元			51.33
	零星材料费	%	2	2 566.30	51.33
(3)	机械使用费	元			2 444.93
	装载机 1 m³	台时	3.72	60.00	223.20
	推土机 88 kW	台时	1.86	109.52	203.71
	自卸汽车 8 t	台时	22.76+2.27×2	73.92	2 018.02

表 4-13　建筑工程单价表(二)

单价编号	02		项目名称	水闸石方开挖
定额编号	20025		定额单位	100 m³
施工方法	100 型潜孔钻钻孔爆破,岩石级别Ⅷ,孔深 10 m			

序号	项目	单位	数量	单价(元)	合价(元)
一	直接费	元			4 257.55
1	基本直接费	元			3 979.02
(1)	人工费	元			172.39
	工长	工时	0.7	11.55	8.09
	中级工	工时	6.2	8.90	55.18
	初级工	工时	17.8	6.13	109.12

续表 4-13

序号	项目	单位	数量	单价(元)	合价(元)
(2)	材料费	元			472.45
	合金钻头	个	0.11	200.00	22
	潜孔钻钻头 100 型	个	0.13	180.00	23.40
	冲击器	套	0.01	1 200	12
	炸药	kg	42	5.15	216.30
	火雷管	个	13	1.50	19.50
	电雷管	个	6	1.00	6.00
	导火线	m	26	1.00	26.00
	导电线	m	73	0.85	62.05
	其他材料费	%	22	387.25	85.20
(3)	机械使用费	元			663.82
	风钻 手持式	台时	1.55	34.79	53.92
	潜孔钻 100 型	台时	1.63	337.15	549.55
	其他机械费	%	10	603.47	60.35
(4)	石渣运输	m³	102	26.18	2 670.36
2	其他直接费	%	7	3 979.02	278.53
二	间接费	%	12.5	4 257.55	532.19
三	利润	%	7	4 789.74	335.28
四	材料补差				756.07
	炸药	kg	42	2.70	113.40
	柴油	kg	345.12	1.81	642.67
五	税金	%	11	5 881.09	646.92
	合计	元			6 528.01
	工程单价	元/m³			65.28

【例 4-3】 位于陕西省宝鸡市阳平县的枢纽工程,修一圆形引水隧洞(与水平方向夹角 6°),总长 1 500 m,距离进口 0.6 km 处有一 100 m 的施工支洞,共有 A、B、C、D 四个工作面,工作面长度分别为 200 m、400 m、600 m、300 m,洞外综合运距为 1 km,隧洞开挖面积为 60 m²,岩石级别 X 级,开挖采用三臂液压凿岩台车,石渣运输采用 2 m³挖掘机装 12 t 自卸汽车运输至渣场。

已知:(1)工程超挖量为设计断面开挖量的 6%,工程附加量为设计开挖量的 7%。

(2)基础单价及费率标准见表 4-14。

表 4-14　基础单价及费率标准

序号	项目名称	单位	单价(元)
1	工长	工时	11.55
2	中级工	工时	8.90
3	初级工	工时	6.13
4	钻头 ϕ 45 mm	个	40.00
5	钻头 ϕ 102 mm	个	120.00
6	炸药	kg	7.85
7	柴油	kg	6.54
8	非电毫秒雷管	个	1.00
9	导爆管	m	1.80
10	凿岩台车三臂	台时	656.39
11	平台车	台时	110.60
12	轴流通风机 55 kW	台时	61.44
13	挖掘机(20.2 kg) 2 m³	台时	214.69(基价)
14	推土机(12.6 kg) 88 kW	台时	109.52(基价)
15	自卸汽车(12.4 kg) 12 t	台时	80.55(基价)
16	其他直接费	%	8.5
17	间接费	%	12.5
18	利润	%	7
19	税金	%	11

　　问题:参考现行《水利工程设计概(估)算编制规定》、《水利工程营业税改征增值税计价依据调整办法》和《水利建筑工程概算定额》编制引水隧洞概算综合工程单价。

　　解:1.计算定额通风机台时数量综合调整系数及石渣运输距离

　　(1)计算各工作面占主洞工程权重。

　　A 段:$\dfrac{200}{1\,500} \times 100\% = 13.33\%$

　　B 段:$\dfrac{400}{1\,500} \times 100\% = 26.67\%$

　　C 段:$\dfrac{600}{1\,500} \times 100\% = 40\%$

　　D 段:$\dfrac{300}{1\,500} \times 100\% = 20\%$

（2）计算通风机综合调整系数。通风机综合调整系数计算过程见表 4-15，由表 4-15 知，通风机综合调整系数为 1.22。

表 4-15 通风机定额综合调整系数计算

编号	通风长度（m）	通风机调整系数	权重（%）	权重系数
A	200	1.00	13.33	0.13
B	400+100	1.20	26.67	0.32
C	600+100	1.43	40	0.57
D	300	1.00	20	0.20
通风机综合调整系数				1.22

（3）计算洞内运输综合运距。

$$13.33\% \times 100 + 26.67\% \times 300 + 40\% \times 400 + 20\% \times 150 = 283（m）$$

2.计算运输单价

洞内平均运距 283 m，套用《水利建筑工程概算定额》20474；洞外平均运距 1 km，套用《水利建筑工程概算定额》20473 中洞外汽车运输量。经计算（见表 4-16），石渣运输基本直接费单价为 13.80 元/m³。

3.计算开挖单价

经计算（见表 4-17），开挖单价为 129.41 元/m³。

隧洞开挖面积 60 m²，岩石级别 X 级，套用《水利建筑工程概算定额》20246，将运输单价 13.80 元/m³ 代入。

表 4-16 建筑工程单价表（一）

单价编号	01		项目名称		石渣运输
定额编号	20474、20473			定额单位	100 m³
施工方法	2 m³ 挖掘机装 12 t 自卸汽车运				
序号	项目	单位	数量	单价	合价（元）
一	基本直接费	元			1 379.59
1	人工费	元			79.08
	初级工	工时	12.9	6.13	79.08
2	材料费	元			27.05
	零星材料费	%	2	1 352.54	27.05
3	机械使用费	元			1 273.46
	挖掘机 2 m³	台时	1.94	214.69	416.50
	推土机 88 kW	台时	0.97	109.52	106.23
	自卸汽车 12 t	台时	7.81+1.51=9.32	80.55	750.73

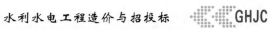

表 4-17　建筑工程单价表（二）

单价编号	02		项目名称	隧洞石方开挖
定额编号	20246		定额单位	100 m³
施工方法	三臂液压凿岩台车，开挖断面 60 m²，岩石级别 X 级			

序号	项目	单位	数量	单价（元）	合价（元）
一	直接费	元			8 563.41
1	基本直接费	元			7 892.54
（1）	人工费	元			1 567.97
	工长	工时	6.50	11.55	75.08
	中级工	工时	70.9	8.90	631.01
	初级工	工时	140.6	6.13	861.88
（2）	材料费	元			2 607
	钻头 ϕ 45 mm	个	0.50	40.00	20.00
	钻头 ϕ 102 mm	个	0.01	120.00	1.20
	炸药	kg	126	5.15	648.90
	非电毫秒雷管	个	97	1.00	97.00
	导爆管	m	664	1.80	1 195.20
	其他材料费	%	28	2 302.5	644.7
（3）	机械使用费	元			2 158.17
	凿岩台车 三臂	台时	1.62	656.39	1 063.35
	平台车	台时	1.37	110.60	151.52
	轴流通风机 55 kW	台时	14.33	61.44	880.44
	其他机械费	%	3	2 095.31	62.86
（4）	石渣运输	m³	113	13.80	1 559.40
2	其他直接费	%	8.5	7 892.54	670.87
二	间接费	%	12.5	8 563.41	1 070.43
三	利润	%	7	9 633.84	674.37
四	材料补差	元			1 010.05
	炸药	kg	126	2.7	340.20
	柴油	kg	166.98×1.13 = 188.69	6.54−2.99 = 3.55	669.85
五	税金	%	11	11 658.46	1 282.43
六	合计	元			12 940.89
	工程单价	元/m³			129.41

注：柴油消耗量为：20.2×1.94+12.6×0.97+12.4×9.32 = 166.98（kg）。

想一想 练一练

1.陕西省某水利堤防(工程位于太白县)某建筑物基础石方开挖工程,石方为Ⅸ级,开挖采用φ64~76液压履带钻钻孔爆破,钻孔平均孔深为10 m,石渣的运输采用2 m³装载机装12 t自卸汽车运输6.5 km弃渣。

2.A水利枢纽工程,由大坝、溢洪道、泄洪洞、发电引水隧洞、电站厂房、变电站及输电线路工程等组成。该工程位于青海省互助县(陕西省宝鸡市千阳县、或陕西省榆林市横山县、或四川省青川县、或海南省文昌县、或河南省巩义市区等)的县城镇以外,分别计算其石方开挖工程单价。(计算中所缺基础单价可以参考教材示例)

(1)工程的一般石方开挖,石方为Ⅻ级,开挖采用100型潜孔钻钻孔爆破,钻孔平均孔深为7.5 m,石渣的运输采用1 m³挖掘机装8 t自卸汽车运输2.5 km弃渣。

(2)建筑物基础石方开挖工程,石方为Ⅸ级,开挖采用φ64~76液压履带钻钻孔爆破,钻孔平均孔深为10 m,石渣的运输采用2 m³装载机装12 t自卸汽车运输6.5 km弃渣。

(3)进水孔水闸基础石方开挖工程,石方为ⅩⅢ级,开挖采用100型潜孔钻钻孔爆破,钻孔平均孔深为10 m,石渣的运输采用1 m³装载机装8 t自卸汽车运输11.5 km弃渣。

(4)溢洪道沟槽工程石方开挖,坡道部分的石方开挖与水平方向的夹角为25°,石方为Ⅻ级,开挖采用人工手风钻钻孔爆破(使用导火线及火雷管),开挖底宽为6 m,石渣的运输采用2 m³挖掘机装10 t自卸汽车运输3.8 km弃渣。

(5)引水隧洞(与水平方向夹角6°)工程长8 km,距离进口3 km处有一300 m的施工支洞,共有A、B、C、D四个工作面,各工作面长度分别为2 km、1 km、1.6 km、3.4 km,隧洞开挖面积为60 m²,开挖采用三臂凿岩台车(可改为手风钻钻孔或两臂凿岩台车),石渣的运输采用2 m³挖掘机装15 t自卸汽车运输弃渣。A工作面隧洞进口距弃渣场2.3 km,施工支洞(B、C工作面)进口距弃渣场2.0 km,D工作面隧洞进口距弃渣场6.3 km,综合运距(km)在计算时保留一位小数。石渣运输均采用2 m³挖掘机装10 t自卸汽车运输。

(6)水电站地下厂房石方开挖,石方为ⅩⅢ级,开挖采用液压钻钻孔爆破,通往地下厂房的交通洞长1.8 km,地下厂房进深长400 m,交通洞进口距弃渣场的距离为3.5 km,石渣的运输采用3 m³装载机装20 t自卸汽车运输弃渣。

(7)坝基础石方开挖采用风钻钻孔爆破,开挖深度为1.8 m,石渣运输采用1.5 m³装载机装10 t自卸汽车运2 km弃渣。基础岩石级别为Ⅺ级。

任务4.4　编制土石填筑工程概算单价

【学习目标】

1.知识目标:①了解土石填筑工程包含的具体项目;②了解水利工程土石方工程填筑的分类;③掌握编制规定及定额中关于水利工程土石方填筑工程的相关规定。

2.技能目标:①能编制各种水利工程土石方填筑工程概算单价;②能熟练使用水利工程定额及概估算编制规定。

3.素质目标:①认真仔细的工作态度;②严谨的工作作风;③遵守编制规定的要求。

【项目任务】

学习水利工程土石方填筑工程概算单价的计算。

【任务描述】

土石方填筑工程概算单价的计算,包括土方填筑工程、石方填筑工程、堆石砌石工程,土石方填筑工程单价的计算中,土石方压实单价中嵌套了石渣运输工程单价,但土石料挖运单价属于中间单价(也称子单价)。所以,该工程单价的编制涉及准确查定工程定额(包括石方开挖定额和石渣运输定额),根据定额说明做好定额消耗数量的调整,再根据已知的基础单价及概(估)算编制规定中关于费率的取值规定,即可以计算出土石方填筑工程概算单价;堆砌石工程单价的计算相对简单。

4.4.1　土石填筑工程分类

土石填筑工程分为砌石工程、土石填筑工程、堆石坝填筑工程几大类。

4.4.1.1　砌石工程

砌石工程因具有就地取材、施工设备简单、施工工艺简便、造价低等优点,被广泛应用于水利工程中的护坡、护底、挡土墙、桥墩等部位,尤其是地方水利工程。砌石工程的分类有浆砌石、干砌石。

砌石单价根据设计确定的砌体形式和施工方法计算,套用相应定额计算砌石单价。砌石定额中的石料数量,均已考虑了施工操作损耗和体积变化(码方、清料方与实方间的体积变化)因素。

1.石料单价

各种石料作为材料在计算其单价时分三种情况:第一种是外购石料,其单价按材料预算价格编制;第二种是施工企业自采石料,其基本直接费单价计算按项目 4 所述方法计算;第三种是从开挖石渣中捡集块石、片石,此时石料单价只计人工捡石费用及从捡集石料地点到施工现场堆放点的运输费用。

2.浆砌石砂浆单价

砂浆单价应由设计砂浆的强度等级按试验所确定的材料配合比,并考虑施工损耗量确定材料预算量乘以材料预算价格进行计算。如果无试验资料,可按定额附录中的砌筑砂浆材料配合比表确定材料的预算量。

3.砌筑单价

砌石工程单价按不同的工程项目、施工部位及施工方法套用相应定额。砌石包括干砌石和浆砌石,对于干砌石,只需将砌石材料单价代入砌筑定额,便可编制砌筑工程单价。对于浆砌石,将石料、砂浆半成品的价格代入砌筑定额即可编制浆砌石工程单价。

4.4.1.2　土石填筑工程

在水利工程中,土坝、堤防、道路、围堰等施工往往需要大量的土石填筑。土石填筑工程一般分为土石坝(堤)填筑和一般土石方回填两种。两者的施工工艺大致相同,比较而言,土石坝(堤)填筑对土料及碾压的要求更高。

按土石填筑工序,土石填筑有土料开采运输单价和压实单价两部分。

(1)土料开采运输单价。是指自土料场开采运输土料至填筑工作面每立方米土料的费用。它是由覆盖层清除摊销单价和开采运输单价组成的,在土石坝物料压实(填筑)概算综合单价中以土料运输材料单价(元/m³)的形式表示(只计基本直接费)。

(2)压实单价。计算土方填筑综合单价时,应先计算"土料运输"单价,将"土料运输"单价视为材料预算价,计入土方填筑综合单价。定额的"土料运输"单价,指将土料运输至填筑部位所发生的全部直接费,即

$$定额"土料运输"单价=覆盖层清除摊销单价+开采运输单价$$

4.4.1.3　堆石坝填筑工程

堆石坝填筑可分为堆石料备料、堆石料运输、压实等工序,编制工程单价时,采用单项定额计算各工序单价,然后再编制填筑综合单价。

1.填筑料单价

堆石坝填筑料按其填筑部位的不同,分为反滤料区、过渡料区和堆石区等,需分别列项计算。编制填筑料单价时,可将料场覆盖层(包括无效层)清除等辅助项目费用摊入开采单价中形成填筑料单价。其计算公式为

$$填筑料单价 = \frac{覆盖层清除费用}{填筑料总方量(自然方或成品堆方)} + 填筑料开采单价(自然方或成品堆方)$$

(4-14)

式中,覆盖层清除费用可根据施工方法套用土方和石方工程相应定额计算。填筑料开采单价计算可分为以下两种情况:

(1)填筑料不需加工处理:对于堆石料,其单价可按砂石备料工程碎石原料开采定额计算,计量单位为堆方;对于天然砂石料,可按土方开挖工程砂砾(卵)石采运定额(按Ⅳ类土计)计算填筑料挖运单价,计量单位为自然方。

(2)填筑料需加工处理:这类堆石料一般对粒径有一定的要求,其开采单价是指在石料场堆存点加工为成品堆方的单价,可参照任务3.5中自采砂石料单价计算方法计算,计量单位为成品堆方。对有级配要求的反滤料和过渡料,应按砂及碎(卵)石的数量和组成比例,采用综合单价。

利用基坑等开挖弃渣作为堆石料时,不需计算备料单价,只需计算上坝运输费用。

2.填筑料运输单价

填筑料运输单价指从砂石料开采场或成品堆料场装车并运输上坝至填筑工作面的工序单价,包括装车、运输上坝、卸车、空回等费用。从石料场开采堆石料(碎石原料)直接上坝,运输单价套用砂石备料工程"碎石原料"运输定额计算运输单价,计量单位为"成品堆方";利用基坑等开挖石渣作为堆石料时,运输单价采用石方开挖工程的"石渣运输"定额计算运输单价,计量单位为"自然方";自成品供料场上坝的物料运输,采用砂石备料工程定额相应子目计算运输单价,计量单位为"成品堆方",其中反滤料运输采用骨料运输定额。

3.堆石坝填筑单价

堆石坝填筑以建筑成品实方计。填筑料压实定额是按碾压机械和分区材料划分节和子目的。对过渡料如果无级配要求,可采用"砂砾料"定额子目。如有级配要求,需经筛分处理时,则应采用"反滤料"定额子目。

1）堆石坝填筑概算单价

《水利建筑工程概算定额》堆石坝物料压实定额按自料场直接运输上坝与自成品供料场运输上坝两种情况分别编制，应根据施工组织设计方案正确选用定额子目。

（1）从料场直接运输上坝：砂石料压实定额，列有"砂石料运输（自然方）"项，适用于不需加工就可直接装运上坝的天然砂砾料和利用基坑开挖的石渣料等的填筑，编制填筑工程单价时，只需将物料的装运直接费（对天然砂砾料包括覆盖层清除摊销费用）计入压实定额的"砂石料运输"项，即可根据压实定额编制堆石坝填筑的综合概算单价。

（2）从成品供料场运输上坝：砂石料压实定额，列有"砂砾料、堆石料"等项和"砂石料运输（堆方）"项，适用于需开采加工为成品料后再运输上坝的物料（如反滤料、砂砾料、堆石料等）填筑，在编制填筑单价时，将"砂砾料、堆石料"等填筑料单价（或外购填筑料单价），及自成品供料场运输至填筑部位的"砂石料运输"直接费单价，分别代入堆石坝物料压实定额，计算堆石坝填筑的综合概算单价。

2）堆石坝填筑预算单价

《水利建筑工程预算定额》堆石坝物料压实在砌石工程定额中编列，定额中没有将物料压实所需的填筑料量及其运输方量列出，根据压实定额编制的单价仅仅是压实工序的单价，编制堆石坝填筑综合预算单价时，还应考虑填筑料的单价和填筑料运输的单价。

$$堆石坝填筑预算单价 = (填筑料预算单价 + 填筑料运输预算单价) \times (1+A) \times K_V +$$
$$填筑料压实预算单价 \qquad\qquad (4-15)$$

式中　A——综合系数；

　　　K_V——体积换算系数，根据填筑料的来源参考表4-18进行折算。

表 4-18　石方松实系数换算

项目	自然方	松方	实方	码方	备注
土方	1	1.33	0.85		
石方	1	1.53	1.31		
砂方	1	1.07	0.94		
混合料	1	1.19	0.88		
块石	1	1.75	1.43	1.67	包括片石、大卵石

注：1.松实系数是指土石料体积的比例关系，供一般土石方工程换算时参考。

　　2.块石实方指堆石坝坝体方，块石松方即块石堆方。

4.4.2　土石填筑工程单价编制规定

（1）《水利建筑工程概算定额》土石坝物料压实已计入了从石料开采到上坝运输、压实过程中所有的损耗及超填、施工附加量，编制概（估）算单价是不得加计任何系数的。如为非土石坝、堤的一般土料、砂石料压实，其人工、机械定额乘以0.8系数。

（2）《水利建筑工程概算定额》堆石坝物料压实定额中的反滤料、垫层料填筑定额，其砂和碎石的数量比例可按设计资料进行填筑。

（3）编制土石坝填筑综合概算单价时，根据定额相关章节子目计算的物料运输上坝直接费乘以坝面施工干扰系数 1.02 后代入压实单价。

（4）堆石坝分区使各区石料粒（块）径相差很大，因此各区石料所耗工料不一定相同，如堆石坝体下游堆石体所需的特大块石需人工挑选，而石料开采定额很难体现这些因素，在编制概（估）算单价时应注意这一问题。

（5）石料自料场至施工现场堆放点的运输费用，应计入石料单价内。施工现场堆放点至工作面的场内运输已包括在砌石工程定额内，不得重复计费。

（6）料石砌筑定额包括了砌体外露的一般修凿，如设计要求做装饰性修凿，应另行增加修凿所需的人工费。

（7）浆砌石定额中已计入了一般要求的勾缝，如设计有防渗要求高的开槽勾缝，应增加相应的人工费和材料费。砂浆拌制费用已包含在定额内。

4.4.3 土石填筑工程单价编制

【例 4-4】 某工程浆砌块石拱圈，砂浆搅拌机拌制砂浆，人工砌瓦，所用砂、石材料为外购，砂浆强度等级为 M10，计算其概算单价。

已知：M10 砂浆每立方米材料用量：强度等级 32.5 的普通硅酸盐水泥 305 kg，砂 1.10 m^3，水 0.183 m^3，其他条件见表 4-19。

表 4-19 基础单价及费率

序号	名称及规格	单位	单价（元）
1	工长	工时	11.55
2	中级工	工时	8.90
3	初级工	工时	6.13
4	块石	m^3	75.00
5	普通硅酸盐水泥	t	330
6	砂	m^3	75.00
7	水	m^3	0.50
8	锯材	m^3	1 450.00
9	原木	m^3	1 280.00
10	铁钉	kg	5.00
11	铁件	kg	8.00
12	砂浆搅拌机 0.4 m^3	台时	28.05
13	胶轮车	台时	0.80
14	其他直接费	%	7
15	间接费	%	12.5
16	利润	%	7
17	税金	%	11

解：1.计算 M10 砂浆单价

$$M10 \text{ 砂浆基价} = 0.305 \times 255 + 1.10 \times 70 + 0.183 \times 0.50 = 154.87 （元/m^3）$$

2.计算浆砌块石拱圈概算单价

由表 4-20 计算可得,浆砌块石拱圈概算单价为 444.56 元/m³。

表 4-20　建筑工程单价表

单价编号	01		项目名称		浆砌块石拱圈	
定额编号	30043			定额单位	100 m³ 砌体方	
施工方法	0.4 m³ 搅拌机拌制砂浆,人工砌瓦					
编号	名称及规格	单位	数量	单价(元)	合价(元)	
一	直接费	元			31 988.28	
1	基本直接费	元			29 895.59	
(1)	人工费	元			9 996.63	
	工长	工时	26.7	11.55	308.39	
	中级工	工时	609.6	8.90	5 425.44	
	初级工	工时	695.4	6.13	4 262.80	
(2)	材料费	元			19 584.00	
	块石	m³	108	70	7 560.00	
	砂浆	m³	35.4	154.87	5 482.40	
	锯材	m³	2.75	1 450.00	3 987.50	
	原木	m³	1.29	1 280.00	1 651.20	
	铁钉	kg	17	5.00	85.00	
	铁件	kg	78	8.00	624.00	
	其他材料费	%	1	19 390.1	193.90	
(3)	机械使用费	元			314.96	
	砂浆搅拌机 0.4 m³	台时	6.56	28.05	184.01	
	胶轮车	台时	163.69	0.80	130.95	
2	其他直接费	%	7	29 895.59	2 092.69	
二	间接费	%	12.5	31 988.28	3 998.54	
三	利润	%	7	35 986.82	2 519.08	
四	材料补差	元			1 544.48	
	块石	m³	108	5	540.00	
	水泥	t	0.305×35.4	75	809.78	
	砂	m³	1.10×35.4	5	194.7	
五	税金	%	11	40 050.38	4 405.54	
	合计	元			44 455.92	
	工程单价	元/m³			444.56	

【例 4-5】 某枢纽工程土坝填筑设计工作量 10 万 m³,施工组织设计要求为:

(1)土料覆盖层清除(Ⅲ类土):9 000 m³,采用 88 kW 推土机推运 60 m。

(2)土料开采运输:2 m³ 挖掘机装Ⅲ类土,12 t 自卸汽车运 6.0 km 上坝。

(3)土料压实:74 kW 推土机推平,8~12 t 羊脚碾压实,设计干密度大于 16.7 kN/m³。

(4)人工、材料、机械台时单价及有关费率见表 4-21。

表 4-21 基础单价及费率

序号	项目名称	单位	单价(元)
1	初级工	工时	6.13
2	柴油	kg	3.550
3	其他直接费率	%	7
4	间接费费率	%	8.5
5	利润率	%	7
6	税率	%	11
7	推土机 88 kW	台时	109.51
8	挖掘机 2 m³	台时	214.69
9	推土机 59 kW	台时	68.09
10	自卸汽车 12 t	台时	99.85
11	羊脚碾 8~12 t 拖拉机 74 kW	组时	72.72
12	推土机 74 kW	台时	90.98
13	蛙式打夯机 2.8 kW	台时	21.36
14	刨毛机	台时	60.94

问:试计算该工程土坝填筑概算单价。

解:(1)计算覆盖层清除摊销费,根据《水利建筑工程概算定额》,填筑 100 m³ 坝体需土料 126 m³(自然方)。需开采运输土料总量为:根据已知条件选用,概算定额 10523,计算见表 4-22,清除单价为 3.22 元/m³。

10 万 m³(实方)×1.26=12.6 万 m³(自然方)

覆盖层清除摊销费=(覆盖层清除量×清除单价)/土料开采总量

= (9 000×3.22)/126 000

=0.23(元/m³)(自然方)

(2)计算土料开采运输单价,根据已知条件选用概算定额计算,坝面施工干扰系数1.02,见表 4-23,土料开采运输单价为

$$14.15×1.02=14.43(元/m³)(自然方)$$

(3)计算备料单价。在压实定额中,土料运输单价应该是土料覆盖层清除及土料开采运输的所有费用,故压实定额中的"土料运输"单价为

$0.23+14.43=14.66$（元/m³）（自然方）

（4）计算土坝填筑概算单价,据已知条件选用概算定额 30078,并将土料运输单价 14.66元/m³（基本直接费）代入表 4-24 计算,土坝填筑概算单价为 33.38 元/m³。

表 4-22　建筑工程单价表（一）

单价编号	01	项目名称	覆盖层清除		
定额编号	10523			单位	100 m³
施工方法	88 kW 推土机推运 50 km				
序号	名称	单位	数量	单价（元）	合价（元）
1	基本直接费	元			321.66
（1）	人工费	元			20.84
	初级工	工时	3.4	6.13	20.84
（2）	材料费	元			29.24
	零星材料费	%	10	292.42	29.24
（3）	机械使用费	元			271.58
	推土机 88 kW	台时	2.48	109.51	271.58

表 4-23　建筑工程单价表（二）

单价编号	02	项目名称	土料开采运输		
定额编号	10644、10645			单位	100 m³
施工方法	采用 2 m³ 挖掘机装Ⅲ类土,12 t 自卸汽车运 6.0 km				
序号	名称	单位	数量	单价	合价（元）
1	基本直接费	元			1 414.56
（1）	人工费	元			27.59
	初级工	工时	4.5	6.13	27.59
（2）	材料费	元			54.41
	零星材料费	%	4	1 360.15	54.41
（3）	机械使用费	元			1 332.56
	挖掘机 2 m³	台时	0.67	214.69	143.84
	推土机 59 kW	台时	0.33	68.09	22.47
	自卸汽车 12 t	台时	10.56+1.12	99.85	1 166.25

表 4-24　建筑工程单价表(三)

单价编号	03	项目名称		土料压实	
定额编号	30078			单位	100 m³ 实方
施工方法	采用 74 kW 推土机推平,8~12 t 羊脚碾压实				
序号	名称	单位	数量	单价(元)	合价(元)
一	直接费	元			2 460.83
1	基本直接费	元			2 299.83
(1)	人工费	元			180.22
	初级工	工时	29.4	6.13	180.22
(2)	材料费	元			41.15
	零星材料费	%	10	411.52	41.15
(3)	机械使用费	元			231.3
	羊脚碾 8~12 t 拖拉机 74 kW	组时	1.68	72.72	122.17
	推土机 74 kW	台时	0.55	90.98	50.04
	蛙式打夯机 2.8 kW	台时	1.09	21.36	23.28
	刨毛机	台时	0.55	60.94	33.52
	其他机械费	%	1	229.01	2.29
(4)	土料运输	m³	126	14.66	1 847.16
2	其他直接费	%	7	2 299.83	161.00
二	间接费	%	8.5	2 460.83	209.17
三	利润	%	7	2 670.00	186.90
四	材料补差	元			150.61
	柴油	kg	268.94	0.56	150.61
五	税金	%	11	3 007.51	330.83
六	合计	元			3 338.34
	工程单价	元/m³			33.38

注:柴油量计算为(12.6×2.48+20.2×0.67+0.33×8.4+11.68×12.4)×1.26+1.68×9.9+0.55×10.6+0.55×7.4=268.94(kg)。

想一想 练一练

1.计算陕西省宝鸡市千阳县某供水渠道工程的 M10 浆砌块石扭面护坡工程概算工程单价。

2.某水利枢纽工程,由大坝、溢洪道、泄洪洞、发电引水隧洞、电站厂房、变电站及输电线路工程等组成。该工程位于青海省互助县(陕西省榆林市横山县、或四川省青川县、或海南省文昌县、或河南省巩义市区等)的县城镇以外,分别计算其砌石工程单价。已知工程块石 75 元/m³,卵石 65 元/m³,砂子 80 元/m³,水泥 335 元/t,水 1.25 元/m³。(计算中所缺其他基础单价可以参考教材示例)

(1)计算 M7.5 浆砌块石挡土墙工程概算工程单价。

(2)计算 M10 浆砌块石扭面护坡工程概算工程单价。

(3)计算干砌块石棱体排水工程概算工程单价。

(4)计算 M7.5 浆砌卵石基础工程概算工程单价。

(5)计算 C15(2 级配,中砂,碎石)细石混凝土砌块石重力坝工程概算工程单价。

(6)计算隧洞工程的 M10 浆砌块石拱圈工程概算工程单价。

(7)计算(土基渠底宽度 3.5 m)M10 浆砌块石排水渠道工程概算工程单价。

(8)计算坝下游河道 M7.5 浆砌块石平面护坡工程概算工程单价。

任务 4.5　编制混凝土工程概算单价

【学习目标】

1.知识目标:①了解混凝土工程包含的具体项目;②熟悉混凝土工程的分类;③掌握编制规定及定额中关于水利工程混凝土浇筑工程的相关规定。

2.技能目标:①能编制各种水利工程混凝土浇筑工程概算单价;②能熟练使用水利工程定额及概估算编制规定。

3.素质目标:①认真仔细的工作态度;②严谨的工作作风;③遵守编制规定的要求。

【项目任务】

学习水利工程混凝土浇筑工程概算单价的计算。

【任务描述】

混凝土浇筑工程概算单价的计算,包括现浇混凝土工程单价、预制混凝土工程单价及碾压混凝土工程单价编制,混凝土浇筑工程单价的计算中嵌套了混凝土拌制和混凝土运输工程单价,但混凝土拌制和混凝土运输单价属于中间单价(也称子单价)。所以,该工程单价的编制涉及准确查定工程定额(包括混凝土浇筑工程定额、混凝土拌制定额和混凝土运输定额),根据定额说明做好定额消耗数量的调整,再根据已知的基础单价及概估算编制规定中关于费率的取值规定,即可以计算出混凝土浇筑工程概算单价。

混凝土在水利水电工程中应用十分广泛,其费用在工程总投资中常常占有很大比例。混凝土工程包括各种水工建筑物不同结构部位的现浇混凝土、预制混凝土以及碾压混凝土和沥青混凝土等。此外,还有钢筋制作安装、锚筋、锚喷、伸缩缝、止水、防水层、温控措施等项目。

4.5.1　混凝土工程分类

混凝土具有强度高、抗渗性好、耐久性好等优点,在水利工程中应用十分广泛。混凝土工程按施工工艺可划分为现浇混凝土和预制混凝土两大类。现浇混凝土又可分为常态混凝土、碾压混凝土和沥青混凝土,常态混凝土适用于坝、涵闸、船闸、水电站厂房、隧洞衬砌等工程,沥青混凝土适用于堆石坝、砂壳坝的心墙、斜墙及均质坝的上游防渗工程等。

4.5.2　混凝土工程单价编制规定

4.5.2.1　定额的选用

应根据设计提供的资料,确定建筑物的施工部位,选用正确的施工方法及运输方案,确定混凝土的强度等级和级配,并根据施工组织设计确定的拌和系统的布置形式等来选相应的定额。

4.5.2.2　混凝土定额的主要工作内容

(1)混凝土定额包括常态混凝土、碾压混凝土、沥青混凝土、混凝土预制及安装、钢筋制作及安装,以及混凝土拌制、运输、止水、伸缩缝、温控措施等定额。

(2)常态混凝土浇筑主要工作包括基础面清理、施工缝处理、铺水泥砂浆、平仓浇筑、振捣、养护、工作面运输及辅助工作。混凝土浇筑定额包括浇筑和工作面运输所需全部人工、材料和机械的数量及费用,但是混凝土拌制及浇筑定额中不包括骨料预冷、加水、通水等温控所需人工、材料、机械的数量和费用。

(3)预制混凝土主要工作包括预制场冲洗、清理、配料、拌制、浇筑、振捣、养护,模板制作、安装、拆除、修整,现场冲洗、拌浆、吊装、砌筑、勾缝,以及预制场和安装场场内运输及辅助工作。混凝土构件预制及安装定额包括预制及安装过程中所需的人工、材料、机械的数量和费用。预制混凝土定额中的模板材料为单位混凝土成品方的摊销量,已考虑了周转。

(4)沥青混凝土浇筑包括配料、混凝土加温、铺筑、养护,模板制作、安装、拆除、修整及场内运输和辅助工作。

(5)碾压混凝土浇筑包括冲毛、冲洗、清仓、铺水泥砂浆,混凝土配料、拌制、运输、平仓、碾压、切缝、养护,工作面运输及辅助工作等。

(6)混凝土拌制定额是按常态混凝土拟定的。混凝土拌制包括配料、加水、加外加剂、搅拌、出料、清洗及辅助工作。

(7)混凝土运输包括装料、运输、卸料、空回、冲洗、清理及辅助工作。现浇混凝土运输是指混凝土自搅拌楼或搅拌机口至浇筑现场工作面的全部水平运输和垂直运输。预制混凝土构件运输指预制场到安装现场之间的运输,预制混凝土构件在预制场和安装现场内的运输,已包括在预制及安装定额内。

(8)钢筋制作与安装定额中,其钢筋定额消耗量已包括钢筋制作与安装过程中的加工损耗、搭接损耗及施工架立筋附加量。

4.5.2.3　使用定额时的注意事项

(1)各类混凝土浇筑定额的计量单位均为建筑物及构筑物的成品实体方。

(2)混凝土拌制及混凝土运输定额的计量单位均为半成品方,不包括干缩、运输、浇筑和超填等损耗的消耗量在内。

(3)止水、沥青砂柱止水、混凝土管安装计量单位为"延长米";钢筋制作与安装的计量单位为"t";防水层、伸缩缝、沥青混凝土涂层、斜墙碎石垫层涂层的计量单位均为"m²"。

（4）在混凝土工程定额中,常态混凝土和碾压混凝土定额中不包括模板制作与安装费用,模板的费用应按模板工程定额另行计算;预制混凝土及沥青混凝土定额中已包括了模板的相关费用,计算时不得再计算模板的费用。

（5）在使用有些混凝土定额子目时,应根据"注"的要求来调整人工、机械的定额消耗量。

4.5.3　混凝土工程单价编制

混凝土工程概算单价主要包括现浇混凝土单价、预制混凝土单价、沥青混凝土单价、混凝土温控措施单价、钢筋制作安装单价和止水单价等,对于大型混凝土工程还要计算混凝土温度控制措施费。

4.5.3.1　现浇混凝土单价编制

现浇混凝土的主要施工工序有混凝土的拌制、运输以及浇筑等。在混凝土浇筑定额各节子目中列有"混凝土拌制""混凝土运输"的数量,在编制混凝土工程单价时,应先根据定额计算这些项目的基本直接费单价,再将其分别代入混凝土浇筑定额计算混凝土工程单价。

1.混凝土材料单价

混凝土浇筑定额中,材料消耗定额的"混凝土"一项,指完成定额单位产品所需的混凝土半成品量。混凝土半成品单价是指按施工配合比配制 1 m³混凝土所需砂、石、水泥、水、掺合料及外加剂等材料费用之和,不包括拌制、运输以及浇筑等工序的人工、材料和机械费用,也不包含除搅拌损耗外的施工损耗及超填量等。

混凝土材料单价在混凝土工程单价中占有较大的比例,编制概算单价时,应按本工程的混凝土级配试验资料计算。如无试验资料,可参照《水利建筑工程概算定额》附录7 混凝土、砂浆配合比及材料用量表计算混凝土材料单价。具体计算混凝土材料单价时,参见项目 3 的任务 3.6。

2.混凝土拌制单价

混凝土拌制包括配料、运输、搅拌、出料等工序。编制混凝土拌制单价时,应根据所采用的拌制机械来选用《水利建筑工程概算定额》第四章 35~37 节中的相应子目,进行工程单价计算。一般情况下,混凝土拌制单价作为混凝土浇筑定额中的一项内容即构成混凝土浇筑单价中的定额直接费,为避免重复计算其他直接费、间接费、企业利润和税金,混凝土拌制单价只计算定额基本直接费。混凝土搅拌系统布置视工程规模大小、工期长短、混凝土数量多少,以及地形条件、施工技术要求和设备情况来具体拟定。在使用定额时,需要注意以下两点:

（1）混凝土拌制定额按拌制常态混凝土拟定,若拌制加冰、加掺合料等其他混凝土,则按表 4-25 所规定的系数对拌制定额进行调整。

表 4-25 混凝土拌制定额调整系数表

搅拌楼规格	混凝土类别			
	常态混凝土	加冰混凝土	加掺合料混凝土	碾压混凝土
1×2.0 m³ 强制式	1.00	1.20	1.00	1.00
2×2.5 m³ 强制式	1.00	1.17	1.00	1.00
2×1.0 m³ 自落式	1.00	1.00	1.10	1.30
2×1.5 m³ 自落式	1.00	1.00	1.10	1.30
3×1.5 m³ 自落式	1.00	1.00	1.10	1.30
2×3.0 m³ 自落式	1.00	1.00	1.10	1.30
4×3.0 m³ 自落式	1.00	1.00	1.10	1.30

（2）定额中用搅拌楼拌制现浇混凝土定额子目，以组时表示的"骨料系统"和"水泥系统"是指骨料、水泥进入搅拌楼之前与搅拌楼相衔接而必须配备的有关机械设备，包括自搅拌楼骨料仓下廊道内接料斗开始的胶带输送机及其供料设备；自水泥罐开始的水泥提升机械或空气输送设备，胶带运输机和吸尘设备，以及袋装水泥的拆包机械等。其组时费用根据施工组织设计选定的施工工艺和设备配备数量自行计算。

3.混凝土运输单价

混凝土运输是指混凝土自搅拌机（楼）出料口至浇筑现场工作面的运输，是混凝土工程施工的一个重要环节，包括水平运输和垂直运输两部分。水利工程多采用数种运输设备相互配合的运输方案，不同的施工阶段、不同的浇筑部位，可能采用不同的运输方式。在使用《水利建筑工程概算定额》时须注意，各节现浇混凝土中"混凝土运输"作为浇筑定额的一项内容，它的数量已包括完成每一定额单位有效实体所需增加的超填量和施工附加量等。编制概算单价时，一般应根据施工组织设计选定的运输方式来选用运输定额子目，为避免重复计算其他直接费、间接费、企业利润和税金，混凝土运输单价只计算定额基本直接费，并以该运输单价乘以混凝土浇筑定额中所列的"混凝土运输"数量，构成混凝土浇筑单价的直接费用项目。

4.混凝土浇筑单价

混凝土浇筑的主要子工序包括基础面清理、施工缝处理、入仓、平仓、振捣、养护、凿毛等。影响浇筑工序的主要因素有仓面面积、施工条件等。仓面面积大，便于发挥人工及机械效率，工效高。浇筑定额中包括浇筑和工作面运输所需全部人工、材料和机械的数量和费用。单价计算应根据施工部位和混凝土种类，选用相应的定额子目将混凝土材料单价、混凝土拌制基本直接费单价、混凝土运输基本直接费单价代入混凝土浇筑定额编制混凝土工程单价。施工条件对混凝土浇筑工序的影响很大，计算混凝土浇筑单价时，需注意以下几点：

（1）现行混凝土浇筑定额中包括浇筑和工作面运输（不含浇筑现场垂直运输）所需全部人工、材料和机械的数量和费用。

（2）地下工程混凝土浇筑施工照明，已计入浇筑定额的其他材料费中。

（3）混凝土浇筑仓面清洗用水，已计入浇筑定额的用水量。

（4）平洞、竖井、地下厂房、渠道等混凝土衬砌定额中所列示的开挖断面和衬砌厚度按设计尺寸选取。设计厚度不符时，可用插入法计算。

（5）混凝土材料定额中的"混凝土"，是指完成单位产品所需的混凝土成品量，其中包括干缩、运输、浇筑和超填等损耗量在内。

4.5.3.2　预制混凝土单价编制

预制混凝土工程包括混凝土构件预制、构件运输、构件安装等工序。预制构件的运输是指预制场至安装现场之间的运输，包括装车、运输、卸车，应按施工组织设计确定的运输方式、装卸和运输机械、运输距离选择定额。预制构件在预制场和安装现场的运输费用已包括在预制及安装定额内。构件安装主要包括安装现场冲洗、拌浆、吊装、砌筑、勾缝等。

《水利建筑工程预算定额》分为混凝土预制、构件运输和构件安装三部分，各有分项子目，编制安装单价时，先分别计算混凝土预制和构件运输的基本直接费单价，将两者之和作为构件安装（或吊装）定额中"混凝土构件"项的单价，然后根据安装定额编制预制混凝土的综合预算单价。

《水利建筑工程概算定额》是混凝土预制及安装的综合定额，定额包括了构件预制、安装和构件在预制场、安装现场内的运输所需的全部人工、材料和机械消耗量，但不包括预制构件从预制场至安装现场之间的场外运输费。编制安装单价时，须根据设计确定的运输方式按相应的构件运输定额，计算预制构件的场外运输基本直接费单价，再将其代入预制安装定额编制预制混凝土的综合概算单价。

预制混凝土定额中的模板材料均按预算消耗量计算，包括制作（钢模为组装）、安装、拆除维修的消耗、损耗，并考虑了周转和回收。

混凝土预制构件安装与构件重量、设计要求安装的准确度以及构件是否分段等有关。当混凝土构件单位重量超过定额中起重机械起重量时，可用相应起重机械替换，但台时量不变。

4.5.3.3　沥青混凝土单价

水利水电工程常用的沥青混凝土为碾压式沥青混凝土，分为开级配（孔隙率大于5%，含少量或不含矿粉）和密级配（孔隙率小于5%，含一定量矿粉）。开级配适用于防渗墙的整平胶结层和排水层，密级配适合于防渗墙的防渗层和岸边接头部位。沥青混凝土单价编制方法与常规混凝土单价编制方法基本相同。

4.5.3.4　混凝土温控措施单价

在水利水电工程中，为防止拦河坝等大体积混凝土由于温度应力而产生裂缝和坝体接缝灌浆后接缝再度拉裂，根据《水工混凝土施工规范》（SL 677—2014）的要求，高、中拦河坝等大体积混凝土工程的施工，都必须进行混凝土温控设计，提出温控标准和降温防裂措施。温控措施很多，在实际工程中，应根据不同地区的气温条件、不同坝体结构的温控要求、不同工程的特定施工条件及建筑材料的要求等综合因素，分别采用风或水预冷骨料，采用水化热较低的水泥，减少水泥的用量，加冰或冷水拌制混凝土，对坝体混凝土进行一、二期通水冷却及表面保护等措施。

大体积混凝土温控措施费用，应根据坝址夏季月平均气温、设计要求温控标准、混凝土冷却降温后的降温幅度和混凝土浇筑温度并参照表 4-26 进行计算。

表 4-26 混凝土温控措施费用计算标准参考表

夏季月平均气温(℃)	降温幅度(℃)	温控措施	占混凝土总量比例(%)
20 以下		个别高温时段,加冰或加冷水拌制混凝土	20
20 以下	5	加冰、加冷水拌制混凝土,坝体一、二期通水冷却及混凝土表面保护	35
			100
20~25	5~10	风或水预冷大骨料,加冰水拌制混凝土,坝体一、二期通水冷却及混凝土表面养护	25~35
			40~45
			100
20~25	10 以上	风预冷大、中骨料,加冰、加冷水拌制混凝土,坝体一、二期通水冷却及混凝土表面养护	35~45
			55~60
			100
25 以上	10~15	风预冷大、中、小骨料,加冰、加冷水拌制混凝土,坝体一、二期通水冷却及混凝土表面养护	35~45
			55~60
			100
25 以上	15 以上	风和水预冷大、中、小骨料,加冰、加冷却水拌制混凝土,坝体一、二期通水冷却及混凝土表面养护	50
			60
			100

1.基本参数的选择和确定

(1)工程所在地区的多年平均气温、水温、寒潮降温幅度和次数等气象数据。

(2)设计要求的混凝土出机口温度、浇筑温度和坝体的容许温差。

(3)拌制 1 m³ 混凝土所需加冰或加水的数量、时间及相应措施的混凝土数量。

(4)混凝土骨料预冷的方式,平均预冷 1 m³ 混凝土骨料所需消耗冷风、冷水的数量,预冷时间与温度,1 m³ 混凝土需预冷骨料的数量及需进行骨料预冷的混凝土数量。

(5)坝体的设计稳定温度,接缝灌浆的时间,坝体混凝土一、二期通低温水的时间、流量、冷水温度及通水区域。

(6)各预冷或冷冻系统的工艺流程,配置设备的名称、规格、型号、数量和制冷剂消耗指标等。

(7)混凝土表面保护方式,保护材料的品种、规格及 1 m³ 混凝土的保护材料数量。

2.混凝土温控措施费用计算步骤

(1)根据夏季月平均气温、水温计算混凝土用砂、石骨料的自然温度和常温混凝土出机口温度。如常温混凝土出机口温度能满足设计要求,则不需采用特殊降温措施(计算方法见《水利建筑工程概算定额》附录 10 表 10-1)。

（2）根据温控设计确定的混凝土出机口温度,确定应预冷材料(石子、砂、水等)的冷却温度,并据此验算混凝土出机口温度能否满足设计要求。1 m³ 混凝土加片冰数量一般为 40~60 kg,加冷水量=配合比用水量−加片冰数量−骨料含水量,机械热可用插值法计算。

（3）计算风冷却骨料、冷水、片冰、坝体通水等温控措施的分项单价,然后计算出 1 m³ 混凝土温控综合直接费。

（4）计算其他直接费、间接费、企业利润及税金,然后计算 1 m³ 混凝土温控综合单价。

（5）根据需温控混凝土占混凝土总量的比例,计算 1 m³ 混凝土温控加权平均单价。

4.5.3.5　钢筋制作安装单价

钢筋是水利工程的主要建筑材料,常用的钢筋多为直径 6~40 mm。建筑物或构筑物所用钢筋的安装方法有散装法和整装法两种。散装法是将加工成型的散钢筋运到工地,再逐根绑扎或焊接。整装法是在钢筋加工厂内制作好钢筋骨架,再运至工地安装就位。水利工程因结构复杂,断面庞大,多采用散装法。

1.钢筋制作安装的内容

钢筋制作安装包括钢筋加工、绑扎、焊接及场内运输等工序。

（1）钢筋加工。加工工序主要为调直、除锈、画线、切断、调制、整理等,采用手工或调直机、除锈机、切断机及弯曲机等进行。

（2）绑扎、焊接。绑扎是将弯曲成型的钢筋,按设计要求组成钢筋骨架,一般用 18 号~22 号铅丝人工绑扎。人工绑扎简单方便,无须机械和动力,是小型水利工程钢筋连接的主要方法。

2.钢筋制作安装工程单价计算

现行部颁概预算定额不分工程部位和钢筋规格型号,综合成一节"钢筋制作与安装"定额,该定额适用于水工建筑物各部位的现浇及预制混凝土,以"t"为计量单位。《水利建筑工程概算定额》中钢筋定额消耗量已包括切断及焊接损耗、截于短头废料损耗,以及搭接帮条等附加量。《水利建筑工程预算定额》仅含加工损耗,不包括搭接长度及施工架立钢筋用量。

【工程实例分析 4-1】

1.项目背景

某拦河水闸工程位于山西省运城市某县城镇外,过闸流量为 1 200 m³/s,其底板采用现浇钢筋混凝土底板,底板厚度为 2.0 m,混凝土强度等级为 C25,二级配,42.5 级普通硅酸盐水泥;施工方法采用 0.4 m³ 搅拌机拌制混凝土,1 t 机动翻斗车装混凝土运 200 m 至仓面进行浇筑。已知基本资料如下:

（1）人工预算单价:工长 11.55 元/工时,高级工 10.67 元/工时,中级工 8.90 元/工时,初级工 6.13 元/工时。

（2）材料预算价格:42.5 级普通硅酸盐水泥 300 元/t,中砂 80 元/m³,碎石(综合)60 元/m³,水 4.86 元/m³,电 0.86 元/kWh,柴油 5.0 元/kg,施工用风 0.5 元/m³。

（3）机械台时费:0.4 m³ 搅拌机 27.71 元/台时,胶轮车 0.80 元/台时,机动翻斗车 1 t

18.22 元/台时,柴油消耗数量为 1.5 kg/台时,1.1 kW 插入式振动器 2.07 元/台时,风水枪 121.77 元/台时。

2.工作任务

计算闸底板现浇混凝土工程的概算单价。

3.分析与解答

第一步:计算混凝土材料单价。查《水利水电建筑工程概算定额》附录 7,可知 C25 混凝土、42.5 级普通硅酸盐水泥二级配混凝土材料配合比(1 m³):42.5 级普通硅酸盐水泥 289 kg,粗砂 0.49 m³,卵石 0.81 m³,水 0.15 m³。工程中实际采用的是碎石和中砂,应按表 3-19 所示系数进行换算。

换算后的混凝土配合比单价为

$289×1.10×1.07×0.255+0.49×1.10×0.98×70+0.81×1.06×0.98×60+0.15×1.10×1.07×4.86=175.06(元/m^3)$

第二步:计算混凝土拌制单价(只计定额基本直接费)。选用《水利建筑工程概算定额》第四-35 节 40171 子目,计算过程见表 4-27,混凝土拌制单价为 27.96 元/m³。

表 4-27　建筑工程单价表(一)

定额编号:40171　　　　　　　　项目:混凝土拌制　　　　　　　定额单位:100 m³

施工方法:0.4 m³搅拌机拌制混凝土

编号	名称及规格	单位	数量	单价(元)	合计(元)
一	直接费	元			
(一)	基本直接费	元			2 796.39
1	人工费	元			2 148.12
	中级工	工时	126.2	8.90	1 123.18
	初级工	工时	167.2	6.13	1 024.94
2	材料费	元			54.83
	零星材料费	%	2	2 741.56	54.83
3	机械费	元			593.44
	搅拌机	台时	18.90	27.71	523.72
	胶轮车	台时	87.15	0.80	69.72

第三步:计算混凝土运输单价(只计定额基本直接费)。选用《水利建筑工程概算定额》第四-40 节 40193 子目,计算过程见表 4-28,结果为 10.04 元/m³。

第四步:计算混凝土浇筑单价。根据工程性质(枢纽)特点确定取费费率,其他直接费费率取 7.5%,间接费费率取 9.5%,企业利润率 7%,税率取 11%。

选用《水利建筑工程概算定额》第四-10 节 40058 子目,计算过程见表 4-29。混凝土浇筑工程的概算单价为 421.27 元/m³。

表 4-28   建筑工程单价表(二)

定额编号:40193   项目:混凝土运输   定额单位:100 m³

施工方法:1 t 机动翻斗车运输混凝土 200 m

序号	名称及规格	单位	数量	单价(元)	合计(元)
一	直接费				
(一)	基本直接费	元			1 003.59
1	人工费	元			523.44
	中级工	工时	37.6	8.90	334.64
	初级工	工时	30.8	6.13	188.80
2	材料费	元			47.79
	零星材料费	%	5	955.80	47.79
3	机械费	元			432.36
	机动翻斗车 1 t	台时	23.73	18.22	432.36

表 4-29   建筑工程单价表(三)

定额编号:40058   项目:底板混凝土浇筑   定额单位:100 m³

施工方法:1 t 机动翻斗车装混凝土运 200 m 至仓面,1.1 kW 插入式振动器振捣

序号	名称及规格	单位	数量	单价(元)	合计(元)
一	直接费	元			30 423.55
(一)	基本直接费	元			28 300.98
1	人工费	元			3 135.58
	工长	工时	11.8	11.55	136.29
	高级工	工时	15.8	10.67	168.59
	中级工	工时	209.3	8.90	1 862.77
	初级工	工时	157.9	6.13	967.93
2	材料费	元			19 523.63
	混凝土	m³	108	175.06	18 906.48
	水	m³	107	4.86	520.02
	其他材料费	%	0.5	19 426.50	97.13
3	机械费	元			1 537.77
	振动器 1.1 kW	台时	44.16	2.07	91.41
	风水枪	台时	11.51	121.77	1 401.57
	其他机械费	%	3	1 492.98	44.79

续表 4-29

序号	名称及规格	单位	数量	单价(元)	合计(元)
4	混凝土拌制	m³	108	27.96	3 019.68
5	混凝土运输	m³	108	10.04	1 084.32
(二)	其他直接费	%	7.5	28 300.98	2 122.57
二	间接费	%	9.5	30 423.55	2 890.24
三	利润	%	7	33 313.79	2 331.97
四	材料补差	元			2 306.33
	柴油	kg	41.06	2.01	82.53
	水泥	t	36.74	45	1 653.30
	中砂	m³	57.05	10.00	570.50
五	税金	%	11	37 952.09	4 174.73
六	单价合计				42 126.82

注:柴油消耗量为 27.37×1.5×108/100=41.06(kg);中砂消耗量为 0.49×1.10×0.98×108=57.05(m³);水泥消耗量为 2.89×1.1×1.07×108/1 000=36.74(t)。

想一想 练一练

1.陕西省延安供水工程(工程位于延川县境内)某渡槽槽墩混凝土浇筑采用 C20(三)-32.5 混凝土。材料、机械台时费及有关费率可以参考例题确定。试计算槽墩混凝土的工程估算单价。

2.某水利枢纽工程,由大坝、溢洪道、泄洪洞、发电引水隧洞、电站厂房、变电站及输电线路工程等组成。该工程位于青海省互助县(陕西省榆林市横山县、或四川省青川县、或海南省文昌县、或河南省巩义市区等)的县城镇以外,分别计算其混凝土工程单价。已知工程块石 75 元/m³,卵石 65 元/m³,中砂 80 元/m³,32.5 水泥 335 元/t,42.5 水泥 350 元/t,水1.25 元/m³。(计算中所缺其他基础单价可以参考教材示例)

(1)该枢纽工程的厂房发电机层楼板顶面以上的混凝土 C25(三)-42.5,采用 2×1.5 m³ 搅拌楼拌制混凝土,10 t 自卸汽车运 2 km,塔式起重机起吊 3 m³ 吊罐,垂直吊高 27 m,进行混凝土浇筑,计算该混凝土概算单价。

(2)该枢纽工程的 C30(二)-42.5 溢洪道混凝土,采用 0.8 m³ 搅拌机拌制混凝土,3.5 t 自卸汽车运 1.5 km,斜长 9 m 的泄槽入仓,进行混凝土浇筑,计算该混凝土概算单价。

(3)该枢纽工程的引水隧洞工程开挖断面 75 m²,衬砌厚度 90 cm 的平洞混凝土 C20(三)-42.5,采用 1×2.0 m³ 强制式搅拌楼拌制混凝土,3 m³ 搅拌车运输混凝土,隧洞工作面长度为 3 km,搅拌站距隧洞进口 1.5 km,混凝土泵入仓浇筑,计算该混凝土概算单价。

(4)该枢纽工程的防渗面板混凝土 C25(三)-42.5,采用 2×1.5 m³ 搅拌楼拌制混凝土,1 200 mm 胶带机运输混凝土,计算该混凝土概算单价。

(5)该枢纽工程的进水闸工程,45 cm 厚的水闸底板混凝土 C15(三)-32.5,采用 0.8 m³ 搅拌机拌制混凝土,1 t 机动翻斗车运 200 m 入仓,进行混凝土浇筑,计算该混凝土概算单价。

(6)该枢纽工程的 120 cm 厚的导水墙混凝土 C15(四)-32.5 浇筑,采用 2 台 0.8 m³ 搅拌机拌制混凝土,3.5 t 自卸汽车运 1.5 km,斜长 7 m 的泄槽人工入仓浇筑混凝土,计算该混凝土概算单价。

(7)该枢纽工程的现浇混凝土管道工程,管内直径 2.25 m,管壁厚度 0.5 m 的现浇混凝土 C25(二)-42.5 管道浇筑,采用 0.8 m³ 搅拌机拌制混凝土,1 t 机动翻斗车运 200 m 入仓,进行混凝土浇筑,计算该混凝土概算单价。

(8)该枢纽工程的混凝土 C15(二)-32.5 格框浇筑,采用 0.4 m³ 搅拌机拌制混凝土,1 t 机动翻斗车运 300 m,斜长 5 m 的泄槽入仓,进行混凝土浇筑,计算该混凝土概算单价。

知识拓展

对于现在通行的使用商品混凝土的做法,混凝土材料单价如何确定?

任务 4.6　编制模板工程概算单价

【学习目标】

1.知识目标:①了解模板工程的分类;②掌握编制规定及定额中关于水利工程混凝土浇筑工程的相关规定。

2.技能目标:①能编制各种水利工程模板工程概算单价;②能熟练使用水利工程定额及概(估)算编制规定。

3.素质目标:①认真仔细的工作态度;②严谨的工作作风;③遵守编制规定的要求。

【项目任务】

学习水利工程模板工程概算单价的计算。

【任务描述】

模板工程概算单价的计算,包括模板制作单价、模板安装与拆除单价编制,模板安装与拆除工程单价的计算中嵌套了模板制作单价,其中模板制作单价属于中间单价(也称子单价)。所以,该工程单价的编制涉及准确查定工程定额(包括模板制作定额、模板安装与拆除工程定额),根据定额说明做好定额消耗数量的调整,再根据已知的基础单价及概(估)算编制规定中关于费率的取值规定,即可以计算出模板工程概算单价。

4.6.1　模板工程分类

模板工程是混凝土施工中的重要工序,它不仅影响混凝土外观质量,制约混凝土进度,而且对混凝土工程造价影响也很大。模板的主要作用是支撑流态混凝土的重量和侧压力,使之按设计要求的形状凝固成型。模板工程是指混凝土浇筑工程中使用的平面模板、曲面模板、异形模板、滑动模板等的制作、安装及拆除等。

(1)按材质,模板可分为木模板、钢模板、预制混凝土模板。木模板的周转次数少、成本高、易于加工,大多用于异形模板;钢模板的周转次数多、成本低,广泛应用于水利工程建设中。

(2)按形式,模板可分为平面模板、曲面模板、异形模板(如渐变段、厂房蜗壳及尾水管等)、针梁模板、滑模、钢模台车。

(3)按模板自身结构,可分为悬臂组合钢模板、普通标准钢模板、普通曲面模板等。

(4)按使用部位,模板可分为尾水肘管模板、蜗壳模板、牛腿模板、渡槽槽身模板等。

(5)按安装性质,模板可分为固定模板和移动模板。固定模板每使用一次,就拆除一次。移动模板与支撑结构构成整体,使用后整体移动,如隧洞中常用的钢模台车或针梁模板。使用这种模板能大大缩短模板安拆的时间和降低人工、机械费用,也提高了模板的周转次数,故广泛应用于较长的隧洞中。边浇筑边移动的模板称为滑动模板(简称滑模),采用滑模浇筑具有进度快、浇筑质量高、整体性好等优点,故广泛应用于大坝及溢洪道的溢流面、闸墩、竖井、闸门井等部位。

4.6.2　模板单价工程编制规定

4.6.2.1　模板的主要工作内容

模板制作与安装拆除定额,均以 100 m² 立模面积为计量单位,模板定额的计量面积为混凝土与模板的接触面积,即建筑物体形及施工分缝要求所需的立模面面积。立模面面积的计量,一般应按满足建筑物体形及施工分缝要求所需的立模面计算。

在编制概(预)算时,模板工程量应根据设计图纸及混凝土浇筑分缝图计算。在初步设计之前没有详细图纸时,可参照《水利建筑工程概算定额》附录 9 水利工程混凝土建筑物立模面系数参考表中的数据进行估算,即

模板工程量=相应工程部位混凝土概算工程量×相应的立模面系数(m²)

立模面系数是指每单位混凝土(100 m²)所需的立模面积(m²)。立模面系数与混凝土的体积、形状有关,也就是与建筑物的类型和混凝土的工程部位有关。

4.6.2.2　定额的选用及注意事项

(1)模板单价包括模板及其支撑结构的制作、安装、拆除、场内运输及修理等全部工序的人工、材料和机械费用。

(2)模板材料均按预算消耗量计算,包括制作、安装、拆除、维修的损耗和消耗,并考虑周转和回收。

(3)模板定额材料中的铁件包括铁钉、铁丝及预埋铁件,铁件和预制混凝土柱均按成品预算价格计算。

(4)模板定额中的材料,除模板本身外,还包括支撑模板的主柱、围檩、桁(排)架及铁件等。对于悬空建筑物(如渡槽槽身)的模板,计算到支撑模板结构的承重梁(或枋木)为止,承重梁以下的支撑结构应包括在"其他施工临时工程"中。

(5)在隧洞衬砌钢模台车、针梁模板台车、竖井衬砌的滑模台车及混凝土面板滑模台车中,所用到的行走机构、构架、模板及其支撑型钢,为拉滑模板或台车行走及支立模板所配备的电动机、卷扬机、千斤顶等动力设备,均作为整体设备以工作台时计入定额。但定额中未包括轨道及埋件,只有溢流面滑模定额中含轨道及支撑轨道的埋件、支架等材料。

滑模台车定额中的材料包括滑模台车轨道及安装轨道所用的埋件、支架和铁件。针梁模板台车和钢模台车轨道及安装轨道所用的埋件等应计入其他临时工程。

（6）大体积混凝土中的廊道模板，均采用一次性预制混凝土模板（浇筑后作为建筑物结构的一部分）。混凝土模板预制及安装，可参考混凝土预制及安装定额编制其单价。

（7）《水利建筑工程概算定额》中隧洞衬砌模板及涵洞模板定额中的堵头和键槽模板已按一定比例摊入定额中，不再计算立模面面积。《水利建筑工程预算定额》需计算堵头和键槽模板立模面面积，并单独编制其单价。

（8）《水利建筑工程概算定额》第五章中五-1～五-11节的模板定额中其他材料费的计算基数，不包括"模板"本身的价值。

4.6.3　模板工程单价编制

现行部颁概预算定额将模板分为"制作"定额和"安装、拆除"定额两项，模板工程定额适用于各种水工建筑物的现浇混凝土。

《水利建筑工程概算定额》中列有模板制作定额，并在"模板安装拆除"定额子目中嵌套模板制作数量100 m²，这样便于计算模板综合工程单价。而预算定额中将模板制作和安装拆除定额分别计列，使用预算定额时将模板制作及安装拆除工程单价计算出后再相加，即为模板综合单价。

4.6.3.1　模板制作单价

按混凝土结构部位的不同，可选择不同类型的模板制作定额，编制模板制作单价。在编制模板制作单价时，要注意各节定额的适用范围和工作内容，对定额做出正确的调整。

模板属周转性材料，其费用应进行摊销。模板制作定额的人工、材料、机械用量是考虑多次周转和回收后使用一次的摊销量，也就是说，按模板制作定额计算的模板制作单价是模板使用一次的摊销价格。

4.6.3.2　模板安装、拆除单价

《水利建筑工程概算定额》模板安装各节子目中将"模板"作为材料列出，定额中"模板"材料的预算价格套用"模板制作"定额计算（取基本直接费）。

（1）若施工企业自制模板，按模板制作定额计算出基本直接费（不计入其他直接费、间接费、企业利润和税金），作为模板的预算价格代入安装拆除定额，统一计算模板综合单价。

（2）若为外购模板，安装拆除定额中的模板预算价格应为模板使用一次的摊销价格，其计算公式为

$$模板预算价格 = 外购模板预算价格 \times (1 - 残值率) / 周转次数 \times 综合系数$$

$$(4-16)$$

式中，残值取10%；周转次数50次；综合系数1.15（含露明系数及维修损耗系数）。

将模板材料的价格代入相应的模板安装、拆除定额，可计算模板工程单价。

【工程实例分析 4-2】

1.项目背景

工程实例分析 4-1 的大型拦河水闸工程中,岩石基础底板混凝土模板采用普通标准钢模板。已知基本资料如下:

（1）人工预算单价:工长 11.55 元/工时,高级工 10.67 元/工时,中级工 8.90 元/工时,初级工 6.13 元/工时。

（2）材料预算价格:组合钢模板 6.50 元/kg,型钢 3.40 元/kg,卡扣件 4.50 元/kg,铁件 5.60 元/kg,电焊条 5.50 元/kg,水 4.86 元/m³,电 0.86 元/kWh,汽油 3.075 元/kg,施工用风 0.5 元/m³,预制混凝土柱 320.00 元/m³。

（3）机械台时费:钢筋切断机(20 kW)29.21 元/台时,载重汽车(5 t)50.26 元/台时,电焊机(25 kVA)13.12 元/台时,汽车起重机(5 t)64.29 元/台时。

2.工作任务

计算底板模板工程的概算单价。

3.分析与解答

第一步:计算模板制作单价(只计定额基本直接费)。查《水利建筑工程概算定额》选用第五-12 节 50062 子目,计算过程见表 4-30,计算结果为 9.56 元/m²。

表 4-30 建筑工程单价表（一）

定额编号:50062　　　　　　　　项目:底板钢模板制作　　　　　　　　定额编号:100 m²

施工方法:铁件制作、模板运输

序号	名称及规格	单位	数量	单价（元）	合计（元）
一	直接费				
（一）	基本直接费	元			956.33
1	人工费	元			100.99
	工长	工时	1.2	11.55	13.86
	高级工	工时	3.8	10.67	40.55
	中级工	工时	4.2	8.90	37.38
	初级工	工时	1.5	6.13	9.20
2	材料费				823.75
	组合钢模板	kg	81	6.50	526.50
	型钢	kg	44	3.40	149.60
	卡扣件	kg	26	4.50	117.00
	铁件	kg	2	5.60	11.20
	电焊条	kg	0.6	5.50	3.30
	其他材料费	%	2	807.60	16.15
3	机械使用费				31.59
	钢筋切断机 20 kW	台时	0.07	29.21	2.04
	载重汽车 5 t	台时	0.37	50.26	18.60
	电焊机 25 kVA	台时	0.72	13.12	9.45
	其他机械费	%	5	30.09	1.50

第二步:查模板安装、拆除定额。查《水利建筑工程概算定额》选用第五–1节50001子目,再查《水利工程概预算补充定额》(2005)。

第三步:根据注释,底板、趾板为岩石基础时,标准钢模板定额人工乘以1.2系数,其他材料费按8%计算。定额50001子目人工调整为:工长:14.6×1.2 = 17.52(工时),高级工:49.5×1.2 = 59.4(工时),中级工:83.7×1.2 = 100.44(工时),初级工:39.8×1.2 = 47.76(工时),其他材料费8%。

第四步:计算底板钢模板制作、安装综合单价。根据工程性质(枢纽)特点确定取费费率,其他直接费费率7.5%,间接费费率取9.5%,企业利润率7%,税率取11%。计算过程详见表4-31,注意:在计算其他材料费时,其计算基数不包括模板本身的价值,计算结果为62.40元/m²。

表4-31 建筑工程单价表(二)

定额编号:50001   项目:模板制作、安装和拆除   定额单位:100 m²

工作内容:模板安装、拆除、除灰、刷脱模剂、维修、倒仓

编号	名称及规格	单位	数量	单价(元)	合计(元)
一	直接费	元			4 798.15
(一)	基本直接费	元			4 463.41
1	人工费	元			2 022.85
	工长	工时	17.52	11.55	202.36
	高级工	工时	59.40	10.67	633.80
	中级工	工时	100.44	8.90	893.92
	初级工	工时	47.76	6.13	292.77
2	材料费	元			1 821.51
	模板	m²	100	9.56	956.00
	铁件	kg	124	5.60	694.40
	预制混凝土柱	m³	0.3	320.00	96.00
	电焊条	kg	2.0	5.50	11.00
	其他材料费	%	8	801.40	64.11
3	机械使用费	元			619.05
	汽车起重机5 t	台时	8.75	64.29	562.54
	电焊机25 kVA	台时	2.06	13.12	27.03
	其他机械费	%	5	589.56	29.48
(二)	其他直接费	%	7.5	4 463.41	334.75
二	间接费	%	9.5	4 798.16	455.82
三	利润	%	7	5 253.98	367.78
四	税金	%	11	5 621.76	618.39
五	单价合计				6 240.15

想一想 练一练

1.计算陕西省南沟门水库(工程位于陕西省延安市洛川县)枢纽工程进水口侧收缩曲面木模板的制作与安装工程概算单价。

2.某水利枢纽工程,由大坝、溢洪道、泄洪洞、发电引水隧洞、电站厂房、变电站及输电线路工程等组成。该工程位于青海省互助县(陕西省榆林市横山县、或四川省青川县、或海南省文昌县、或河南省巩义市区等)的县城镇以外,分别计算其模板工程单价。(计算中所缺基础单价可以参考教材示例)

(1)计算进水口侧收缩曲面木模板的制作与安装工程概算单价。

(2)计算坝体孔洞顶面模板的制作与安装工程概算单价。

(3)计算牛腿模板的制作与安装工程概算单价。

(4)计算圆形隧洞衬砌内径 10 m、质量 135 t、长 10 m 的针梁模板台车的安装工程概算单价。

(5)计算矩形涵洞模板的制作与安装工程概算单价。

(6)计算圆形隧洞衬砌后内径 6 m 钢模板的制作与安装工程概算单价。

(7)计算隧洞底板衬砌滑模的制作与安装工程概算单价。

任务 4.7   编制钻孔灌浆与锚固工程概算单价

【学习目标】

1.知识目标:①了解钻孔灌浆工程的分类;②了解锚固工程的分类;③掌握编制规定及定额中关于水利工程混凝土浇筑工程的相关规定。

2.技能目标:①能编制各种类型水利工程钻孔灌浆与锚固工程概算单价;②能熟练使用水利工程定额及概估算编制规定。

3.素质目标:①认真仔细的工作态度;②严谨的工作作风;③遵守编制规定的要求。

【项目任务】

学习水利工程钻孔灌浆与锚固工程概算单价的计算。

【任务描述】

钻孔灌浆与锚固工程概算单价的计算,包括各种类型钻孔灌浆工程单价计算与各类锚固工程单价编制,该工程概算单价的编制涉及准确查定工程定额,根据定额说明做好定额消耗数量的调整,再根据已知的基础单价及概估算编制规定中关于费率的取值规定,即可以计算出钻孔灌浆与锚固工程概算单价。

钻孔灌浆工程指水工建筑物为提高地基承载能力、改善和加强其抗渗性能及整体性所采取的处理措施,包括帷幕灌浆、固结灌浆、回填灌浆、接触灌浆、接缝灌浆、防渗墙、减压井等工程。其中,灌浆是水利工程基础处理中最常用的有效手段,主要利用灌浆机施加一定的压力,将浆液通过预先设置的钻孔或灌浆管,灌入岩石、土或建筑物中,使其胶结成坚固、密实而不透水的整体。

4.7.1　钻孔灌浆与锚固工程分类

4.7.1.1　钻孔灌浆分类

1.按灌浆材料分类

钻孔灌浆按灌浆材料不同分类,主要有水泥灌浆、水泥黏土灌浆、黏土灌浆、沥青灌浆和化学灌浆等五类。

2.按灌浆作用分类

(1)帷幕灌浆。是在坝基形成一道阻水帷幕以防止坝基及绕坝渗漏,降低坝底扬压力而进行的深孔灌浆。

(2)固结灌浆。是提高地基整体性、均匀性和承载能力而进行的灌浆。

(3)接触灌浆。是加强坝体混凝土和基岩接触面的结合能力,使其有效传递应力,提高坝体的抗滑稳定性而进行的灌浆。接触灌浆多在坝体下部混凝土固化收缩基本稳定后进行。

(4)接缝灌浆。大体积混凝土由于施工需要而形成了许多施工缝,为了恢复建筑物的整体性,利用预埋的灌浆系统,对这些缝进行的灌浆。

(5)回填灌浆。为使隧道顶拱岩面与衬砌的混凝土面,或压力钢管与底部混凝土接触面结合密实而进行的灌浆。

3.按照灌浆顺序分类

钻孔灌浆按照灌浆顺序分类,主要有一次灌浆法和分段灌浆法,分段灌浆法又可分为自上而下分段、自下而上分段及综合灌浆法。

其中,一次灌浆法主要是将孔一次钻到设计深度,再沿全孔一次灌浆。这种方法施工简便,多用于孔深 10 m 以内、基岩较完整、透水性不大的地层。自上而下分段灌浆法指自上而下钻一段(一般不超过 5 m)后,冲洗、压水试验、灌浆,待上一段浆液凝结后,再进行下一段钻、灌工作,如此钻、灌交替,直至设计深度。该方法灌浆压力较大,质量好,但钻、灌工序交叉,工效低,多用于岩层破碎、竖向节理裂隙发育地层。自下而上分段灌浆法指一次将孔钻到设计深度,然后自下而上利用灌浆塞逐段灌浆。这种方法钻、灌连续,速度较快,但不能采用较高压力,质量不易保证,一般适用于岩层较完整坚固的地层。综合灌浆法通常接近地表的岩层较破碎,越往下则越完整,上部采用自上而下分段,下部采用自下而上分段,使之既能保证质量,又能加快速度。

4.7.1.2　锚固工程分类

锚固可分为锚杆、喷锚支护与预应力锚固三大类,适用范围见表 4-32。

4.7.2　钻孔灌浆与锚固工程单价编制规定

4.7.2.1　钻孔灌浆工程单价编制规定

1.岩基灌浆施工工艺流程

灌浆工艺流程一般为:施工准备→钻孔→冲洗→表面处理→压水试验→灌浆→封孔→质量检查。

表 4-32　锚固分类及其适用范围

类型	结构形式	适用范围
锚杆	钢筋混凝土柱子:人工挖孔柱、大口径钻孔柱	适用于浅层、具有明显滑面的地基加固
	钢柱:型钢柱、钢棒柱	
喷锚支护	锚杆加喷射混凝土	适用于高边坡加固,隧洞入口边坡支护
	锚杆挂网加喷混凝土	
预应力锚固	混凝土柱状锚头	适用于大吨位预应力锚固
	镦头锚锚头	适用于大、中、小吨位预应力锚固
	爆炸压接螺杆锚头	适用于中、小吨位预应力锚固
	锚塞锚环钢锚头	适用于小吨位预应力锚固
	组合型钢锚头	适用于大、中、小吨位预应力锚固

（1）施工准备。包括场地清理、劳动组合、材料准备、孔位放样、电风水布置、机具设备就位、检查等。

（2）钻孔。采用手风钻、回转式钻机和冲击钻等钻孔机械进行。

（3）冲洗。用水将残存在孔内的岩粉和铁砂末冲出孔外,并将裂隙中的充填物冲洗干净,以保证灌浆效果。

（4）表面处理。为防止有压情况下浆液沿裂隙冒出地面而采取的塞缝、浇盖面混凝土等措施。

（5）压水试验。压水试验目的是确定地层的渗透性,为岩基处理设计和施工提供依据。压水试验是在一定压力下将水压入孔壁四周缝隙,根据压入流量和压力,计算出代表层渗透特性的技术参数。规范规定,渗透特性用透水率表示,单位为吕容(Lu),定义为:压水压力为 1 MPa 时,每米试段长度每分钟注入水量 1 L 时,称为 1 Lu。

（6）灌浆。按照灌浆时浆液灌注和流动的特点,可分为纯压式和循环式两种灌浆方式。

纯压式灌浆:单纯地把浆液沿灌浆管路压入钻孔,再扩张到岩层缝隙中,适用于裂隙较大、吸浆量多和孔深不超过 15 m 的岩层。这种方式设备简单,操作方便,当吃浆量逐渐变小时,浆液流动慢,易沉淀,影响灌浆效果。

循环式灌浆:浆液通过进浆管进入钻孔后,一部分被压入裂隙,另一部分由回浆管返回拌浆筒。这样可使浆液始终保持流动状态,防止水泥沉淀,保证了浆液的稳定和均匀,提高灌浆效果。

（7）封孔。人工或机械用砂浆封填孔口。

（8）质量检查。质量检查的方法较多,最常用的是打检查孔检查,取岩芯,做压水试验,检查透水率是否符合设计和规范要求。检查孔的数量,一般帷幕灌浆为灌浆孔的

10%,固结灌浆为5%。

2.岩基灌浆影响因素

(1)岩石级别。是钻孔工序的主要影响因素。岩石级别越高,对钻进的阻力越大,钻进工效越低,钻具消耗越多。

(2)岩石地层的透水性。是灌浆工序的主要影响因素。透水性强的地层可灌性好,吃浆量大,单位灌浆长度的耗浆量大;反之,灌注每吨浆液干料所需的人工、机械台班用量就少。

(3)施工方法。一次灌浆法和自下而上分段灌浆法的钻孔和灌浆两大工序互不干扰,工效高。自上而下分段灌浆与灌浆相互交替,干扰大、工效低。

(4)施工条件。露天作业,机械的效率能正常发挥。隧洞内作业,影响机械效率的正常发挥,尤其是较小的隧洞,限制了钻杆的长度,增加了接换钻杆次数,降低了工效。

4.7.2.2　锚固工程单价编制规定

一般锚杆的施工工艺为:钻孔→锚杆制作→安装→水泥浆封孔→锚定。锚杆长度超过10 m的长锚杆,应配锚杆钻机或地质钻机。

预应力锚固施工工艺:造孔、锚束编制→运输吊装→放锚束、锚头锚固→超张拉、安装、补偿→采用水泥浆封孔、灌浆防护。

预应力锚固是在外荷载作用前,针对建筑物可能滑移拉裂的破坏方向,预先施加主动压力。这种人为的预压应力能提高建筑物的滑动和防裂能力。预应力锚固由锚头、锚束、锚根等三部分组成。预应力锚束按材料分为钢丝、钢绞线与优质钢筋三类,预应力锚束按作用可分为无黏结型和黏结型。钢丝的强度最高,宜于密集排列,多用于大吨位锚束,适用于混凝土锚头、镦头及组合锚;钢绞线的价格较高,锚具也较贵,适用于中小型锚束,与锚塞锚环形锚具配套使用,编束、锚固较方便;优质钢筋适用于预应力锚杆及短的锚束,热轧钢筋只用作砂浆锚杆及受力钢筋。

钻孔设备应根据地质条件、钻孔深度、钻孔方向和孔径大小选择。工程中一般用风钻,SGZ-1(Ⅲ)、YQ-100、XJ-100-1及东风-300专用于锚杆钻机,履带钻,地质钻机等钻机。

喷锚杆支护的一般施工工艺为:凿毛→配料→上料、拌和→挂网、喷锚→喷混凝土→处理回弹料、养护。

4.7.3　钻孔灌浆与锚固工程单价编制

4.7.3.1　钻孔灌浆工程单价编制

在计算钻孔灌浆工程单价时,应根据设计确定的孔深、灌浆压力等参数以及岩石的级别、透水率等,按施工组织设计确定的钻机、灌浆方式、施工条件来选择概预算定额相应的定额子目,这是正确计算钻孔灌浆工程单价的关键。

1.定额选用

(1)灌浆工程定额中的水泥用量是指概算基本量,如有实际资料,可按实际消耗量调整。

(2)灌浆工程定额中的灌浆压力划分标准为:高压>3 MPa,中压1.5~3 MPa,低压<

1.5 MPa。

（3）灌浆工程定额中的水泥强度等级的选择应符合设计要求，设计未明确的可按以下标准选择：回填灌浆 32.5，帷幕与固结灌浆 32.5，接缝灌浆 42.5，劈裂灌浆 32.5，高喷灌浆 32.5。

（4）工程的项目设置、工程数量及其单位均必须与概算定额的设置、规定相一致。如不一致，应进行科学的换算。

①帷幕灌浆：现行概算定额分造孔及帷幕灌浆两部分，造孔和灌浆均以单位延长米（m）计，帷幕灌浆概算定额包括制浆、灌浆、封孔、孔位转移、检查孔钻孔、压水试验等内容。预算定额则需另计检查孔压水试验，检查孔压水试验按试段计。

②固结灌浆：现行概算定额分造孔及固结灌浆两部分，造孔和灌浆均以单位延长米（m）计。固结灌浆定额包括灌浆前的压水试验和灌浆后的补浆及封孔灌浆等工作。预算定额灌浆后的压水试验需另外计算。

③劈裂灌浆：多用于土坝（堤）除险加固坝体的防渗处理。概算定额分钻机钻坝（堤）灌浆孔和土坝（堤）劈裂灌浆，均以单位延长米（m）计。劈裂灌浆定额已包括检查孔、制浆、灌浆、劈裂观测、冒浆处理、记录、复灌、封孔、孔位转移、质量检查。定额是按单位孔深干料灌入量不同而分类的。

④回填灌浆：现行概算定额分隧洞回填灌浆和钢管回填灌浆，隧洞回填灌浆适用于混凝土衬砌段。隧洞回填灌浆定额的工作内容包括预埋管路、简易平台搭拆、风钻通孔、制浆、灌浆、封孔、检查孔钻孔、压浆试验等。定额是以设计回填面积为计量单位的，按开挖面积分子目。

⑤坝体接缝灌浆：现行概算定额分预埋铁管法和塑料拔管法，定额适用于混凝土坝体，按接触面积（m²）计算。

2.钻孔灌浆定额的主要工作内容

岩土的级别和透水率分别为钻孔和灌浆两大工序的主要参数，正确确定这两个参数对钻孔灌浆单价有重要意义。由于水工建筑物的地基绝大多数不是单一的地层，通常多达十几层或几十层。各层的岩土级别、透水率各不相同，为了简化计算，几乎所有的工程都采用一个平均的岩土级别和平均透水率来计算钻孔灌浆单价。在计算这两个重要参数的平均值时，一定要注意计算的范围要和设计确定的钻孔灌浆范围完全一致，也就是说，不要简单地把水文地质剖面图中的数值拿来平均，要注意把上部开挖范围内的透水性强的风化层和下部不在设计灌浆范围内的相对不透水层都剔开。

3.使用定额时的注意事项

（1）在使用《水利建筑工程概算定额》第七-1节"钻机钻岩石层帷幕灌浆孔"（自下而上灌浆法）、第七-3节"钻岩石层排水孔、观测孔"（钻机钻孔）时，应注意下列事项：

①当终孔孔径>91 mm 或孔深>70 m 时，钻机应改用 300 型钻机。

②在廊道或隧洞内施工时，其人工、机械定额应乘以表 4-33 中的系数。

表 4-33　人工、机械数量调整系数表（一）

廊道或隧洞高度（m）	0～2.0	2.0～3.5	3.5～5.0	5.0 以上
系数	1.19	1.10	1.07	1.05

③上述两节中各定额是按平均孔深 30～50 m 拟定的。当孔深<30 m 或孔深>50 m 时，其人工和钻机定额应乘以表 4-34 中的系数。

表 4-34　人工、机械数量调整系数表（二）

孔深（m）	≤30	30～50	50～70	70～90	>90
系数	0.94	1	1.07	1.17	1.31

（2）当采用地质钻机钻灌不同角度的灌浆孔或观察孔、试验孔时，其人工、机械、合金片、钻头和岩芯管应乘以表 4-35 中的系数。

表 4-35　人工、机械数量调整系数

钻孔与水平夹角	0～60°	60°～75°	75°～85°	85°～95°
系数	1.19	1.05	1.02	1.00

（3）压水试验适用范围。

现行概预算定额中，压水试验已包含在灌浆定额中。

预算定额中的压水试验适用于灌浆后的压水试验。灌浆前的压水试验和灌浆后的补灌及封孔灌浆已计入定额。压水试验一个压力点法适用于固结灌浆，三压力五阶段法适用于帷幕灌浆。压浆试验适用于回填灌浆。

（4）钻孔工程量按实际钻孔深度计算，计量单位为 m。计算钻孔工程量时，应按不同岩石类别分项计算，混凝土钻孔一般按 X 类岩石级别计算。

灌浆工程量从基岩面起算，计算单位为 m 或 m²。计算工程量时，应按不同岩层的不同单位吸水率或单位干料耗量分别计算。

隧洞回填灌浆，一般按顶拱中心角 90°～120°范围内的拱背面积计算工程量，高压管道回填灌浆按钢管外径面积计算工程量。

4.混凝土防渗墙

建筑在冲击层上的挡水建筑物，一般设置混凝土防渗墙是一种有效的防渗处理措施。防渗墙施工包括造孔和浇筑混凝土两部分内容。

1）造孔

防渗墙的成墙方式大多采用槽孔法。造孔采用冲击钻、反循环钻、液压开槽机等机械进行。一般用冲击钻较多，其施工程序包括造孔前的准备、泥浆制备、终孔验收、清孔换浆等。

2）浇筑混凝土

防渗墙也称为地下连续墙，概算定额中分为地下连续墙成槽、地下连续墙浇筑混凝土两部分。

防渗墙采用导管法浇筑水下混凝土。其施工程序包括浇筑前的准备、配料拌和、浇筑混凝土、质量验收。由于防渗墙混凝土不经振捣,因而应具有良好的和易性。要求入孔时坍落度为 18~22 cm,扩散度为 34~38 cm,最大骨粒粒径不大于 4 cm。

混凝土防渗墙一般都将造孔和浇筑分列,概算定额均以阻水面积(100 m²)为单位,按墙厚分列子目;而预算定额造孔用折算进尺(100 折算米)为单位,防渗墙混凝土用 100 m³ 为单位,所以一定要按科学的换算方式进行换算。定额中,浇筑混凝土按水下混凝土消耗量列示。定额中钢材主要是钻头、钢导管的摊销,钢板卷制导管的制作用电焊机台时和焊条消耗定额已综合考虑。

5.钻孔灌浆工程概算单价实例分析

【工程实例分析 4-3】

1)项目背景

工程实例分析 4-1 的大型拦河水闸工程中,坝基岩石基础固结灌浆,采用风钻钻孔,一次灌浆法,灌浆孔深 5 m,岩石级别为 X 级。已知基本资料如下:

(1)坝基岩石层平均单位吸水率为 6 Lu,灌浆水泥采用 52.5 级普通硅酸盐水泥。

(2)人工预算单价:工长 11.55 元/工时,高级工 10.67 元/工时,中级工 8.90 元/工时,初级工 6.13 元/工时。

(3)材料预算价格:合金钻头 60.00 元/个,空心钢 10.00 元/kg,52.5 级普通硅酸盐水泥 320 元/t,水 4.86 元/m³,施工用风 0.5 元/m³,施工用电 0.86 元/kWh。

(4)机械台时费:风钻 93.68 元/台时,灌浆泵(中压泥浆)41.61 元/台时,灰浆搅拌机 19.96 元/台时,胶轮车 0.80 元/台时。

2)工作任务

计算坝基岩石基础固结灌浆工程的概算单价。

3)分析与解答

第一步:根据工程性质(枢纽)特点确定取费费率,其他直接费费率为 7.5%,间接费费率取 10.5%,企业利润率取 7%,税率取 11%。

第二步:计算钻岩石层固结灌浆孔工程单价。根据采用的施工方法和岩石级别(X),查《水利建筑工程概算定额》,选用第七-2 节 70018 定额子目,计算过程见表 4-36,计算结果为 53.80 元/m。

表 4-36 建筑工程单价表(一)

定额编号:70018　　　　　　　　项目:钻岩石层固结灌浆孔　　　　　　　　定额单位:100 m

施工方法:风钻钻孔,孔深 5 m。工作内容:孔位转移、接拉风管、钻孔、检查孔钻孔

序号	名称及规格	单位	数量	单价(元)	合计(元)
一	直接费	元			4 099.08
(一)	基本直接费	元			3 813.09
1	人工费	元			801.95
	工长	工时	3	11.55	34.65
	中级工	工时	38	8.90	338.20
	初级工	工时	70	6.13	429.10

续表 4-36

序号	名称及规格	单位	数量	单价(元)	合计(元)
2	材料费	元			255.83
	合金钻头	个	2.72	60.00	163.20
	空心钢	kg	1.46	10.00	14.60
	水	m³	10	4.86	48.60
	其他材料费	%	13	226.40	29.43
3	机械使用费	元			2 755.31
	风钻	台时	25.8	93.68	2 416.94
	其他机械费	%	14	2 416.94	338.37
(二)	其他直接费	%	7.5	3 813.09	285.98
二	间接费	%	10.5	4 099.07	430.40
三	利润	%	7	4 529.47	317.06
四	税金	%	11	4 846.53	533.12
五	单价合计				5 379.65

第三步:计算基础固结灌浆工程单价。根据本工程灌浆岩层的平均吸水率为 6 Lu,查《水利建筑工程概算定额》第七-5 节 70047 子目,计算过程见表 4-37,其中水泥的基价为 255 元/t,计算结果为 200.74 元/m。

表 4-37　建筑工程单价表(二)

定额编号:70047　　　　项目:基础固结灌浆　　　　定额单位:100 m

工作内容:冲洗、制浆、灌浆、封孔、孔位转移,以及检查孔的压水试验、灌浆

序号	名称及规格	单位	数量	单价(元)	合计(元)
一	直接费	元			15 070.53
(一)	基本直接费	元			14 019.10
1	人工费	元			3 639.83
	工长	工时	24	11.55	277.20
	高级工	工时	50	10.67	533.50
	中级工	工时	145	8.90	1 290.50
	初级工	工时	251	6.13	1 538.63
2	材料费	元			4 322.20
	水泥	t	4.1	255	1 045.50
	水	m³	565	4.86	2 745.90
	其他材料费	%	14	3 791.40	530.80
3	机械使用费	元			6 057.07
	灌浆泵 中压泥浆	台时	96	41.61	3 994.56
	灰浆搅拌机	台时	88	19.96	1 756.48
	胶轮车	台时	22	0.80	17.60
	其他机械费	%	5	5 768.64	288.43

续表 4-37

序号	名称及规格	单位	数量	单价(元)	合计(元)
(二)	其他直接费	%	7.5	14 019.10	1 051.43
二	间接费	%	10.5	15 070.53	1 582.41
三	利润	%	7	16 652.94	1 165.71
四	材料补差	元			266.50
	水泥	t	4.1	65.00	266.50
五	税金	%	11	18 085.15	1 989.37
六	单价合计				20 074.52

第四步:计算坝基岩石基础固结灌浆综合概算单价。

坝基岩石基础固结灌浆综合概算单价包括钻孔单价和灌浆单价,即

坝基岩石基础固结灌浆综合概算单价=53.80+200.74=254.54(元/m)。

4.7.3.2　锚固工程单价编制

1.定额选用

(1)锚杆:在现行概算定额中,锚杆分地面和地下,钻孔设备分为风钻、履带钻、锚杆钻机、地质钻机、锚杆台车、凿岩台车。注浆材料分为砂浆和药卷。锚杆以"根"为单位,按锚杆长度和钢筋直径分项,以不同的岩石级别划分子目。套用定额时应注意的问题:加强长砂浆锚杆束是按 4×φ 28 锚筋拟订的,如设计采用锚筋根数、直径不同,应按设计调整锚筋用量。定额中的锚筋材料预算价格按钢筋价格计算,锚筋的制作已含在定额中。

(2)预应力锚束:分为岩体和混凝土,按作用分为无黏结型和黏结型。以"束"为单位,按施加预应力的等级分类,按锚束长度分项。

(3)喷射:分为地面和地下,按材料分为喷浆和混凝土,喷浆以"喷射面积"为单位,按有钢筋和无钢筋喷射工艺分类,喷射厚度不同,定额的消耗量不同。喷射混凝土分为地面护坡、平洞支护、斜井支护,以"喷射混凝土的体积"为单位,按厚度不同划分子项。喷浆(混凝土)定额的计量以喷后的设计有效面积(体积)计算,定额中已包括了回弹及施工损耗量。

(4)锚筋桩:可参考相应的锚杆定额,定额中的锚杆附件包括垫板、三角铁和螺帽等。锚杆(索)定额中的锚杆(索)长度是指嵌入岩石的设计有效长度,不包括锚头外露部分,按规定应留的外露部分及加工过程中的消耗,均已计入定额。

2.锚固工程概算单价编制示例

【工程实例分析 4-4】

1)项目背景

工程实例分析 4-1 的大型拦河水闸工程中,拦河水闸边坡岩石面先挂钢筋网,再喷浆,厚度为 3 cm,喷浆不采用防水。已知基本资料如下:

(1)人工预算单价:工长 11.55 元/工时,高级工 10.67 元/工时,中级工 8.90 元/工时,初级工 6.13 元/工时。

(2)材料预算价格:32.5 普通硅酸盐水泥 320 元/t,水 4.86 元/m³,砂子 80.00 元/m³,

防水粉 3 000.00 元/t。

（3）机械台时费：风水枪 121.77 元/台时，喷浆机（75 L）78.09 元/台时，风镐 39.18 元/台时。

2）工作任务

计算岩石面喷浆工程的概算单价。

3）分析与解答

第一步：根据工程性质（枢纽）特点确定取费费率，其他直接费费率取 7.5%，间接费费率取 10.5%，企业利润率为 7%，税率取 11%。

第二步：计算岩石面喷浆工程单价。根据采用的施工方法和喷浆厚度，查《水利建筑工程概算定额》，选用第七-42 节 70523 定额子目。

第三步：32.5 级普通硅酸盐水泥基价 255 元/t，砂子基价 70 元/m³，考虑价差。看定额注释不用防水粉不计，计算过程见表 4-38，结果为 60.61 元/m²。

表 4-38　建筑工程单价表

定额编号：70523　　　　　　　　项目：地面喷浆　　　　　　　　定额单位：100 m²

工作内容：凿毛、冲洗、配料、喷浆、修饰、养护

序号	名称及规格	单位	数量	单价（元）	合计（元）
一	直接费	元			4 960.81
（一）	基本直接费	元			4 614.70
1	人工费	元			1 090.24
	工长	工时	6	11.55	69.30
	高级工	工时	9	10.67	96.03
	中级工	工时	44	8.90	391.60
	初级工	工时	87	6.13	533.31
2	材料费	元			928.12
	水泥	t	2.45	255	624.75
	砂子	m³	3.67	70	256.90
	水	m³	4	4.86	19.44
	其他材料费	%	3	901.09	27.03
3	机械使用费	元			2 596.34
	喷浆机 75 L	台时	11.2	78.09	874.61
	风水枪	台时	7.3	121.77	888.92
	风镐	台时	20.6	39.18	807.11
	其他机械费	%	1	2 570.64	25.71
（二）	其他直接费	%	7.5	4 614.70	346.10
二	间接费	%	10.5	4 960.80	520.88

续表4-38

序号	名称及规格	单位	数量	单价(元)	合计(元)
三	利润	%	7	5 481.68	383.72
四	材料补差	元			195.95
	水泥	t	2.45	65.00	159.25
	砂子	m³	3.67	10.00	36.70
五	税金	%	11	6 061.36	666.75
六	单价合计				6 061.35

想一想 练一练

1.试计算陕西省铜川市(工程位于印台区)某引水工程渠首水库工程钻孔灌浆的概算单价。已知该工程的廊道内岩石层基础固结灌浆,廊道高 3.5 m,风钻钻孔,岩石为 XIV 级,平均孔深 7.5 m,透水率为 9 Lu。

2.某水利枢纽工程,由大坝、溢洪道、泄洪洞、发电引水隧洞、电站厂房、变电站及输电线路工程等组成。该工程位于青海省互助县(陕西省榆林市横山县、或四川省青川县、或海南省文昌县、或河南省巩义市区等)的县城镇以外,分别计算其模板工程单价。(计算中所缺基础单价可以参考教材示例)

(1)计算该枢纽工程钻孔灌浆的概算单价。已知该工程的岩石层帷幕灌浆,岩石为 XII 级,钻机钻孔平均孔深 25 m,自下而上灌浆法,三排灌浆,透水率为 8 Lu。

(2)计算该枢纽工程钻孔灌浆的概算单价。已知该工程的廊道内岩石层基础固结灌浆,廊道高 3.5 m,风钻钻孔,岩石为 XIV 级,平均孔深 7.5 m,透水率为 9 Lu。

(3)计算该枢纽工程钻孔灌浆的概算单价。已知该工程的廊道内岩石层帷幕灌浆,廊道高 4 m,岩石为 XIV 级,平均孔深 15 m,自上而下灌浆法,三排灌浆,透水率为 9 Lu。

(4)计算该工程隧洞回填灌浆钻孔灌浆的概算单价。

(5)计算该工程钻孔灌浆的概算单价。已知该工程的坝基砂砾石帷幕灌浆,干料耗量 3 t/m。

(6)计算该工程的坡面锚固工程砂浆(M10)锚杆的概算单价。已知该工程的岩石为 X 级,露天风钻钻孔的地面砂浆 φ22 钢筋 3 m 锚杆的制作安装。

任务4.8　编制设备安装工程概算单价

【学习目标】

1.知识目标:①了解机电设备工程的分类;②了解金属结构设备工程的分类;③掌握编制规定及定额中关于水利水电设备安装工程的相关规定。

2.技能目标:①能编制各种实物量形式定额的机电设备及金属结构设备安装工程概算单价;②能编制各种费率形式定额的机电设备及金属结构设备安装工程概算单价;③能

熟练使用水利工程定额及概(估)算编制规定。

3.素质目标:①认真仔细的工作态度;②严谨的工作作风;③遵守编制规定的要求。

【项目任务】

学习水利水电设备安装工程概算单价的计算。

【任务描述】

水利水电工程设备安装定额分为实物量式定额和费率式定额两种,水利水电设备安装工程单价计算中又涉及计价装置性材料和未计价装置性材料,这些单价再计算中的注意事项也很多,在计算水利水电工程设备安装工程单价时,要特别注意编制规定和定额中章说明的相关规定,要准确计算出水利水电工程设备安装工程单价。

4.8.1 设备安装工程分类

设备安装工程包括机电设备安装工程和金属结构设备安装工程,分别构成工程总概算的第二部分和第三部分。

4.8.1.1 机电设备安装工程

机电设备安装工程指构成枢纽工程和引水及河道工程的全部机电设备安装工程。机电设备主要指发电设备、升压变电设备、公用设备。其中,发电设备有水轮机、发电机、起重设备安装、辅助设备等;升压变电设备主要有主变压器、高压电器设备等;公用设备有通信设备、通风采暖设备、机修设备、计算机监控系统、管理自动化系统、全厂接地及保护网等。对于枢纽工程,本部分由发电设备安装工程、升压变电设备安装工程和公用设备安装工程三个一级项目组成;对于引水及河道工程,本部分由泵站设备安装工程、水闸设备安装工程、电站设备安装工程、供电设备安装工程和公用设备安装工程五个一级项目组成。

4.8.1.2 金属结构设备安装工程

金属结构设备安装工程指构成枢纽工程和引水及河道工程的全部金属结构设备安装工程。金属结构设备主要指闸门、启动设备、拦污栅、压力钢管等。一级项目应按第一部分建筑工程相应的一级项目分项;二级项目一般包括闸门设备安装、启闭设备安装、拦污栅设备安装,以及引水工程的钢管制作安装和航运工程的升船机设备安装。

4.8.2 设备安装工程单价编制规定

4.8.2.1 定额的内容

《水利水电设备安装工程概算定额》包括水轮机安装、水轮发电机安装、大型水泵安装、进水阀安装、水力机械辅助设备安装、电气设备安装、变电站设备安装、通信设备安装、起重机设备安装、闸门安装、压力钢管制作及安装,共计十一章及附录,共 55 节、659 个子目。本定额采用实物量定额和以设备原价为计算基础的安装费率定额两种表现形式,以实物量定额为主。

《水利水电设备安装工程预算定额》章节划分较细,并将"调速系统安装"和"电气调整"单列成两章,另外,增列"设备工地运输"一章,共十四章以及附录。

4.8.2.2 定额的表现形式

1.实物量形式

以实物量形式表示的定额,给出了设备安装所需的人工工时、材料和机械使用量,与建筑工程定额表现形式一样。这种形式编制的工程单价较准确,但计算相对烦琐。由于这种方法量、价分离,所以能满足动态变化的要求。

《水利水电设备安装工程预算定额》的全部子目和《水利水电设备安装工程概算定额》中的主要设备子目采用此方式表示。

2.安装费率形式

安装费率是指安装费占设备原价的百分比。以安装费率形式表示的定额,给出了人工费、材料费、机械使用费和装置性材料费占设备原价的百分比。

《水利水电设备安装工程概算定额》电气设备中的发电电压设备、控制保护设备、计算机监控系统、直流系统、厂用电系统和电气试验设备、变电站高压电器设备等定额子目以安装费率形式表示出的。

定额人工费安装费率是以一般地区为基准给出的,在编制安装工程单价时,须根据工程所在地区的不同进行调整。调整的方法是将定额人工费率乘以本工程安装费率调整系数,调整系数计算如下:

$$人工费安装费率调整系数 = \frac{工程所在地人工预算单价}{北京地区人工预算单价} \quad (4-17)$$

对进口设备的安装费率也需要调整,调整的方法是将定额安装费率乘以进口设备安装费率调整系数。进口设备安装费率调整系数计算如下:

$$进口设备安装费率调整系数 = \frac{同类国产设备原价}{进口设备原价} \quad (4-18)$$

4.8.2.3 使用定额的注意事项

装置性材料是个专用名称,它本身属于材料,但又是被安装的对象,安装后构成工程的实体。

装置性材料分为主要装置性材料和次要装置性材料。凡在定额中作为独立的安装项目的材料或为主要安装对象的材料,即为主要装置性材料,如轨道、管路、电缆、母线、滑触线等。主要装置性材料本身的价值在安装定额内并未包括,一般做未计价材料,所以主要装置性材料又叫未计价装置性材料。未计价装置性材料用量,须按设计提供的规格、数量和工地材料预算价计算其费用(另加定额规定的损耗率)。如果没有足够的设计资料,可参考《水利水电设备安装工程概算定额》附录二至附录十一确定主要装置性材料消耗量(已包括损耗在内)。

次要装置性材料因品种多、规格杂,且价值也较低,故在概预算安装费用子目中均已列入其他费用,所以次要装置性材料又叫已计价装置性材料,如轨道的垫板、螺栓、电缆支架、母线金具等。在编制概(预)算单价时,不必再另行计算。

4.8.3　设备安装工程单价编制

4.8.3.1　安装工程单价编制方法及步骤

1. 安装工程单价编制的步骤

（1）了解工程设计情况收集整理和核对设计提供的项目全部设备清单并按项目划分规定进行项目归类。设备清单必须包括设备的规格、型号、重量以及推荐的厂家。

（2）要熟悉现行概（预）算定额的相关内容：定额的总说明及各章节的说明，各安装项目包含的安装工作内容、定额安装费的费用构成和其他有关资料。

（3）根据设备清单提供的各项参数，正确选用定额。

（4）按编制规定计算安装工程单价。

2. 安装工程单价编制的方法

安装工程单价的编制一般采用表格法，所采用表格形式如表4-39所示。

表4-39　安装工程单价法

定额编号：_____　　　　　　项目：_____　　　　　定额单位：_____

单价编号		项目名称				
定额编号					定额单位	
施工方法						
编号	名称及规格		单位	数量	单价（元）	合计（元）

4.8.3.2　编制安装工程单价时应注意的问题

（1）计算装置性材料用量，应按设计用量再加损耗量（操作损耗率按定额规定）。概算定额附录中列有部分主要装置性材料用量，供编制概算缺乏设计资料时参考。

（2）设备自工地仓库运至安装现场的一切费用，称为设备场内运费，属于设备运杂费范畴，不属于设备安装费。在《水利水电设备安装工程预算定额》中列有"设备工地运输"一章，是为施工单位自行组织运输而拟定的定额，不能理解为这项费用也属于安装费范围。

（3）安装工程概预算定额除各章说明外，还包括以下工作内容：

①设备安装前后的开箱、检查、清扫、滤油、注油、刷漆和喷漆工作。

②安装现场内的设备运输。

③随设备成套供应的管路及部件的安装。

④设备的单体试运转、管和罐的水压试验、焊接及安装的质量检查。

⑤现场施工临时设施的搭拆及其材料、专用特殊工器具的摊销。

⑥施工准备及完工后的现场清理工作。

⑦竣工验收移交生产前对设备的维护、检修和调整。

（4）压力钢管制作、运输和安装均属安装费范畴应列入安装费栏目下。这点是和设备不同的，应特别注意。

（5）设备与材料的划分如下：

①制造厂成套供货范围的部件、备品备件、设备体腔内定量填物(如透平油、变压器油、六氟化硫气等)均作为设备。

②不论是成套供货,还是现场加工或零星购置的贮气罐、阀门、盘用仪表、机组本体上的梯子、平台和栏杆等均作为设备,不能因供货来源不同而改变设备性质。

③如管道和阀门构成设备本体部件,应作为设备,否则应作为材料。

④随设备供应的保护罩、网门等已计入相应设备出厂价格内时,应作为设备,否则应作为材料。

⑤电缆和管道的支吊架、母线、金属、金具、滑触线和架、屏盘的基础型钢、钢轨、石棉板、穿墙隔板、绝缘子、一般用保护网、罩、门、梯子、栏杆和蓄电池架等,均作为材料。

⑥"电气调整"在《水利水电设备安装工程概算定额》中各章节均已包括这项工作内容,而在《水利水电设备安装工程预算定额》中是单列一章,独立计算,不包括在各有关章节内。这点应注意,避免在编制预算时遗漏这个项目。

⑦按设备重量划分子目的定额,当所求设备的重量介于同型设备的子目之间时,按插入法计算安装费。如与目标起重量相差5%以内,可不做调整。

⑧使用电站主厂房桥式起重机进行安装工作时,桥式起重机台时费不计基本折旧费和安装拆卸费。

4.8.3.3 安装工程单价计算示例

【工程实例分析4-5】

1.项目背景

某大型水电站工程位于华北地区山西省,桥机自重270 t,平衡梁自重30 t,发电电压装置采用电压8.3 kV,电缆含有全厂控制电缆。已知基本资料如下:

(1)人工预算单价:工长11.55元/工时,高级工10.67元/工时,中级工8.90元/工时,初级工6.13元/工时。

(2)材料预算价格:钢板3 500元/t,型钢3 400元/t,垫铁2 100元/t,电焊条5 500元/t,氧气3.00元/m³,乙炔气15.00元/m³,汽油7 600元/t,柴油7 000元/t,油漆16 000元/t,棉纱头1 500元/t,木材1 100.00元/m³,水4.86元/m³,施工用风0.5元/m³,施工用电0.86元/kWh。

(3)机械台时费见表4-40。

表4-40 机械台时费计算表

机械名称	一类费用(元/台时)	定额人工数量(工时/台时)	动力燃料消耗量	机械台时费(元/台时)
汽车起重机 20 t	66.19	2.7	11.6 kg(柴油)	124.9
门式起重机 10 t	119.79	3.9	90.8 kWh(电)	232.59
卷扬机 5 t	3.68	1.3	7.9 kWh(电)	22.04
电焊机 20~30 kVA	1.7		30 kWh(电)	27.5
空气压缩机 9 m³/min	14.15	2.4	17.1 kg(柴油)	86.64
载重汽车 5 t	16.54	1.3	7.2 kg(汽油)	50.25
汽车起重机 5 t	22.42	2.7	5.8 kg(汽油)	64.29

2.工作任务

计算桥式起重机安装费概算单价。

3.分析与解答

第一步:根据工程性质(枢纽)特点确定取费费率:其他直接费费率取8.2%,间接费费率取75%,企业利润率取7%,税率取11%。

第二步:查《水利水电设备安装工程概算定额》,按章节说明,设备起吊使用平衡梁时,按桥式起重机主钩起重能力加平衡梁重量之和选用定额子目,平衡梁不另计算安装费。所以,桥式起重机安装定额选用编号09012,计算过程见表4-41,计算结果为307 750.12元/台。

表 4-41　安装工程单价表

定额编号:09012　　　　　　　　项目:桥式起重机安装　　　　　　　　定额单位:台

型号规格:桥式起重机自重 270 t,平衡梁重 30 t

序号	名称	单位	数量	单价(元)	合计(元)
一	直接费	元			180 355.64
(一)	基本直接费	元			166 687.28
1	人工费	元			89 415.09
	工长	工时	511	11.55	5 902.05
	高级工	工时	2 612	10.67	27 870.04
	中级工	工时	4 537	8.90	40 379.30
	初级工	工时	2 490	6.13	15 263.70
2	材料费	元			13 568.70
	钢板	kg	547	3.50	1 914.50
	型钢	kg	875	3.40	2 975.00
	垫铁	kg	273	2.10	573.30
	电焊条	kg	72	5.50	396.00
	氧气	m³	72	3.00	216.00
	乙炔气	m³	31	15.00	465.00
	汽油 70#	kg	50	3.075	153.75
	柴油	kg	109	2.99	325.91
	油漆	kg	61	16.00	976.00
	棉纱头	kg	88	1.50	132.00
	木材	m³	2.1	1 100.00	2 310.00
	其他材料费	%	30	10 437.46	3 131.24

续表 4-41

序号	名称	单位	数量	单价(元)	合计(元)
3	机械使用费	元			63 703.49
	汽车起重机 20 t	台时	51	124.9	6 369.9
	门式起重机 10 t	台时	105	232.59	24 421.95
	卷扬机 5 t	台时	349	22.04	7 691.96
	电焊机 20~30 kVA	台时	105	27.5	2 887.5
	空气压缩机 9 m³/min	台时	105	86.64	9 097.2
	载重汽车 5 t	台时	70	50.25	3 517.5
	其他机械费	%	18	53 986.01	9 717.48
(二)	其他直接费	%	8.2	166 687.28	13 668.36
二	间接费	%	75	89 415.09	67 061.32
三	企业利润	%	7	247 416.96	17 319.19
四	材料补差	元			12 516.21
	柴油	kg	2 496.1	4.01	10 009.36
	汽油	kg	554	4.525	2 506.85
五	税金	%	11	277 252.36	30 497.76
六	安装单价	元			307 750.12

注:柴油消耗量为 109+11.6×51+17.1×105 = 2 496.1(kg);汽油消耗量为 7.2×70+50 = 554(kg)。

想一想 练一练

1.计算陕西省安康市市郊某水电站工程水力机械辅助设备(设备出厂价为 52.36 万元)水系统的安装工程概算单价。

2.某水利枢纽工程,由大坝、溢洪道、泄洪洞、发电引水隧洞、电站厂房、变电站及输电线路工程等组成。该工程位于青海省互助县(陕西省榆林市横山县、或四川省青川县、或海南省文昌县、或河南省巩义市区等)的县城镇以外,分别计算其设备安装工程单价。(计算中所缺基础单价可以参考教材示例)

(1)计算该工程的水力机械辅助设备(设备出厂价为 52.36 万元)水系统的安装工程概算单价,该工程的人工费费率调整系数为 1.03。

(2)计算该工程的控制保护设备(设备出厂价为 235.18 万元)系统的安装工程概算单价,该工程的人工费费率调整系数为 1.05。

(3)计算该工程的控制电缆的安装工程概算单价,该工程的人工费费率调整系数为 1.05。

(4)计算该工程的接地装置的安装工程概算单价,该工程的人工费费率调整系数为 1.05。

(5)计算该工程的拦污栅栅体的安装工程概算单价,该工程的人工费费率调整系数为 1.05。

(6)计算该工程的高压电气设备(设备出厂价为 87.39 万元)的安装工程概算单价,该工程的人工费费率调整系数为 1.05。

(7)计算该工程的 750 mm^2 带型铝母线桥架钢支架的安装工程概算单价,该工程的人工费费率调整系数为 1.05。

项目 5　编制水利工程总概算

任务 5.1　总概算编制依据

【学习目标】

1. 知识目标：①熟悉水利工程概算编制的依据；②掌握水利工程概算编制的步骤；③熟悉水利工程总概算文件的组成内容。

2. 技能目标：①知道水利工程概算编制的依据和步骤；②知道水利工程总概算文件的组成。

3. 素质目标：①认真仔细的工作态度；②严谨的工作作风；③遵守编制规定的要求。

【项目任务】

学习水利工程总概算文件编制的基本知识。

【项目描述】

水利工程总概算文件计算比较烦琐，包含内容也较多，而且数据之间的关系也非常紧密，本任务主要是学习水利工程总概算的内容和计算步骤。

水利工程概算包括四部分内容，分别是工程部分、建设征地移民补偿、环境保护工程和水土保持工程四部分，见图 5-1。工程部分包括建筑工程、机电设备及安装工程、金属结构设备及安装工程、施工临时工程、独立费用五大部分。以下我们只讨论工程部分工程概算。

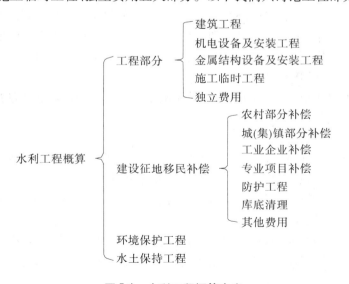

图 5-1　水利工程概算内容

　　水利水电工程项目较多,如大坝、船闸、发电厂、泵站、渠道、隧洞等。建筑物、构筑物也比较复杂。但就其工程内容和工种类别而言,都有其共同点,它的内容包括土方工程、石方工程、混凝土和钢筋混凝土工程、模板工程、砌石工程、钻孔灌浆工程、其他建筑工程等,这就为我们编制概算提供了可遵循的一般规律。

5.1.1　设计概算编制原则

　　(1)国家及省、自治区、直辖市颁发的有关法令法规、制度、规程。
　　(2)《水利工程设计概(估)算编制规定》(水总〔2014〕429 号)。
　　(3)《水利建筑工程概算定额》《水利水电设备安装工程概算定额》《水利工程施工机械台时费定额》和有关行业主管部门颁发的定额。
　　(4)《水利水电工程设计工程量计算规定》(SL 328—2005)。
　　(5)初步设计文件及图纸。
　　(6)有关合同协议及资金筹措方案。
　　(7)其他。

5.1.2　设计概算文件编制程序

5.1.2.1　收集基本资料,熟悉设计图纸

　　编制工程概算要对工程情况进行充分了解。首先,要熟悉设计图纸,将工程项目内容、工程部位搞清楚,了解设计意图;其次,要深入工程现场了解工程现场情况,收集与工程概算有关的基本资料;再次,还要对施工组织设计(包括施工导流等主要施工技术措施)进行充分研究,了解施工方法、措施、运输距离、机械设备、劳动力配备等情况,以便正确合理编制工程单价及工程概算。

5.1.2.2　划分工程项目

　　建筑工程概算项目划分参考前面已经介绍的有关内容和工程项目划分的有关规定进行。工程项目划分第三级项目中,仅列有代表性的项目。编制概算时可根据工程的具体情况在三级基础上进行必要的再划分,形成四级项目,甚至五级项目。

5.1.2.3　编制工程概算单价

　　建筑工程单价应根据工程的具体情况和施工方案,采用国家和地方颁发的现行定额及费用标准进行编制。

5.1.2.4　计算工程量

　　工程量是以物理计量单位来表示的各个分项工程的结构构件、材料等的数量。它是编制工程概算的基本条件之一。工程量计算的准确与否,直接影响工程概算投资大小。因此,工程量计算应严格执行《水利水电工程设计工程量计算规定》(SL 328—2005)。

5.1.2.5　编制工程概算

　　建筑工程概算是按照《水利水电初步设计概算编制办法》规定,采用工程量乘以单价的方法逐项计算工程费用,并按工程项目划分逐级向上合并汇总而得的。

5.1.2.6　工料分析

　　工料分析即工日、材料用量分析计算,它是编制施工组织设计的主要依据之一,也是

施工单位编制投标报价和施工计划的依据。

工日、材料用量是按照完成单位工程量所需的人工、材料用量乘以相应工程总量而计算出来的。

5.1.3　总概算文件的组成

根据国家现行规定,设计概算由设计单位编制,并作为初步设计的一个组成部分同时上报和审批。

为了提高概算编制质量,满足上级审查部门、执行部门(建设单位与施工单位)与监督部门(建设银行和监理单位)审查、执行和监督的需要,水利部统一规定了水利水电基本建设工程设计概算文件组成内容、编制方法和深度要求以及各种基本表格格式。编制设计概算时,应根据行业部分当地行政主管部门的规则规定,严格执行,不得任意减少内容和简化编制方法。

根据水利部 2014 年颁发的《水利工程设计概(估)算编制规定》(水总〔2014〕429号),概算文件包括设计概算报告(正件)、附件、投资对比分析报告。

5.1.3.1　概算正件组成内容

1．编制说明

(1)工程概况。包括流域、河系、兴建地点、工程规模、工程效益、工程布置形式、主体建筑工程量、主要材料用量、施工总工期等。

(2)投资主要指标。包括工程总投资和静态总投资、年度价格指数、基本预备费费率、建设期融资额度、利率和利息等。

(3)编制原则和依据:①概算编制原则和依据。②人工预算单价,主要材料,施工用电、水、风以及砂石料等基础单价的计算依据。③主要设备价格的编制依据。④建筑安装工程定额、施工机械台时费定额和有关指标的采用依据。⑤费用计算标准及依据。⑥工程资金筹措方案。

(4)概算编制中其他应说明的问题。

(5)主要技术经济指标表。根据工程特性表编制,反映工程主要技术经济指标。

2．工程概算总表

工程概算总表应汇总工程部分、建设征地移民补偿、环境保护工程、水土保持工程总概算表。

3．工程部分概算表和概算附表

1)概算表

(1)工程部分总概算表。

(2)建筑工程概算表。

(3)机电设备及安装工程概算表。

(4)金属结构设备及安装工程概算表。

(5)施工临时工程概算表。

(6)独立费用概算表。

(7)分年度投资表。

（8）资金流量表（枢纽工程）。

2）概算附表

（1）建筑工程单价汇总表。

（2）安装工程单价汇总表。

（3）主要材料预算价格汇总表。

（4）次要材料预算价格汇总表。

（5）施工机械台时费汇总表。

（6）主要工程量汇总表。

（7）主要材料量汇总表。

（8）工时数量汇总表。

5.1.3.2　概算附件组成内容

（1）人工预算单价计算表。

（2）主要材料运输费用计算表。

（3）主要材料预算价格计算表。

（4）施工用电价格计算书（附计算说明）。

（5）施工用水价格计算书（附计算说明）。

（6）施工用风价格计算书（附计算说明）。

（7）补充定额计算书（附计算说明）。

（8）补充施工机械台时费计算书（附计算说明）。

（9）砂石料单价计算书（附计算说明）。

（10）混凝土材料单价计算表。

（11）建筑工程单价表。

（12）安装工程单价表。

（13）主要设备运杂费费率计算书（附计算说明）。

（14）施工房屋建筑工程投资计算书（附计算说明）。

（15）独立费用计算书（勘测设计费可另附计算书）。

（16）分年度投资计算表。

（17）资金流量计算表。

（18）价差预备费计算表。

（19）建设期融资利息计算书（附计算说明）。

（20）计算人工、材料、设备预算价格和费用依据的有关文件、询价报价资料及其他。

5.1.3.3　投资对比分析报告

投资对比分析报告应从价格变动、项目及工程量调整、国家政策性变化等方面进行详细分析，说明初步设计阶段与可行性研究阶段（或可行性研究阶段与项目建议书阶段）相比较的投资变化原因和结论，编写投资对比分析报告。工程部分报告应包括以下附表：

（1）总投资对比表。

（2）主要工程量对比表。

（3）主要材料和设备价格对比表。

（4）其他相关表格。

投资对比分析报告应汇总工程部分、建设征地移民补偿、环境保护、水土保持各部分对比分析内容。

注：（1）设计概算报告（正件）、投资对比分析报告可单独成册，也可作为初步设计报告（设计概算章节）的相关内容。

（2）设计概算附件宜单独成册，并应随初步设计文件报审。

想一想 练一练

概算文件组成与之前所学的知识之间有何关联？

任务5.2　计算工程量规则

【学习目标】

1. 知识目标：①了解水利工程工程量的概念；②熟悉水利工程工程量的分类；③掌握水利工程各类工程量在计算中的处理原则。

2. 技能目标：①知道水利工程工程量的各种类型及处理原则；②能进行水利工程工程量的计算。

3. 素质目标：①认真仔细的工作态度；②严谨的工作作风；③遵守编制规定的要求。

【项目任务】

学习水利工程工程量的计算。

【任务描述】

水利工程工程量计算准确是非常重要的，水利部于2005年批准颁布了《水利水电工程设计工程量计算规定》（SL 328—2005），制定了水利工程各类工程量的处理原则。

工程量计算的准确性直接影响工程造价编制的质量。因此，工程造价人员除应具有一定的水工、施工、机电等方面的专业知识外，还应掌握水利工程工程量计算的规则和方法。

水利水电工程各设计阶段的工程量，对优选设计方案和准确预测各设计阶段的工程投资非常重要。水利部于2005年批准颁布了《水利水电工程设计工程量计算规定》（SL 328—2005），该标准自2006年1月1日起实施。该标准适用于大中型水利水电工程项目建议书、可行性研究和初步设计阶段的设计工程量计算。小型水利工程的设计工程量可参照进行计算。

5.2.1　水利工程工程量分类

不同设计阶段的工程量，其计算精度应与相应设计阶段编制规程的要求相适应，并按照《水利工程设计概（估）算编制规定》（水总〔2014〕429号）中项目划分的规定计列。

5.2.1.1　设计工程量

设计工程量由图纸工程量和设计阶段扩大工程量两部分组成。设计工程量就是工程概（估）算的工程量。

1. 图纸工程量

图纸工程量是指按设计图纸计算的工程量,即按照水工建筑物的几何轮廓尺寸计算的工程量。例如,对于混凝土工程就是混凝土工程项目设计尺寸(长、宽、高)计算的形成实物的工程方量。

2. 设计阶段扩大工程量

设计阶段扩大工程量是指由于前期各设计阶段的设计工作深度有限,可能引起工程量的遗漏或设计考虑不周而带来的设计工程量不足的问题,为留有一定的余地,根据设计阶段不同而增加的工程量。在工程量计算规则中用阶段扩大系数进行处理。

5.2.1.2　施工超挖工程量

为保证水工建筑物的安全,施工开挖一般不允许欠挖。为保证建筑物的设计尺寸,施工超挖往往是不可避免的。影响施工超挖工程量的因素主要有施工方法、施工技术、施工管理水平、地质条件及施工环境等。

5.2.1.3　施工附加工程量

施工附加工程量是指为顺利完成主体工程项目施工而必须增加附加施工的工程量。例如,为开挖渠道、土方运输而设置的斜坡道,小断面圆形隧洞为满足施工交通需要扩挖下部而增加的工程量,隧洞开挖工程为满足交通和爆破安全而设置的错车道、避炮洞等增加的工程量,为固定钢筋网而增加的固定筋的工程量等。

5.2.1.4　施工超填工程量

施工超填工程量是指由施工超挖工程量和施工附加工程的增加量而引起的相应增加的回填工程量,如隧洞的施工超挖工程量和施工附加工程量需用混凝土回填而增加的混凝土工程量。

5.2.1.5　施工损失工程量

1. 体积变化损失工程量

体积变化损失工程量是指施工期沉陷、体积变化影响而增加的工程量。如土石方填筑工程施工中施工期沉陷而增加的工程量,混凝土体积收缩而增加的工程量等。

2. 运输及操作损耗工程量

运输及操作损耗工程量是指混凝土、土石方在运输、操作过程中的损耗工程量,以及围垦工程、堵坝抛填工程的损耗工程量等。

3. 其他损耗工程量

其他损耗工程量是指土石方填筑工程施工后,按设计边坡要求的削坡工程量,接缝削坡损失工程量,黏土心(斜)墙及土坝的雨后坝面清理损失工程量,混凝土防渗墙一、二期墙槽接头孔重复造孔及混凝土浇筑增加的工程量。

5.2.1.6　质量检查工程量

1. 基础处理检查工程量

基础处理检查工程量大多数采用钻一定数量检查孔的方法进行质量检查。

2. 其他检查工程量

其他检查工程量如土石方填筑工程通常采用挖试验坑的方法来检验其填筑体的干密度等。

5.2.1.7 试验工程量

试验工程量如土石坝工程为取得石场爆破参数和土石坝碾压参数而进行的爆破试验、碾压试验而增加的工程量。

5.2.2 各类工程量在各设计阶段的处理

在编制工程概（估）算时，应按工程量计算规则和项目划分及定额等有关规定，正确处理上述的各类工程量。

5.2.2.1 设计工程量

设计工程量是图纸工程量乘以设计阶段系数，可行性研究、初步设计阶段的设计阶段系数应采用《水利水电工程设计工程量计算规定》（SL 328—2005）中的系数值，如表 5-1 所示。利用施工图设计阶段成果计算工程造价的，不论是预算或是调整概算，其设计阶段系数均为 1，即设计工程量就是图纸工程量，不再保留设计阶段扩大系数。

表 5-1 水利水电工程设计工程量阶段系数

类别	设计阶段	土石方开挖工程量（万 m³）				混凝土工程量（万 m³）			
		>500	500~200	200~50	<50	>300	300~100	100~50	<50
永久工程或建筑物	项目建议书	1.03~1.05	1.05~1.07	1.07~1.09	1.09~1.11	1.03~1.05	1.05~1.07	1.07~1.09	1.09~1.11
	可行性研究	1.02~1.03	1.03~1.04	1.04~1.06	1.06~1.08	1.02~1.03	1.03~1.04	1.04~1.06	1.06~1.08
	初步设计	1.01~1.02	1.02~1.03	1.03~1.04	1.04~1.05	1.01~1.02	1.02~1.03	1.03~1.04	1.04~1.05
施工临时工程	项目建议书	1.05~1.07	1.07~1.10	1.10~1.12	1.12~1.15	1.05~1.07	1.07~1.10	1.10~1.12	1.12~1.15
	可行性研究	1.04~1.06	1.06~1.08	1.08~1.10	1.10~1.13	1.04~1.06	1.06~1.08	1.08~1.10	1.10~1.13
	初步设计	1.02~1.04	1.04~1.06	1.06~1.08	1.08~1.10	1.02~1.04	1.04~1.06	1.06~1.08	1.08~1.10
永久工程或建筑物	项目建议书	1.03~1.05	1.05~1.07	1.07~1.09	1.09~1.11	1.08	1.06	1.11	1.16
	可行性研究	1.02~1.03	1.03~1.04	1.04~1.06	1.06~1.08	1.06	1.05	1.08	1.15
	初步设计	1.01~1.02	1.02~1.03	1.03~1.04	1.04~1.05	1.03	1.03	1.05	1.10
施工临时工程	项目建议书	1.05~1.07	1.07~1.10	1.10~1.12	1.12~1.15	1.10	1.10	1.12	1.18
	可行性研究	1.04~1.06	1.06~1.08	1.08~1.10	1.10~1.13	1.08	1.08	1.09	1.17
	初步设计	1.02~1.04	1.04~1.06	1.06~1.08	1.08~1.10	1.05	1.05	1.06	1.12

注：1. 若采用混凝土立模面系数乘以混凝土工程量计算模板工程量，不应再考虑模板阶段系数。
　　2. 若采用混凝土含钢率或含钢量乘以混凝土工程量计算钢筋工程量，不应再考虑钢筋阶段系数。
　　3. 截流工程的工程量阶段系数可取 1.25~1.35。

5.2.2.2 施工超挖工程量、施工附加工程量及施工超填工程量

施工中允许的超挖、超填量、合理的施工附加量及施工操作损耗，已计入概算定额，不应包括在设计工程量中。设计工程量为按建筑物或工程的设计几何轮廓尺寸计算出的工程量。项目划分中三级项目的设计工程量乘以相应阶段系数后作为提供造价专业编制概（估）算的工程量。

阶段系数为变幅值，可根据工程地质条件和建筑物结构复杂程度等因素选取，复杂的取大值，简单的取小值。阶段系数表中只列出主要工程项目的阶段系数，对其他工程项目，可依据与主要工程项目的关系参照选取。

预算定额不包括施工中超挖、超填及施工附加量,因此若有些项目概(估)算或工程标底采用预算定额编制,应考虑施工中超挖、超填及施工附加量等因素。

5.2.2.3　试验工程量

碾压试验、爆破试验、级配试验、灌浆试验等大型试验均为设计工作提供重要参数,应列入独立费用中的勘测设计费或工程科研试验费中。

5.2.3　工程量计算注意事项

5.2.3.1　工程项目的设置

工程项目的设置除必须满足《水利水电工程设计工程量计算规定》(SL 328—2005)提出的基本要求(如土石方开挖工程量应按岩土分类级别计算,并将明挖、暗挖分开。明挖宜分一般、坑槽、基础、坡面等;暗挖宜分平洞、斜井、竖井和地下厂房等;土石方填筑工程量应根据建筑物设计断面中不同部位不同填筑材料的设计要求分别计算,以建筑物实体方计量;砌筑工程量应按不同砌筑材料、砌筑方式(干砌、浆砌等)和砌筑部位分别计算,以建筑物砌体方计量;混凝土工程量应根据设计图纸分部位、分强度、分级配计算等)外,还必须与概算定额子目划分相适应,如土石方填筑工程应按抛石、堆石料、垫层料等分列;固结灌浆应按深孔(地质钻机钻孔)、浅孔(风钻钻孔)分列等。

5.2.3.2　必须与采用的定额相一致

水利工程概预算的项目及工程量的计算应与定额章节子目的设置和定额单位以及定额的有关规定相一致。有的工程项目,工程量单位可以有两种表示方式,如喷射混凝土可以用 m^2,也可以用 m^3;混凝土防渗墙可以用 m^2(阻水面积),也可以用 m(进尺)和 m^3(混凝土体积);高压喷射混凝土防渗墙可以用 m^2(阻水面积),也可以用 m(进尺)。设计采用的工程量单位应与定额单位一致,否则则要换算为定额单位。

工程量计算也要与定额的单位相适应,例如岩基帷幕灌浆,如果定额中已将建筑物的钻孔、封孔工作量摊入岩基段的钻孔灌浆中,则工程量只计算岩基段钻孔灌浆量。

5.2.4　工程量计算示例

【例 5-1】　某水利枢纽工程的水工隧洞工程,该隧洞工程为直墙圆拱形,隧洞总长为13.58 km,隧洞成洞后直墙高 7.5 m,直径为 10 m,根据围岩情况,预计径向超挖 20 cm,衬砌厚度为 0.9 m,施工完成后进行 120° 范围的回填灌浆,且需做接缝灌浆,试计算该工程石方开挖、混凝土衬砌、回填灌浆、接缝灌浆工程的概算工程量和预算工程量。

解:1. 计算石方开挖概算工程量:

开挖直墙高 = 7.5 + 0.9 = 8.4(m),开挖底宽 = 10 + 0.9 + 0.9 = 11.8(m),开挖顶拱直径为 11.8 m。

所以,开挖面积 = 8.4 × 11.8 + π × 5.9 × 5.9 ÷ 2 = 153.80(m^2)。

设计图纸工程量 = 153.80 × 13 580 = 2 088 604(m^3)。

查表 5-1 知初步设计阶段工程量扩大系数为 1.02 ~ 1.03,该工程量偏小,系数取1.03,所以该工程设计概算工程量 = 2 088 604 × 1.03 = 2 151 262(m^3)。

假如开挖工程概算单价为 325 元/ m^3,则工程概算费用 = 2 151 262 × 325 = 69 916.02

（万元）。

2.计算石方开挖预算工程量：

预算工程量的计算与上面计算方法一样,计算出设计工程量为 2 088 604 m³。

计算超挖面积:$(8.6×12.2+π×6.1×6.1÷2)-153.80=9.57(m²)$。

超挖工程量为:$9.57×13 580=129 960.6(m³)$。

此处得到设计预算工程量为 2 088 604 m³,超挖工程量为 129 960.6 m³,但是在工程预算中,不能简单地将两个工程量相加,而是以设计预算工程量为计算基础,超挖工程量产生的费用摊销到设计预算工程费用中。

假如开挖工程预算单价为 325 元/m³,则设计工程预算费用为:$2 088 604×325=67 879.63(万元)$。

超挖工程预算费用为 $129 960.6×325=4 223.72(万元)$。

将 4 223.72 万元摊销进设计工程量后,实际工程单价应为 $325+42 237 200÷2 088 604=345.22(元/m³)$。

则工程预算表中实际应填入工程量为 2 088 604 m³,单价栏内应填入 345.22 元/m³。其他工程量请大家自己练习。

想一想 练一练

如果上题其他条件不变,隧洞变为成洞直径 2.5 m 的圆形隧洞,衬砌厚度为 0.35 m,为了施工方便,隧洞底部开挖量增加 0.75 m³/m,为了出渣方便,增加会车(为了错车方便每 200 m 左右增加一个扩大断面)工程量为总设计工程量的 2%,试计算该工程石方开挖、混凝土衬砌、回填灌浆、接缝灌浆工程的概算工程量和预算工程量。

任务5.3　编制各部分概算

【学习目标】

1.知识目标:①熟悉建筑工程、机电设备及安装工程、金属结构设备及安装工程、施工临时工程、独立费用的具体项目组成;②掌握建筑工程、机电设备及安装工程、金属结构设备及安装工程、施工临时工程、独立费用的计算步骤。

2.技能目标:①知道建筑工程、机电设备及安装工程、金属结构设备及安装工程、施工临时工程、独立费用的具体项目组成;②能进行建筑工程、机电设备及安装工程、金属结构设备及安装工程、施工临时工程、独立费用的各部分概算的计算。

3.素质目标:①认真仔细的工作态度;②严谨的工作作风;③遵守编制规定的要求。

【项目任务】

学习水利工程各部分概算的组成及计算。

【任务描述】

水利工程各部分工程概算计算基础是:水利工程各个部分的项目划分,水利工程各部分工程量、水利工程相关工程概算单价,还有《编制规定》中关于各部分概算计算的规定。建筑工程主要注意细部结构指标的计算,设备及安装工程中概算编制主要注意不可漏项和重算,临时工程和独立费用概算计算主要注意编制规定中的相关规定。

5.3.1　建筑工程概算编制

建筑工程按主体建筑工程、交通工程、房屋建筑工程、供电设施工程、其他建筑工程分别采用不同的方法编制。

5.3.1.1　主体建筑工程

(1)主体建筑工程概算按设计工程量乘以工程单价进行编制。

(2)主体建筑工程量应遵照《水利水电工程设计工程量计算规定》(SL 328—2005),按项目划分要求,计算到三级项目。

(3)当设计对混凝土施工有温控要求时,应根据温控措施设计,计算温控措施费用,也可以经过分析确定指标后,按建筑物混凝土方量进行计算。

(4)细部结构工程。参照水工建筑工程细部结构指标表确定,见表5-2。

表5-2　水工建筑工程细部结构指标表

项目名称	混凝土重力坝、重力拱坝、宽缝重力坝、支墩坝	混凝土双曲拱坝	土坝、堆石坝	水闸	冲砂闸、泄洪闸
单位	元/m³(坝体方)			元/m³(混凝土)	
综合指标	16.2	17.2	1.15	48	42
项目名称	进水口、进水塔	溢洪道	隧洞	竖井、调压井	高压管道
单位	元/m³(混凝土)				
综合指标	19	18.1	15.3	19	4
项目名称	电(泵)站地面厂房	电(泵)站地下厂房	船闸	倒虹吸、暗渠	渡槽	明渠(衬砌)
单位	元/m³(混凝土)					
综合指标	37	57	30	17.7	54	8.45

注:1.表中综合指标包括多孔混凝土排水管、廊道木模制作与安装、止水工程(面板坝除外)、伸缩缝工程、接缝灌浆管路、冷却水管路、栏杆、照明工程、爬梯、通气管道、排水工程、排水渗井钻孔及反滤料、坝坡踏步、孔洞钢盖板、厂房内上下水工程、防潮层、建筑钢材及其他细部结构工程。

2.表中综合指标仅包括基本直接费内容。

3.改扩建及加固工程根据设计确定细部结构工程的工程量。其他工程,如果工程设计能够确定细部结构工程的工程量,可按设计工程量乘以工程单价进行计算,不再按表5-2指标计算。

5.3.1.2　交通工程

交通工程投资按设计工程量乘以单价进行计算,也可根据工程所在地区造价指标或有关实际资料,采用扩大单位指标编制。

5.3.1.3　房屋建筑工程

1.永久房屋建筑

(1)用于生产、办公的房屋建筑面积,由设计单位按有关规定结合工程规模确定,单位造价指标根据当地相应建筑造价水平确定。

（2）值班宿舍及文化福利建筑的投资按主体建筑工程投资的百分率计算，见表5-3。

表 5-3 值班宿舍及文化福利建筑的计算百分率

主体建筑工程		百分率
枢纽工程	投资≤50 000 万元	1.0% ~1.5%
	50 000 万元<投资≤100 000 万元	0.8% ~1.0%
	投资>100 000 万元	0.5% ~0.8%
引水工程		0.4% ~0.6%
河道工程		0.4%

注：投资小或工程位置偏远者取大值，反之取小值。

（3）除险加固工程（含枢纽、引水、河道工程）、灌溉田间工程的永久房屋建筑面积由设计单位根据有关规定结合工程建设需要确定。

2.室外工程投资

室外工程投资一般按房屋建筑工程投资的15% ~20%计算。

5.3.1.4 供电设施工程

供电设施工程根据设计的电压等级、线路架设长度及所需配备的变配电设施要求，采用工程所在地区造价指标或有关实际资料计算。

5.3.1.5 其他建筑工程

（1）安全监测设施工程，是指属于建筑工程性质的内外部观测设施。安全监测工程项目投资应按设计资料计算。如无设计资料，可根据坝型或其他工程形式，按照主体建筑工程投资的百分率计算。当地材料坝为0.9% ~1.1%，混凝土坝为1.1% ~1.3%，引水式电站（引水建筑物）为1.1% ~1.3%，堤防工程为0.2% ~0.3%。

（2）照明线路、通信线路等工程投资按设计工程量乘以单价或采用扩大单位指标编制。

（3）其余各项按设计要求分析计算。

5.3.1.6 水利建筑工程概算编制的其他事项

1.主体建筑工程概算表的编制

概算表中"工程或费用名称"根据工程实际情况按《编制规定》表中一至三级项目逐项填列。在填列三级项目时，应根据单价编制时的项目划分，凡编制综合单价的就只填综合项目，凡按概算定额分项编制单价的则应分项目填列。

在填列工程项目时，一定要做到不漏项、不重项，既要防止遗漏了工程项目，又要防止同一工程量在不同项目中重复计算投资。

概算表中"数量"指概算工程量。应根据《水利水电工程设计工程量计算规定》（SL 328—2005）计算。概算表中"单价"指按建安工程单价编制中讲述的方法编制的概算单价。以元为单位，精确至小数点后两位。

概算表中"合价"即各项工程或费用的投资金额，可根据工程规模大小和投资多少精确到元或万元。对于主要建筑工程应按工程量乘单价计算。对于一般建筑工程，除交通工程主要工程投资按工程量乘单价计算外,其他项目均按扩大单位指标计算。

2. 关于大体积混凝土温度控制费用计算

在水利水电工程建筑中,为防止拦河坝等大体积混凝土建筑物由于温度应力产生裂缝和保证坝体在接缝灌浆前温度降低到稳定程度,按现行设计和施工规范的要求,在拦河坝等大体积混凝土建筑物施工中,必须采取温度控制措施。在建筑工程概算编制中,凡大体积混凝土建筑物(指结构断面最小边长大于或等于 3 m)均需单列项计算温度控制措施费用。

为了防止混凝土出现裂缝,混凝土坝体内的最高温度必须严格加以控制,方法之一是限制混凝土搅拌机的出机口温度。在气温较高季节,混凝土在自然条件下的出机口温度往往超过施工技术规范规定的限度,此时,就必须采取人工降温措施,例如采用冷水喷淋预冷骨料或一次、二次风冷骨料,加片冰和(或)加冷水拌制混凝土等方法来降低混凝土的出机口温度。

控制混凝土最高温升的方法之二是,在坝体混凝土内预埋冷却水管,进行一、二期通水冷却。一期(混凝土浇筑后不久)通低温水以削减混凝土浇筑初期产生的水泥水化热温升。二期通水冷却,主要是为了满足水工建筑物接缝灌浆的要求。

以上这些温控措施,应根据不同工程的特点,不同地区的气温条件,不同结构物不同部位的温控要求等综合因素确定。

1)温控措施费用计算基本资料

为计算大体积混凝土温控措施费用,需掌握以下基本资料:

(1)工程所在地区的多年月平均气温、水温、寒潮降温幅度和次数等气象资料。

(2)温控设计提出的坝体容许温差、混凝土控制出机温度和浇筑温度。

(3)需采取加冰、加冷水拌制混凝土的时间及相应混凝土数量,拌制每立方米混凝土所需要加冰、加冷水的数量。

(4)需采取骨料预冷措施的时间及相应的混凝土数量,骨料预冷的方式、预冷温度,每立方米混凝土骨料预冷消耗冷风、冷水数量。

(5)坝体稳定温度、接缝灌浆时间,一、二期通低温水的时间、流量及水量。

(6)各种制冷系统工艺流程、设备配置和制冷剂的消耗指标。

(7)混凝土表面保护材料品种、规格及摊入每立方米混凝土的保护材料用量。

2)混凝土温控措施费用计算步骤

(1)收集上述基本资料。

(2)根据不同强度等级混凝土的材料配合比,和相关资料的温度,可计算出混凝土的出机口温度。出机口混凝土温度一般由施工组织设计确定。若混凝土的出机口温度已确定,则可确定应预冷的材料温度,进而确定各项温控措施。

(3)综合各项温控措施的分项单价,可计算出每立方米混凝土的温控综合价(基本直接费)。

(4)计算各分项温控措施的单价和坝体通水冷却单价。

(5)分别计算各项温控措施单价。每立方米温控混凝土的温控措施单价等于该项措施制冷指标乘以制冷单价;坝体表面保护措施单价等于每立方米温控混凝土表面保护面积与保护材料安装单价的乘积;保护材料安装单价按建筑工程单价编制。

（6）计算温控措施总单价。将每立方米温控混凝土不同温控措施单价分别乘以该项措施温控混凝土占混凝土总量的比例,其总和即温控总单价。

由以上计算步骤可见,温控措施费用中不包括制冷系统及冷却水管费用。制冷系统费用包括在概算投资第四部分临时工程的其他临时工程费用内。冷却水管及其安装费用包括在建筑工程的"其他工程"项内。

5.3.2 机电设备及安装工程概算编制

机电设备及安装工程投资由设备费和安装工程费两部分组成。

5.3.2.1 设备费

设备费包括设备原价、运杂费、运输保险费和采购保管费。

1.设备原价

以出厂价或设计单位分析论证后的询价为设备原价。

2.运杂费

运杂费分主要设备运杂费和其他设备运杂费,均按占设备原价的百分率计算。

1）主要设备运杂费费率

主要设备运杂费费率见表 5-4。

表 5-4   主要设备运杂费费率 　　　　　　　　（%）

设备分类		铁路		公路		公路直达基本费费率
		基本运距 1 000 km	每增运 500 km	基本运距 100 km	每增运 20 km	
水轮发电机组		2.21	0.30	1.06	0.15	1.01
主阀、桥机		2.99	0.50	1.85	0.20	1.33
主变压器	120 000 kVA 及以上	3.50	0.40	2.80	0.30	1.20
	120 000 kVA 以下	2.97	0.40	0.92	0.15	1.20

设备由铁路直达或铁路、公路联运时,分别按里程求得费率后叠加计算;如果设备由公路直达,应按公路里程计算费率后,再加公路直达基本费费率。

2）其他设备运杂费费率

其他设备运杂费费率见表 5-5。

表 5-5   其他设备运杂费费率

类别	适用地区	费率（%）
I	北京、天津、上海、江苏、浙江、江西、安徽、湖北、湖南、河南、广东、山西、山东、河北、陕西、辽宁、吉林、黑龙江等省（直辖市）	3 ~ 5
II	甘肃、云南、贵州、广西、四川、重庆、福建、海南、宁夏、内蒙古、青海等省（自治区、直辖市）	5 ~ 7

工程地点距铁路线近者费率取小值,远者取大值。新疆、西藏地区的设备运杂费费率可视具体情况另行确定。

3. 运输保险费

按有关规定计算。

4. 采购及保管费

按设备原价、运杂费之和的 0.7% 计算。

5. 运杂综合费率

运杂综合费率 = 运杂费费率 + (1 + 运杂费费率) × 采购及保管费费率 + 运输保险费费率

上述运杂综合费率,适用于计算国产设备运杂费。进口设备的国内段运杂综合费率,按国产设备运杂综合费率乘以相应国产设备原价占进口设备原价的比例系数计算(即按相应国产设备价格计算运杂综合费率)。

6. 交通工具购置费

交通工具购置费指工程竣工后,为保证建设项目初期生产管理单位正常运行必须配备的车辆和船只所产生的费用。

交通设备数量应由设计单位按有关规定、结合工程规模确定,设备价格根据市场情况,结合国家有关政策确定。

无设计资料时,可按表 5-6 方法计算。除高原、沙漠地区外,不得用于购置进口、豪华车辆。灌溉田间工程不计此项费用。

计算方法:以第一部分建筑工程投资为基数,按表 5-6 的费率,以超额累进方法计算。

表 5-6　交通工具购置费费率

第一部分建筑工程投资(万元)	费率(%)	辅助参数(万元)
10 000 及以内	0.50	0
10 000 ~ 50 000	0.25	25
50 000 ~ 100 000	0.10	100
100 000 ~ 200 000	0.06	140
200 000 ~ 500 000	0.04	180
500 000 以上	0.02	280

简化计算公式为第一部分建筑工程投资 × 该档费率 + 辅助参数。

5.3.2.2　机电设备及安装工程概算计算的注意事项

(1)国产设备,以出厂价为原价。凡由国家各部委统一定价的定型产品,采用正式颁发的现行出厂价格,非定型和非标准产品,采用与厂家签订的合同价(或提供的报价),也可由概算人员参照有关资料估价。

(2)进口设备,以到岸价和进口征收的关税、增值税、消费税、进出口公司手续费、商检费、港口费等项之和为原价。到岸价按与厂家签订的合同价计算,关税和手续费等按现行规定计算。其中,关税、增值税、消费税目前按《中华人民共和国进出口关税条例》《中华人民共和国海关进出口税则》和《海关进出口关税与代征税对照使用手册》执行。商检费按国家计委、财政部计价格〔1994〕794 号《国家计委、财政部关于发布进出口商品检验监察收费办法及收费标准的通知》执行。

（3）大型机组分块运至工地的拼装费用，应包括在设备原价内。

（4）可行性研究和初设阶段，非定型非标准产品，一般不可能与厂家签订价格合同。设计单位可按向厂家索取的报价资料和当时的市场价格水平，分析论证后，确定设备原价。

（5）由工地自行加工的金属结构，如闸门、拦污栅、压力钢管等。其价格应同于或低于外购价格，其中，压力钢管应按《水利建筑工程概算定额》计算。

5.3.2.3　设备费的计算实例

【例 5-2】　由国家投资兴建的某大型水电站位于四川省（六类工资区）某县的边远山区，需要安装 4 台水轮机，其型号为 HL286 - LJ - 800，调速器为 DT - 150，油压装置为 YS - 8，全套设备自重 1 750 t（其中主机自重 1 680 t），全套设备平均出厂价为 3.0 万元/t。电站水轮机用透平油总计为 1 000 t，透平油预算价格为 6.0 元/kg，根据运距计算其运杂费费率为 6.5%，运输保险费费率 0.4%，试求一台水轮机的设备费。

解：（1）设备出厂价 = 3.0 × 1 750 = 5 250.00（万元）。

（2）运杂费 = 5 250.00 × 6.5% = 341.25（万元）。

（3）运输保险费 = 5 250.00 × 0.4% = 21.00（万元）。

（4）采购及保管费 =（5 250 + 341.25）× 0.7% = 39.14（万元）。

（5）透平油价款 =（1 000 ÷ 4）× 0.60 = 150.00（万元）。

所以，水轮机的设备费为 5 250.00 + 341.25 + 21.00 + 39.14 + 150.00 = 5 801.39（万元/台）。

5.3.3　金属结构设备及安装工程概算编制

金属结构设备及安装工程构成工程总概算的第三部分。

编制方法同第二部分机电设备及安装工程。

金属结构设备及安装工程，是指各种永久水工建筑工程中的闸门、启闭机和拦污栅设备及安装，引水工程的压力钢管制作与安装，航运工程的升船机设备及安装。

（1）起重设备及安装：水电站的起重设备是安装、运行和检修电站各种设备的起吊工具。包括的设备有桥式起重机、门式起重机、油压启闭机、卷扬式启闭机、螺杆式启闭机、电梯、轨道、滑触线。

（2）闸门及安装：闭塞孔口，而又能开放孔口的堵水装置叫闸门。包括平板门、弧形门、船闸闸门、闸门埋件、闸门压重物、拦污栅、小型金属结构等的安装。

（3）压力钢管制作及安装。

5.3.4　施工临时工程概算编制

在水利水电基本建设工程项目的施工准备阶段和建设过程中，为保证永久建筑安装工程的施工，按照施工进度的要求，需要修建的施工导流、施工交通、施工房屋建筑等临时工程的设施,统称为临时工程。

由于水利水电工程建设的特点,导致临时工程规模大、项目多、投资高。所以,在《编制规定》中把临时工程划为一大部分。在编制概算时,应区别不同工程情况,根据施工组织设计确定的工程项目和工程量,分别采用工程量乘单价或扩大单位指标进行编制。

5.3.4.1　导流工程

导流工程按设计工程量乘以工程单价进行计算。

5.3.4.2　施工交通工程

施工交通工程按设计工程量乘以单价进行计算,也可根据工程所在地区造价指标或有关实际资料,采用扩大单位指标编制。

5.3.4.3　施工场外供电工程

根据设计的电压等级、线路架设长度及所需配备的变配电设施要求,采用工程所在地区造价指标或有关实际资料计算。

5.3.4.4　施工房屋建筑工程

施工房屋建筑工程包括施工仓库和办公、生活及文化福利建筑两部分。施工仓库,是指为工程施工而临时兴建的设备、材料、工器具等仓库;办公、生活及文化福利建筑,是指施工单位、建设单位、监理单位及设计代表在工程建设期所需的办公用房、宿舍、招待所和其他文化福利设施等房屋建筑工程。

不包括列入临时设施和其他施工临时工程项目内的电、风、水,通信系统,砂石料系统,混凝土拌和及浇筑系统,木工、钢筋、机修等辅助加工厂,混凝土预制构件厂,混凝土制冷、供热系统,施工排水等生产用房。

1.施工仓库

建筑面积由施工组织设计确定,单位造价指标根据当地相应建筑造价水平确定。

2.办公、生活及文化福利建筑

(1)枢纽工程,按下列公式计算:

$$I = \frac{A \times U \times P}{N \times L} \times K_1 \times K_2 \times K_3$$

式中　I——房屋建筑工程投资;

　　　A——建安工作量,按工程一至四部分建安工作量(不包括办公、生活及文化福利建筑和其他施工临时工程)之和乘以(1+其他施工临时工程百分率)计算;

　　　U——人均建筑面积综合指标,按 12～15 m^2/人标准计算;

　　　P——单位造价指标,参考工程所在地的永久房屋造价指标(元/m^2)计算;

　　　N——施工年限,按施工组织设计确定的合理工期计算;

　　　L——全员劳动生产率,一般按 80 000～120 000 元/(人·年),施工机械化程度高取大值,反之取小值,采用以掘进机施工为主的工程全员劳动生产率应适当提高;

　　　K_1——施工高峰人数调整系数,取 1.10;

　　　K_2——室外工程系数,取 1.10～1.15,地形条件差的可取大值,反之取小值;

　　　K_3——单位造价指标调整系数,按不同施工年限,采用表 5-7 中的调整系数。

表 5-7　单位造价指标调整系数

工期	系数	工期	系数
2 年以内	0.25	5 ~ 8 年	0.70
2 ~ 3 年	0.40	8 ~ 11 年	0.80
3 ~ 5 年	0.55		

（2）引水工程按一至四部分建安工作量的百分率计算（见表 5-8）。

表 5-8　引水工程施工房屋建筑工程费费率

工期	百分率	工期	百分率
≤ 3 年	1.5% ~ 2.0%	> 3 年	1.0% ~ 1.5%

一般引水工程取中上限，大型引水工程取下限。

掘进机施工隧洞工程按表中费率乘 0.5 调整系数。

（3）河道工程按一至四部分建安工作量的百分率计算（见表 5-9）。

表 5-9　河道工程施工房屋建筑工程费费率

工期	百分率	工期	百分率
≤ 3 年	1.5% ~ 2.0%	> 3 年	1.0% ~ 1.5%

5.3.4.5　其他施工临时工程

按工程一至四部分建安工作量（不包括其他施工临时工程）之和的百分率计算。

（1）枢纽工程为 3.0% ~ 4.0%。

（2）引水工程为 2.5% ~ 3.0%。一般引水工程取下限，隧洞、渡槽等大型建筑物较多的引水工程、施工条件复杂的引水工程取上限。

（3）河道工程为 0.5% ~ 1.5%。灌溉田间工程取下限，建筑物较多、施工排水量大或施工条件复杂的河道工程取上限。

5.3.5　独立费用概算编制

5.3.5.1　建设管理费

1. 枢纽工程

枢纽工程建设管理费以一至四部分建安工作量为计算基数，按表 5-10 所列费率，以超额累进方法计算。

表 5-10　枢纽工程建设管理费费率

一至四部分建安工作量（万元）	费率（%）	辅助参数（万元）
50 000 及以内	4.5	0
50 000 ~ 100 000	3.5	500
100 000 ~ 200 000	2.5	1 500
200 000 ~ 500 000	1.8	2 900
500 000 以上	0.6	8 900

简化计算公式为：一至四部分建安工作量 × 该档费率 + 辅助参数（下同）。

2. 引水工程

引水工程建设管理费以一至四部分建安工作量为计算基数,按表 5-11 所列费率,以超额累进方法计算。原则上应按整体工程投资统一计算,工程规模较大时可分段计算。

表 5-11　引水工程建设管理费费率

一至四部分建安工作量(万元)	费率(%)	辅助参数(万元)
50 000 及以内	4.2	0
50 000 ~ 100 000	3.1	550
100 000 ~ 200 000	2.2	1 450
200 000 ~ 500 000	1.6	2 650
500 000 以上	0.5	8 150

3. 河道工程

河道工程建设管理费以一至四部分建安工作量为计算基数,按表 5-12 所列费率,以超额累进方法计算。原则上应按整体工程投资统一计算,工程规模较大时可分段计算。

表 5-12　河道工程建设管理费费率

一至四部分建安工作量(万元)	费率(%)	辅助参数(万元)
10 000 及以内	3.5	0
10 000 ~ 50 000	2.4	110
50 000 ~ 100 000	1.7	460
100 000 ~ 200 000	0.9	1 260
200 000 ~ 500 000	0.4	2 260
500 000 以上	0.2	3 260

5.3.5.2　工程建设监理费

按照《建设工程监理与相关服务收费管理规定》(发改价格〔2007〕670 号)及其他相关规定执行。

5.3.5.3　联合试运转费

费用指标见表 5-13。

表 5-13　联合试运转费用指标

水电站工程	单机容量(万 kW)	≤1	≤2	≤3	≤4	≤5	≤6	≤10	≤20	≤30	≤40	>40
	费用(万元/台)	6	8	10	12	14	16	18	22	24	32	44
泵站工程	电力泵站	50 ~ 60 元/kW										

5.3.5.4　生产准备费

1. 生产及管理单位提前进厂费

(1)枢纽工程按一至四部分建安工程量的 0.15% ~0.35% 计算,大(1)型工程取小值,大(2)型工程取大值。

(2)引水工程视工程规模参照枢纽工程计算。

(3)河道工程、除险加固工程、田间工程原则上不计此项费用。若工程含有新建大型泵站、泄洪闸、船闸等建筑物,按建筑物投资参照枢纽工程计算。

2. 生产职工培训费

按一至四部分建安工作量的 0.35% ~0.55% 计算。枢纽工程、引水工程取中、上限,河道工程取下限。

3. 管理用具购置费

(1)枢纽工程按一至四部分建安工作量的 0.04% ~0.06% 计算,大(1)型工程取小值,大(2)型工程取大值。

(2)引水工程按建安工作量的 0.03% 计算。

(3)河道工程按建安工作量的 0.02% 计算。

4. 备品备件购置费

备品备件购置费按占设备费的 0.4% ~0.6% 计算。大(1)型工程取下限,其他工程取中、上限。

(1)设备费应包括机电设备、金属结构设备以及运杂费等全部设备费。

(2)电站、泵站同容量、同型号机组超过一台时,只计算一台的设备费。

5. 工器具及生产家具购置费

工器具及生产家具购置费按占设备费的 0.1% ~0.2% 计算。枢纽工程取下限,其他工程取中、上限。

5.3.5.5　科研勘测设计费

1. 工程科学研究试验费

按工程建安工作量的百分率计算。其中,枢纽工程和引水工程取 0.7% ;河道工程取 0.3% 。

灌溉田间工程一般不计此项费用。

2. 工程勘测设计费

项目建议书、可行性研究阶段的勘测设计费及报告编制费:执行国家发展改革委发改价格〔2006〕1352 号文颁布的《水利、水电工程建设项目前期工作工程勘察收费标准》和原国家计委计价格〔1999〕1283 号文颁布的《建设项目前期工作咨询收费暂行规定》。

初步设计、招标设计及施工图设计阶段的勘测设计费:执行原国家计委、建设部计价格〔2002〕10 号文件颁布的《工程勘察设计收费标准》。

应根据所完成相应勘测设计工作阶段确定工程勘测设计费,未发生的工作阶段不计相应阶段勘测设计费。

5.3.5.6　其他

1. 工程保险费

按工程一至四部分投资合计的 4.5‰ ~ 5.0‰ 计算,田间工程原则上不计此项费用。

2. 其他税费

按国家有关规定计取。

5.3.6　各部分概算编制示例

各部分概算编制示例见表 5-14 ~ 表 5-18。

表 5-14　第一部分 建筑工程概算

编号	工程或费用名称	单位	数量	单价 (元)	合计 (万元)
1	2	3	4	5	6
I	第一部分　建筑工程				65 824.49
一	挡水工程				32 969.53
(一)	混凝土重力坝工程				32 969.53
1	大坝基础砂砾石开挖	m³	15 352	18.24	28.00
2	一般石方开挖	m³	135 469	61.49	833.00
3	M7.5 浆砌石挡土墙	m³	5 364	286.82	153.85
4	进水口侧木模板制安	m²	1 532 684	127.67	19 567.78
5	C10 内部混凝土	m³	226 548	283.58	6 424.45
6	C30 防渗混凝土	m³	9 256	564.34	522.35
7	C25 外部混凝土	m³	24 698	412.53	1 018.87
8	C20 廊道混凝土	m³	1 436	384.31	55.19
9	钢筋制安	t	1 300	6 755.58	878.23
10	基础固结灌浆	m	5 400	381.52	206.02
11	基础帷幕灌浆	m	48 700	552.97	2 692.96
12	细部结构	m³	261 938	22.48	588.84
二	泄水工程				30 517.56
(一)	溢洪道工程				30 517.56
1	基础土方开挖(Ⅲ)	m³	15 352	15.34	23.55
2	基础岩石开挖	m³	135 469	61.49	833.00
3	M7.5 浆砌石	m³	5 364	286.82	153.85
4	模板制作与安装	m²	1 532 684	118.54	18 168.44
5	C25 混凝土	m³	226 548	412.53	9 345.78

续表 5-14

编号	工程或费用名称	单位	数量	单价（元）	合计（万元）
6	C30 溢流面混凝土	m³	9 256	564.34	522.35
7	钢筋制安	t	1 300	6 755.58	878.23
8	细部结构	m²	235 804	25.12	592.36
三	房屋建筑工程				1 112.55
	生产、办公用房	m²	6 500	1 000	650.00
	值班宿舍及文化福利建筑工程	%	0.5	63 487.09	317.44
	室外工程	%	15	967.44	145.12
四	供电线路工程				197.00
	10 kV 线路（LGJ - 90）	km	21.5	80 000	172.00
	10 kV 间隔	套	1	250 000	25.00
五	其他建筑工程				1 027.85
1	安全监测设施工程	%	1.2	63 487.09	761.85
2	通信线路工程	项	1	1 000 000	100.00
3	照明线路工程	km	22	30 000	66.00
4	其他	项	1	1 000 000	100.00

表 5-14 中几个数据的计算：

（1）细部结构的工程量为其上级项目所对应的相关工程量，以混凝土重力坝工程为例，查水工建筑物细部结构指标表，该部分的工程量应为混凝土，基本直接费单价为 16.2 元/m³，所以该部分的工程量应为 226 548 + 9 256 + 24 698 + 1 436 = 261 938（m³），工程单价应为 $16.2 \times (1 + 8.2\%) \times (1 + 8\%) \times (1 + 7\%) \times (1 + 11\%) = 22.48$（元/m³）。

（2）计算中涉及的相关费率一般根据工程实际情况确定。

表 5-15　第二部分 机电设备及安装工程概算表

编号	名称及规格	单位	数量	单价（元）		合计（万元）	
				设备费	安装费	设备费	安装费
1	2	3	4	5	6	7	8
Ⅱ	第二部分 机电设备及安装工程					11 661.74	1 431.81
一	发电设备及安装工程					10 689.99	1 154.41
（一）	水轮机设备及安装工程					1 356.36	156.66
1	水轮机	台	6	1 855 000	213 700	1 113.00	128.22
2	调速器	台	6	405 600	47 400	243.36	28.44

续表 5-15

编号	名称及规格	单位	数量	单价(元)		合计(万元)	
				设备费	安装费	设备费	安装费
(二)	发电机设备及安装工程					3 347.61	450.22
1	发动机	台	6	5 579 350	750 370	3 347.61	450.22
(三)	主阀设备及安装工程					213.50	41.14
1	蝶阀	套	7	305 000	58 765.27	213.50	41.14
(四)	起重设备及安装工程					3 542.19	450.94
(五)	水利辅助设备及安装工程					348.89	40.85
1	油系统	项	5	122 200	8 500.35	61.10	4.25
2	压气系统	项	5	103 500	7 980.84	51.75	3.99
3	水系统	项	5	165 000	20 472.65	82.50	10.24
4	其他	项	1	1 535 400	223 700.01	153.54	22.37
(六)	电气设备及安装工程					1 881.44	14.60
1	控制保护系统	项	8	2 351 800	49.3	1 881.44	0.04
2	电缆	km	9.35		13 256.94		12.40
3	母线	m/单相	90		240	0.00	2.16
二	升压变电设备及安装工程					870.31	138.78
(一)	主变压器设备及安装工程					324.62	55.76
(二)	高压电气设备及安装工程					420.35	60.18
(三)	一次拉线及其他安装工程					125.34	22.84
三	公用设备及安装工程					101.44	138.62
(一)	通信设备及安装工程					20.24	2.11
(二)	通风采暖设备及安装工程					5.32	1.55
(三)	机修设备及安装工程					9.98	0.00
	车床	台	2	15 320		3.06	
	刨床	台	2	24 600		4.92	
	钻床	台	2	10 000		2.00	
(四)	计算机监控系统					30.54	2.85
(五)	工业电视系统					10.23	2.34
(六)	管理自动化系统					12.55	2.54
(七)	全厂接地及保护网						123.49
(八)	电梯设备及安装工程					12.58	3.74

表 5-16　第三部分 金属结构设备及安装工程概算表

编号	名称及规格	单位	数量	单价(元)		合计(万元)	
				设备费	安装费	设备费	安装费
1	2	3	4	5	6	7	8
Ⅲ	第三部分金属结构设备及安装工程					1 140.31	160.54
一	挡水工程					536.72	91.33
(一)	工作门					417.70	64.56
1	工作门设备及安装					333.70	45.07
	钢筋混凝土闸门拆除	t	280		50		1.40
	平面定轮钢闸门制作安装(7 扇)	t	234	10 500	1 054	245.70	24.66
	闸门埋件制作安装(7 孔)	t	80	11 000	2 376	88.00	19.01
2	启闭设备及安装					84.00	19.49
	QPQ - 250 kN 卷扬启闭机	台	20	42 000	7 493	84.00	14.99
	老启闭机拆除	台	20		2 248	0.00	4.50
(二)	检修闸工程					85.63	16.55
1	闸门设备及安装					82.00	10.93
2	启闭设备及安装					3.63	5.62
(三)	拦污设备及安装					33.39	10.22
1	拦污栅栅体(7 台)	t	27	10 200	3 200	27.54	8.64
2	拦污栅埋件	t	4.5	13 000	3 500	5.85	1.58
二	泄洪工程					266.99	30.59
(一)	工作门					203.06	23.42
1	工作门设备及安装					148.62	19.18
2	启闭设备及安装					54.44	4.24
(二)	检修闸工程					63.93	7.17
1	闸门设备及安装					60.30	4.75
2	启闭设备及安装					3.63	2.42
三	船运工程					336.60	38.62
(一)	船闸上闸首					161.51	19.10
1	工作门					109.46	12.54
(1)	工作门设备及安装					91.53	8.93
(2)	启闭设备及安装					17.93	3.61
2	输水门					21.76	5.85

续表 5-16

编号	名称及规格	单位	数量	单价（元）		合计（万元）	
				设备费	安装费	设备费	安装费
（1）	工作门设备及安装					12.15	1.81
（2）	启闭设备及安装					9.61	4.04
3	检修门工程					30.29	0.71
（1）	闸门设备及安装					30.29	0.71
（二）	船闸下闸首					153.09	19.52
1	工作门					115.60	13.19
（1）	工作门设备及安装					97.67	9.58
（2）	启闭设备及安装					17.93	3.61
2	输水门					21.76	5.85
（1）	工作门设备及安装					12.15	1.81
（2）	启闭设备及安装					9.61	4.04
3	检修闸工程					15.73	0.48
1	闸门设备及安装					15.73	0.48
（三）	液压系统	套	2	110 000		22.00	

表 5-17　第四部分 施工临时工程概算

编号	工程或费用名称	单位	数量	单价（元）	合计（万元）
1	2	3	4	5	6
Ⅳ	第四部分 临时工程				3 002.14
一	导流工程				191.50
1	浅孔闸施工围堰				97.75
	上下游围堰填筑 74 kW 推土机Ⅲ－20 m（利用方）	m³	40 000	1.62	6.48
	上下游围堰填筑 1 m³ 挖掘机挖 5 t 自卸汽车运Ⅲ－1 km	m³	30 000	10.95	32.85
	上下游围堰填筑 74 kW 推土机Ⅲ－20 m	m³	30 000	1.62	4.86
	上下游围堰拆除 200 m³ 绞吸式挖泥船Ⅲ－900 m，$H = 5$ m	m³	70 000	6.66	46.62
	挖泥船开工展布	次	1	39 147.00	3.91
	挖泥船收工集合	次	1	21 459.00	2.15

续表 5-17

编号	工程或费用名称	单位	数量	单价(元)	合计(万元)
	排泥管安装拆除	m	600	14.61	0.88
2	深孔闸施工围堰				44.21
	上游围堰填筑 74 kW 推土机Ⅲ-20 m	m³	17 800	1.62	2.88
	上游围堰拆除 200 m³ 绞吸式挖泥船Ⅲ-900 m, H=5 m	m³	17 800	6.66	11.85
	冲填区围堰利用土方压实	m³	80 000	3.06	24.48
	退水口	处	1	50 000.00	5.00
3	井点降水				49.54
	井点管安拆	根	573	102.80	5.89
	排水台班	台班	3 420	127.63	43.65
二	施工交通工程				20.50
	进场泥结碎石道路(宽 6 m)	km	1.45	100 000	14.50
	上游下基坑泥结碎石道路(宽 3.5 m)	km	1.0	60 000	6.00
三	施工房屋建筑工程				679.98
1	施工仓库	m²	1 800.0	200	36.00
2	办公生活及文化福利建筑	万元			643.98
四	其他施工临时工程	万元	70 338.77	3%	2 110.16

表 5-17 中几个数据的计算:

办公生活及文化福利建筑费用的计算,该枢纽工程是使用公式计算的。

公式中的 A = (65 824.49 + 1 431.81 + 160.54 + 191.50 + 20.50 + 36.00) × (1 + 3%) = 69 694.79(万元);U = 12 m²;P = 600 元/m²;N = 3;L = 120 000;K_1 = 1.1;K_2 = 1.05;K_3 = 0.4。

其他临时工程的计算基数为:69 694.79 + 643.98 = 70 338.77(万元)。

表 5-18　第五部分　独立费用概算表

编号	工程或费用名称	单位	计算公式	合计(万元)
1	2	3	4	5
V	第五部分 独立费用	万元		11 242.42
一	建设管理费	万元	70 418.98 × 3.5% + 500	2 964.66
二	工程建设监理费	万元	1 088.23 × 1.2 × 0.85 × 1	1 109.99
三	联合试运转费(3.6 万 kW/台)	万元	6 × 12	72.00
四	生产准备费	万元		586.37
1	生产及管理单位提前进场费	万元	70 418.98 × 0.25%	176.05

续表5-18

编号	工程或费用名称	单位	计算公式	合计(万元)
2	生产职工培训费	万元	$70\,418.98 \times 0.45\%$	316.89
3	管理用具购置费	万元	$70\,418.98 \times 0.05\%$	35.21
4	备品备件购置费	万元	$(12\,802.05 - 3\,717.175) \times 0.5\%$	45.42
5	工器具及生产家具购置费	万元	$12\,802.05 \times 0.1\%$	12.80
五	科研勘测设计费	万元		6 083.29
1	工程科学研究试验费	万元	$70\,418.98 \times 0.7\%$	492.93
2	工程勘测设计费 (包括前期勘察、 前期咨询、勘察和设计)	万元	$(866.78 \times 1.4 \times 1 \times 1.2) +$ $(86.2 \times 1.2 \times 1) +$ $(1\,669.73 \times 1.4 \times 1 \times 0.85) +$ $(1\,669.73 \times 1.2 \times 0.85 \times 1.2)$	5 590.36
六	其他	万元		426.11
1	工程保险费	万元	$83\,221.03 \times 5‰$	416.11
2	其他税费	万元	估	10.00

注:1. 一至四部分建安工作量为 $65\,824.49 + 1\,431.81 + 160.54 + 3\,002.14 = 70\,418.98$(万元)。

2. 设备费合计为 $11\,661.74 + 1\,140.31 = 12\,802.05$(万元)。

3. 每台水轮发电机组的设备费为 $185.5 + 557.935 = 743.435$(万元)。

4. 监理费基价插值计算: $(1\,255.8 - 991.4) \times (70\,418.98 - 60\,000)/(80\,000 - 60\,000) + 991.4 = 1\,129.14$(万元)。

5. 一至四部分投资之和为 $70\,418.98 + 12\,802.05 = 83\,221.03$(万元)。

任务5.4　编制工程总概算表

【学习目标】

1. 知识目标:①了解水利工程总概算的概念;②掌握水利工程总概算中基本预备费、价差预备费、静态总投资、分年度投资、资金流量、建设期融资利息的概念。

2. 技能目标:①会计算水利工程总概算中基本预备费、价差预备费、静态总投资、分年度投资、资金流量、建设期融资利息;②会填写水利工程总概算表。

3. 素质目标:①认真仔细的工作态度;②严谨的工作作风;③遵守编制规定的要求。

【项目任务】

学习水利工程总概算的计算。

【任务描述】

水利工程总概算计算中包括基本预备费、价差预备费、静态总投资、分年度投资、资金流量、建设期融资利息,所有计算都有不同的规定,计算中要严格按照编制规定的相关要求进行。

5.4.1　总概算表的主要内容

5.4.1.1　工程概算总表

工程概算总表是由工程部分投资、建设征地移民补偿投资、环境保护工程投资和水土保持工程投资四部分汇总而成的,见表 5-19。

表 5-19　工程概算总表　　　　　　　　　　　　　　　　（单位:万元）

序号	工程或费用名称	建安工程费	设备购置费	独立费用	合计
Ⅰ	工程部分投资				
	第一部分　建筑工程……				
	第二部分　机电设备及安装工程……				
	第三部分　金属结构设备及安装工程……				
	第四部分　施工临时工程……				
	第五部分　独立费用……				
	一至五部分投资合计				
	基本预备费				
	静态投资				
Ⅱ	建设征地移民补偿投资				
一	农村部分补偿费				
二	城(集)镇部分补偿费				
三	工业企业补偿费				
四	专业项目补偿费				
五	防护工程费				
六	库底清理费				
七	其他费用				
	一至七项小计				
	基本预备费				
	有关税费				
	静态投资				
Ⅲ	环境保护工程投资				
	静态投资				
Ⅳ	水土保持工程投资				
	静态投资				
Ⅴ	工程投资总计(Ⅰ~Ⅳ项合计)				
	静态总投资				
	价差预备费				
	建设期融资利息				
	总投资				

5.4.1.2 概算表

工程总概算包括工程部分总概算表、建筑工程概算表、设备及安装工程概算表、分年度投资表、资金流量表。

工程部分总概算表是概算文件的总表,反映出拟建工程的建安工程费、设备购置费、独立费用、预备费、建设期融资利息、静态总投资和总投资。按项目划分的五部分填表并列至一级项目,一般以万元为单位,精确到小数点后两位。

按项目划分的五部分填表并列至一级项目。五部分之后的内容为:一至五部分投资合计、基本预备费、静态总投资。

1. 总概算表

按项目划分的五部分填表并列示至一级项目,见表5-20。五部分之后的内容为一至五部分投资合计、基本预备费、静态投资。

表5-20 工程部分总概算表　　　　　　　（单位:万元）

序号	工程或费用名称	建安工程费	设备购置费	独立费用	合计	占一至五部分投资比例(%)
	各部分投资					
	一至五部分投资合计					
	基本预备费					
	静态投资					

2. 建筑工程概算表

按项目划分列示至三级项目,见表5-21。

表5-21 建筑工程概算表

序号	工程或费用名称	单位	数量	单价(元)	合计(万元)

本表适用于编制建筑工程概算、施工临时工程概算和独立费用概算。

3. 设备及安装工程概算表

按项目划分列示至三级项目,见表5-22。

表5-22 设备及安装工程概算表

序号	名称及规格	单位	数量	单价(元)		合计(万元)	
				设备费	安装费	设备费	安装费

本表适用于编制机电和金属结构设备及安装工程概算。

5.4.2 分年度投资计算

分年度投资是根据施工组织设计确定的施工进度和合理工期而计算出的工程各年度

预计完成的投资额。

5.4.2.1　建筑工程

（1）建筑工程分年度投资表应根据施工进度的安排,对主要工程按各单项工程分年度完成的工程量和相应的工程单价计算。对于次要的和其他工程,可根据施工进度,按各年所占完成投资的比例,摊入分年度投资表。

（2）建筑工程分年度投资的编制可视不同情况按项目划分列至一级项目或二级项目,分别反映各自的建筑工程量。

5.4.2.2　设备及安装工程

设备及安装工程分年度投资应根据施工组织设计确定的设备安装进度计算各年预计完成的设备费和安装费。

5.4.2.3　费用

根据费用的性质和费用发生的时段,按相应年度分别进行计算。

按表 5-23 编制分年度投资表,可视不同情况按项目划分列示至一级项目或二级项目。

表 5-23　分年度投资表　　　　　　　　　（单位:万元）

序号	项目	合计	建设工期(年)						
			1	2	3	4	5	6	…
Ⅰ	工程部分投资								
一	建筑工程								
1	建筑工程								
	×××工程(一级项目)								
2	施工临时工程								
	×××工程(一级项目)								
二	安装工程								
1	机电设备安装工程								
	×××工程(一级项目)								
2	金属结构设备安装工程								
	×××工程(一级项目)								
三	设备购置费								
1	机电设备								
	×××设备								
2	金属结构设备								
	×××设备								
四	独立费用								

续表 5-23

序号	项目	合计	建设工期（年）						
			1	2	3	4	5	6	…
1	建设管理费								
2	工程建设监理费								
3	联合试运转费								
4	生产准备费								
5	科研勘测设计费								
6	其他								
	一至四项合计								
	基本预备费								
	静态投资								
Ⅱ	建设征地移民补偿投资								
	⋮								
	静态投资								
Ⅲ	环境保护工程投资								
	⋮								
	静态投资								
Ⅳ	水土保持工程投资								
	⋮								
	静态投资								
Ⅴ	工程投资总计（Ⅰ～Ⅳ项合计）								
	静态总投资								
	价差预备费								
	建设期融资利息								
	总投资								

5.4.3 资金流量表的编制

资金流量是为满足工程项目在建设过程中各时段的资金需求,按工程建设所需资金投入时间计算的各年度使用的资金量。资金流量表的编制以分年度投资表为依据,按建筑安装工程、永久设备购置费和独立费用三种类型分别计算。该资金流量计算办法主要用于初步设计概算。

5.4.3.1　建筑及安装工程资金流量

（1）建筑工程可根据分年度投资表的项目划分，考虑各年度建筑工作量作为计算资金流量的依据。

（2）资金流量是在原分年度投资的基础上，考虑预付款、预付款的扣回、保留金和保留金的偿还等编制出的分年度资金安排。

（3）预付款一般可划分为工程预付款和工程材料预付款两部分。

①工程预付款按划分的单个工程项目的建安工作量的 10%～20% 计算，工期在 3 年以内的工程全部安排在第一年，工期在 3 年以上的可安排在前两年。工程预付款的扣回从完成建安工作量的 30% 起开始，按完成建安工作量的 20%～30% 扣回至预付款全部回收完毕为止。

对于需要购置特殊施工机械设备或施工难度较大的项目，工程预付款可取大值，其他项目取中值或小值。

②工程材料预付款。水利工程一般规模较大，所需材料的种类及数量较多，提前备料所需资金较大，因此考虑向施工企业支付一定数量的材料预付款。可按分年度投资中次年完成建安工作量的 20% 在本年提前支付，并于次年扣回，以此类推，直至本项目竣工。

（4）保留金。水利工程的保留金，按建安工作量的 2.5% 计算。在计算概算资金流量时，按分项工程分年度完成建安工作量的 5% 扣留至该项工程全部建安工作量的 2.5% 时终止（即完成建安工作量的 50% 时），并将所扣的保留金 100% 计入该项工程终止后一年（如该年已超出总工期，则此项保留金计入工程的最后一年）的资金流量表内。

5.4.3.2　永久设备购置费资金流量

永久设备购置费资金流量计算，划分为主要设备和一般设备两种类型分别计算。

（1）主要设备的资金流量计算，主要设备为水轮发电机组、大型水泵、大型电机、主阀、主变压器、桥机、门机、高压断路器或高压组合电器、金属结构闸门启闭机设备等。按设备到货周期确定各年资金流量比例，具体比例见表 5-24。

表 5-24　主要设备资金流量比例

到货周期	第 1 年	第 2 年	第 3 年	第 4 年	第 5 年	第 6 年
1 年	15%	75%[①]	10%			
2 年	15%	25%	50%[①]	10%		
3 年	15%	25%	10%	40%[①]	10%	
4 年	15%	25%	10%	10%	30%[①]	10%

注：①数据的年份为设备到货年份。

（2）其他设备。其资金流量按到货前一年预付 15% 定金，到货年支付 85% 的剩余价款。

5.4.3.3　独立费用资金流量

独立费用资金流量主要是勘测设计费的支付方式应考虑质量保证金的要求，其他项目则均按分年度投资表中的资金安排计算。

（1）可行性研究和初步设计阶段的勘测设计费按合理工期分年平均计算。

（2）施工图设计解读勘测设计费的 95% 按合理工期分年平均计算，其余 5% 的勘测设计费作为设计保证金，计入最后一年的资金流量表内。

需要编制资金流量表的项目可按表 5-25 编制。

可视不同情况按项目划分列示至一级项目或二级项目。项目排列方法同分年度投资表。资金流量表应汇总征地移民、环境保护、水土保持部分投资，并计算总投资。资金流量表是资金流量计算表的成果汇总。

表 5-25　资金流量表　　　　　　　　　（单位：万元）

序号	项目	合计	建设工期（年）						
			1	2	3	4	5	6	…
Ⅰ	工程部分投资								
一	建筑工程								
（一）	建筑工程								
	×××工程（一级项目）								
（二）	施工临时工程								
	×××工程（一级项目）								
二	安装工程								
（一）	机电设备安装工程								
	×××工程（一级项目）								
（二）	金属结构设备安装工程								
	×××工程（一级项目）								
三	设备购置费								
	⋮								
四	独立费用								
	⋮								
	一至四项合计								
	基本预备费								
	静态投资								
Ⅱ	建设征地移民补偿投资								
	⋮								
	静态投资								
Ⅲ	环境保护工程投资								
	⋮								
	静态投资								

续表 5-25

序号	项目	合计	建设工期（年）						
			1	2	3	4	5	6	…
Ⅳ	水土保持工程投资								
	⋮								
	静态投资								
Ⅴ	工程投资总计（Ⅰ～Ⅳ项合计）								
	静态总投资								
	价差预备费								
	建设期融资利息								
	总投资								

5.4.4　预备费计算

5.4.4.1　基本预备费

计算方法：根据工程规模、施工年限和地质条件等不同情况，按工程一至五部分投资合计（依据分年度投资表）的百分率计算。

初步设计阶段为 5.0%～8.0%。

技术复杂、建设难度大的工程项目取大值，其他工程取中小值。

5.4.4.2　价差预备费

计算方法：根据施工年限，以资金流量表的静态投资为计算基数。

按照有关部门适时发布的年物价指数计算，计算公式为

$$E = \sum_{n=1}^{N} F_n \left[(1 + P)^n - 1 \right]$$

式中　E——价差预备费；

　　　N——合理建设工期；

　　　n——施工年度；

　　　F_n——建设期间资金流量表内第 n 年的投资；

　　　P——年物价指数。

5.4.5　建设期融资利息计算

国家为了有偿使用财政资金，提高投资效益，自 1984 年起对基本建设工程投资由拨款改为贷款，由建设单位按规定利率向建设银行支付贷款利息。根据中国人民建行贷款实行当年结息不计复利的规定和国家计委计建设〔1991〕55 号文规定，自 1991 年起编制水利水电工程概（预）算时，均需计算建设期内应还息的工程贷款利息，简称建设期融资利息，并构成工程总投资。

建设期融资利息计算公式为

$$S = \sum_{n=1}^{N} \left[\left(\sum_{m=1}^{n} F_m b_m - \frac{1}{2} F_n b_n \right) + \sum_{m=0}^{n-1} S_m \right] i$$

式中　S——建设期融资利息；

　　　N——合理建设工期；

　　　n——施工年度；

　　　m——还息年度；

　　　F_n、F_m——在建设期资金流量表内第 n、m 年的投资；

　　　b_n、b_m——各施工年份融资额占当年投资比例；

　　　i——建设期融资利率；

　　　S_m——第 m 年的付息额度。

5.4.6　静态总投资的计算

工程一至五部分投资与基本预备费之和构成工程部分静态总投资。编制工程部分总概算表时,在第五部分独立费用之后,应顺序计列以下项目:

(1)一至五部分投资之和。

(2)基本预备费。

(3)静态投资。

工程部分、建设征地移民补偿、环境保护工程、水土保持工程之和构成静态总投资。

5.4.7　总投资的计算

静态总投资、价差预备费、建设期融资利息之和构成总投资。

编制工程概算总表时,在工程投资总计中应顺序计列以下项目:

(1)静态总投资(汇总各部分静态投资)。

(2)价差预备费。

(3)建设期融资利息。

(4)总投资。

5.4.8　总概算表编制示例

【例5-3】　某项目的静态投资为 250 000 万元,按本项目进度计划,项目建设期为 5 年,5 年的投资分年度使用比例为第 1 年 10%,第 2 年 20%,第 3 年 30%,第 4 年 30%,第 5 年 10%,建设期内国家发布的平均物价上涨指数为 6%。试估计该项目建设期的价差预备费。

解:第 1 年投资计划用款额:$F_1 = 250\,000 \times 10\% = 25\,000$(万元)

第 1 年价差预备费:$E_1 = F_1 [(1+P) - 1] = 25\,000 \times [(1+6\%) - 1] = 1\,500$(万元)

第 2 年投资计划用款额:$F_2 = 250\,000 \times 20\% = 50\,000$(万元)

第 2 年价差预备费:$E_2 = F_2 [(1+P)^2 - 1] = 50\,000 \times [(1+6\%)^2 - 1] = 6\,180$(万元)

第 3 年投资计划用款额:$F_3 = 250\,000 \times 30\% = 75\,000$(万元)

第 3 年价差预备费：$E_3 = F_3 [(1 + P)^3 - 1] = 75\,000 \times [(1 + 6\%)^3 - 1] = 14\,326.2$（万元）

第 4 年投资计划用款额：$F_4 = 250\,000 \times 30\% = 75\,000$（万元）

第 4 年价差预备费：$E_4 = F_4 [(1 + P)^4 - 1] = 75\,000 \times [(1 + 6\%)^4 - 1] = 19\,685.8$（万元）

第 5 年投资计划用款额：$F_5 = 250\,000 \times 10\% = 25\,000$（万元）

第 5 年价差预备费：$E_5 = F_5 [(1 + P)^5 - 1] = 25\,000 \times [(1 + 6\%)^5 - 1] = 8\,455.6$（万元）

所以，项目建设期的价差预备费为

$E = E_1 + E_2 + E_3 + E_4 + E_5 = 1\,500 + 6\,180 + 14\,326.2 + 19\,685.8 + 8\,455.6 = 50\,147.6$（万元）

【例 5-4】　已知某工程合理工期 4 年，建设期贷款年利率 8.28%，分年度投资和年度融资占分年投资比例见表 5-26。

表 5-26　年度投资和年度融资占分年投资比例

施工年度 n	第 1 年	第 2 年	第 3 年	第 4 年	合计
分年投资（万元）	5 450	6 560	7 670	12 340	32 020
融资比例 b	30%	40%	50%	60%	

求该工程建设期融资利息。

解：建设期融资利息计算公式为

$$S = \sum_{n=1}^{N} \left[\left(\sum_{m=1}^{n} F_m b_m - \frac{1}{2} F_n b_n \right) + \sum_{m=0}^{n-1} S_m \right] i$$

第 1 年融资利息，当 $n = 1$ 时

$$S_1 = \left(F_1 b_1 - \frac{1}{2} F_1 b_1 + 0 \right) i = \frac{1}{2} F_1 b_1 i = \frac{1}{2} \times 5\,450 \times 30\% \times 8.28\%$$
$$= 67.69（万元）$$

第 2 年融资利息，当 $n = 2$ 时

$$S_2 = \left(\sum_{m=1}^{2} F_m b_m - \frac{1}{2} F_n b_i + S_1 \right) i$$
$$= \left[5\,450 \times 30\% + \frac{1}{2} \times 6\,560 \times 40\% + 67.69 \right] \times 8.28\%$$
$$= 249.62（万元）$$

第 3 年融资利息，当 $n = 3$ 时

$$S_3 = \left[F_1 b_1 + F_2 b_2 + \frac{1}{2} F_3 b_3 + (S_1 + S_2) \right] i$$
$$= \left(5\,450 \times 30\% + 6\,560 \times 40\% + \frac{1}{2} \times 7\,670 \times 50\% + 67.69 + 249.62 \right) \times 8.28\%$$
$$= 537.69（万元）$$

第 4 年融资利息，当 $n = 4$ 时

$$S_4 = \left[F_1 b_1 + F_2 b_2 + F_3 b_3 + \frac{1}{2} F_4 b_4 + (S_1 + S_2 + S_3) \right] i$$

$$= (5\,450 \times 30\% + 6\,560 \times 40\% + 7\,670 \times 50\% + \frac{1}{2} \times 12\,340 \times$$

$$60\% + 67.69 + 249.62 + 537.69) \times 8.28\%$$

$$= 1\,047.50(万元)$$

建设期融资利息为

$$S = \sum_{n=1}^{4} S_n = 67.69 + 249.62 + 537.69 + 1\,047.50 = 1\,902.50(万元)$$

以上举例是按现行银行复利计算的方法进行编制计算的,如果国家银行出台利随本清的计息原则,此式当有所变化。

表 5-27、表 5-28 概算表格示例,与先前工程无关联。

表 5-27 是总概算计算使用的表格,计算出的各项费用是按年度分列的,这个表是工程部分总概算表的计算过程,所有计算数据最终要填入表 5-28 中。

表 5-27　总概算表计算表　　　　　　　（单位:元）

序号	项目名称	第1年	第2年	第3年	合计
一	建筑工程	58 548.32	98 462.32	47 524.23	204 534.87
二	机电设备及安装工程	3 873.65	4 652.87	2 154.32	10 680.84
三	金结设备及安装工程	873.54	2 413.25	548.69	3 835.48
四	临时工程	3 854.62	654.38	128.64	4 637.64
五	独立费用	3 368.27	5 874.62	2 873.49	12 116.38
六	基本费用	70 518.40	112 057.44	53 229.37	235 805.21
	基本预备费	4 231.10	6 723.45	3 193.76	14 148.31
	静态总投资	74 749.50	118 780.89	56 423.13	249 953.52
	价差预备费	4 484.97	14 681.32	10 777.72	29 944.01
	建设期融资利息	1 501.30	5 618.89	9 748.54	16 868.73
	总投资	80 735.77	139 081.10	76 949.39	296 766.26

表 5-28　工程部分总概算表　　　　　　　（单位:元）

序号	项目名称	建安费	设备费	独立费用	合计	占基本费用的比例
一	建筑工程	204 534.87			204 534.87	86.73%
二	机电设备及安装工程	2 995.38	7 685.46		10 680.84	4.53%
三	金结设备及安装工程	1 740.04	2 095.44		3 835.48	1.63%
四	临时工程	4 637.64			4 637.64	1.97%

续表 5-28

序号	项目名称	建安费	设备费	独立费用	合计	占基本费用的比例
五	独立费用			12 116.38	12 116.38	5.14%
六	基本费用	213 907.93	9 780.90	12 116.38	235 805.21	100%
	基本预备费				14 148.31	
	静态总投资				249 953.52	
	价差预备费				29 944.01	
	建设期融资利息				16 868.73	
	总投资				296 766.26	

想一想 练一练

分年度投资表和资金流量表的关系是什么？这两个表有什么关联？表内的数据在计算时应考虑哪些因素？

项目6　水利工程招标投标基础

任务6.1　水利工程招标

【学习目标】

1. 知识目标:①了解工程招标的作用;②熟悉工程招标的程序。
2. 技能目标:知道水利工程招标的程序。
3. 素质目标:①认真仔细的工作态度;②严谨的工作作风;③遵守招标投标法的规定。

【项目任务】

学习水利工程招标的程序。

【任务描述】

为什么要进行水利工程的招标,水利工程招标应如何进行? 水利工程招标的程序是什么?

6.1.1　水利工程招标的作用

实行建设项目的招标投标是我国建筑市场趋向规范化、完善化的重要举措,对于择优选择承包单位、全面降低工程造价,进而使工程造价得到合理有效的控制,具有十分重要的意义,具体表现在以下几个方面:

(1)形成了由市场定价的价格机制。

实行建设项目的招标投标基本形成了由市场定价的价格机制,使工程价格更加趋于合理。其最明显的表现是若干投标人之间出现激烈竞争(相互竞标),这种市场竞争最直接、最集中的表现就是在价格上的竞争。通过竞争确定出工程价格,使其趋于合理或下降,这将有利于节约投资、提高投资效益。

(2)不断降低社会平均劳动消耗水平。

实行建设项目的招标投标能够不断降低社会平均劳动消耗水平,使工程价格得到有效控制。在建筑市场中,不同投标者的个别劳动消耗水平是有差异的。通过推行招标投标,最终是那些个别劳动消耗水平最低或接近最低的投标者获胜,这样便实现了生产力资源较优配置,也对不同投标者实行了优胜劣汰。面对激烈竞争的压力,为了自身的生存与发展,每个投标者都必须切实在降低自己个别劳动消耗水平上下功夫,这样将逐步而全面地降低社会平均劳动消耗水平,使工程价格更为合理。

(3)工程价格更加符合价值基础。

实行建设项目的招标投标便于供求双方更好地相互选择,使工程价格更加符合价值基础,进而更好地控制工程造价。由于供求双方各自出发点不同,存在利益矛盾,因而单纯采用"一对一"的选择方式,成功的可能性较小。采用招标投标方式就为供求双方在较大范围内进行相互选择创造了条件,为需求者与供给者在最佳点上结合提供了可能。需求者对供给者选择的基本出发点是"择优选择",即选择那些报价较低、工期较短、具有良好业绩和管理水平的供给者,这样即为合理控制工程造价奠定了基础。

(4)公开、公平、公正的原则。

实行建设项目的招标投标有利于规范价格行为,使公开、公平、公正的原则得以贯彻。我国招标投标活动有特定的机构进行管理,有严格的程序必须遵循,有高素质的专家支持系统、工程技术人员的群体评估与决策,能够避免盲目过度的竞争和营私舞弊现象的发生,对建筑领域中的腐败现象也是强有力的遏制,使价格形成过程变得透明而较为规范。

(5)能够减少交易费用。

实行建设项目的招标投标能够减少交易费用,节省人力、物力、财力,进而使工程造价有所降低。我国目前从招标、投标、开标、评标直至定标,均在统一的建筑市场中进行,并有较完善的一些法律、法规规定,已进入制度化操作。招标投标中,若干投标人在同一时间、地点进行报价竞争,在专家支持系统的评估下,以群体决策方式确定中标者,必然减少交易过程的费用,这本身就意味着招标人收益的增加,对工程造价必然产生积极的影响。

建设项目招标投标活动包含的内容十分广泛,具体说包括建设项目强制招标的范围、建设项目招标的种类与方式、建设项目招标的程序、建设项目招标投标文件的编制、标底编制与审查、投标报价以及开标、评标、定标等。所有这些环节的工作均应按照国家有关法律、法规规定认真执行并落实。

6.1.2　水利工程招标程序

从招标人的角度看,建设工程招标的一般程序主要经历以下几个环节。

6.1.2.1　设立招标组织或者委托招标代理人

应当招标的工程建设项目,办理报建登记手续后,凡已满足招标条件的,均可组织招标,办理招标事宜。招标组织者组织招标必须具有相应的组织招标的资质。

6.1.2.2　办理招标备案手续,申报招标的有关文件

招标人在依法设立招标组织并取得相应招标组织资质证书,或者书面委托具有相应资质的招标代理人后,就可开始组织招标、办理招标事宜。招标人自己组织招标、自行办理招标事宜或者委托招标代理人代理组织招标、代为办理招标事宜的,应当向有关行政监督部门备案。

6.1.2.3　发布招标公告或者发出投标邀请书

公开招标应采用招标公告的形式。原国家计委经国务院授权,指定《中国日报》《中国经济导报》《中国建设报》《中国采购与招标网》为发布依法必须招标项目的招标公告的媒介,在不同媒介发布的同一招标项目的资格预审公告或者招标公告的内容应当一致。其中,依法必须招标的国际招标项目的招标公告应在《中国日报》发布。《水利工程建设项目施工招标投标管理规定》第十八条规定,采用公开招标方式的项目,招标人应当在国家发展计划委员会指定的媒介发布招标公告,其中大型水利工程建设项目以及国家重点项目、中央项目、地方重点项目同时还应当在《中国水利报》发布招标公告,公告正式媒介发布至发售资格预审文件(或招标文件)的时间间隔一般不少于 10 日。资格预审文件或

者招标文件的发售期不得少于 5 日。招标人应当对招标公告的真实性负责。招标公告不得限制潜在投标人的数量。

邀请招标采用投标邀请函的形式。邀请招标时,不需要发布招标公告,由招标人自行邀请不少于 3 家的符合资质要求的企业投标。

6.1.2.4　对投标资格进行审查

成立资格预审小组,对投标企业的资质进行审查,符合招标要求资质的企业方可领取标书。

6.1.2.5　售出招标文件和有关资料

招标人向经审查合格的投标人发售招标文件及有关资料,并向投标人收取投标保证金。公开招标实行资格后审的,直接向所有投标报名者发售招标文件和有关资料,收取投标保证金。

招标文件售出后,招标人不得擅自变更其内容。确需进行必要的澄清、修改或补充的,应当在招标文件要求提交投标文件截止时间至少 15 天前,书面通知所有获得招标文件的投标人。该澄清、修改或补充的内容是招标文件的组成部分,对招标人和投标人都有约束力。

6.1.2.6　组织投标人踏勘现场,对招标文件进行答疑

招标文件分发后,招标人要在招标文件规定的时间内,组织投标人踏勘现场,并对招标文件进行答疑。

招标人组织投标人进行踏勘现场,主要目的是让投标人了解工程现场和周围环境情况,获取必要的信息。

现场踏勘的主要内容包括:

(1)现场是否达到招标文件规定的条件;

(2)现场的地理位置和地形、地貌;

(3)现场的地质、土质、地下水位、水文等情况;

(4)现场气温、湿度、风力、年雨雪量等气候条件;

(5)现场交通、饮用水、污水排放、生活用电、通信等环境情况;

(6)工程在现场中的位置与布置;

(7)临时用地、临时设施搭建等。

6.1.2.7　接受投标文件,召开开标会议

投标人认真研究招标文件,编制投标文件,并按照招标文件规定的时间地点递交投标文件,同时上交投标保证金。

投标保证金是为防止投标人不审慎考虑和进行投标活动而设定的一种担保形式,是投标人向招标人缴纳的一定数额的金钱。招标人发售招标文件后,不希望投标人不递交投标文件或递交毫无意义或未经充分、慎重考虑的投标文件,更不希望投标人中标后撤回投标文件或不签署合同。因此,为了约束投标人的投标行为,保护招标人的利益,维护招标投标活动的正常秩序,特设立投标保证金制度,这也是国际上的一种习惯做法。投标保证金的收取和缴纳办法,应在招标文件中说明,并按招标文件的要求进行。

投标保证金的直接目的虽是保证投标人对投标活动负责,但其一旦缴纳和接受,对双

方都有约束力。

对投标人而言,缴纳投标保证金后,如果投标人按规定的时间要求递交投标文件;或在投标有效期内未撤回投标文件;或经开标、评标获得中标后与招标人订立合同的,就不会丧失投标保证金。投标人未中标的,在定标发出中标通知书后,招标人原额退还其投标保证金;投标人中标的,在收到中标通知书后,按规定时间签订合同并缴纳履约保证金或履约保函后,招标人应原额退还其投标保证金。如果投标人未按规定的时间要求递交投标文件;或在投标有效期内撤回投标文件;或经开标、评标获得中标后不与招标人订立合同的,就会丧失投标保证金。而且,丧失投标保证金并不能免除投标人因此而应承担的赔偿责任和其他责任,招标人有权就此向投标人或投标保函出具者索赔或要求其承担其他相应的责任。

就招标人而言,收取投标保证金后,如果不按规定的时间要求接受投标文件;在投标有效期内拒绝投标文件;中标人确定后不与中标人订立合同的,则要双倍返还投标保证金。而且,双倍返还投标保证金并不能免除招标人因此而应承担的赔偿和其他责任,投标人有权就此向招标人索赔或要求其承担其他相应的责任。如果招标人收取投标保证金后,按规定的时间要求接受投标文件;在投标有效期内未拒绝投标文件;中标人确定后与中标人订立合同的,需原额退还投标保证金。

投标保证金可采用现金、支票、银行汇票,也可以是银行出具的银行保函。银行保函的格式应符合招标文件提出的格式要求。投标保证金的额度,根据工程投资大小由业主在招标文件中确定。在国际上,投标保证金的数额较高,一般设定在占投资总额的 1% ~ 5%。《中华人民共和国招标投标法实施条例》第二十六条规定,招标人在招标文件中要求投标人提交投标保证金的,投标保证金不得超过招标项目估算价的 2%。投标保证金有效期应当与投标有效期一致。《水利工程建设项目招标投标管理规定》中对投标保证金金额做了以下规定,工程合同估算价 10 000 万元人民币以上,投标保证金金额不超过合同估算价的 5‰;工程合同估算价 3 000 万元至 10 000 万元人民币之间,投标保证金金额不超过合同估算价的 6‰;工程合同估算价 3 000 万元人民币以下,投标保证金金额不超过合同估算价的 7‰,但最低不得少于 1 万元人民币。投标保证金有效期为直到签订合同或提供履约保函为止。

投标预备会结束后,招标人就要为接受投标文件、开标做准备。接受投标文件工作结束后,招标人要按招标文件的规定准时开标、评标。

开标时间:开标应当在招标文件确定的提交投标文件截止时间的同一时间公开进行。

开标地点:开标地点应当为招标文件中预先确定的地点。按照国家的有关规定和各地的实践,招标文件中预先确定的开标地点,一般均应为建设工程交易中心。

开标人员:参加开标会议的人员,包括招标人或其代表人、招标代理人、投标人法定代表人或其委托代理人、招标投标管理机构的监管人员和招标人自愿邀请的公证机构的人员等。评标组织成员不参加开标会议。开标会议由招标人或招标代理人组织,招标人主持,并在招标投标管理机构的监督下进行。

开标会议的程序一般如下:

(1)参加开标会议的人员签名报到,表明与会人员已到会。

（2）会议主持人宣布开标会议开始，宣读招标人法定代表人资格证明或招标人代表的授权委托书，介绍参加会议的单位和人员名单，宣布唱标人员、记录人员名单。唱标人员一般由招标人的工作人员担任，也可以由招标投标管理机构的人员担任。记录人员一般由招标人或其代理人的工作人员担任。

（3）介绍工程项目有关情况，请投标人或其推选的代表检查投标文件的密封情况，并签字予以确认，也可以请招标人自愿委托的公证机构检查并公证。

（4）由招标人代表当众宣布评标定标办法。

（5）由招标人或招标投标管理机构的人员核查投标人提交的投标文件和有关证件、资料，检视其密封、标志、签署等情况。经确认无误后，当众启封投标文件，宣布核查检视结果。

（6）由唱标人员进行唱标。唱标是指公布投标文件的主要内容，当众宣读投标文件的投标人名称、投标报价、工期、质量、主要材料用量、投标保证金、优惠条件等主要内容。唱标顺序按各投标人报送的投标文件时间先后的逆顺序进行。

（7）若设有标的，由招标投标管理机构当众宣布审定后的标底。

（8）由投标人的法定代表人或其委托代理人核对开标会议记录，并签字确认开标结果。

开标会议的记录人员应现场制作开标会议记录，将开标会议的全过程和主要情况，特别是投标人参加会议的情况、对投标文件的核查检视结果、开启并宣读的投标文件和标底的主要内容等，当场记录在案，并请投标人的法定代表人或其委托代理人核对无误后签字确认。开标会议记录应存档备查。投标人在开标会议记录上签字后，即退出会场。至此，开标会议结束，转入评标阶段。

无效投标文件的条件如下：

（1）未按招标文件的要求标志、密封的；

（2）无投标人公章和投标人的法定代表人或其委托代理人的印鉴或签字的；

（3）投标文件标明的投标人在名称和法律地位上与通过资格审查时的不一致，且这种不一致明显不利于招标人或为招标文件所不允许的；

（4）未按招标文件规定的格式、要求填写，内容不全或字迹潦草、模糊，辨认不清的；

（5）投标人在一份投标文件中对同一招标项目报有两个或多个报价，且未书面声明以哪个报价为准的；

（6）逾期送达的；

（7）投标人未参加开标会议的；

（8）提交合格的撤回通知的。

有上述情形，如果涉及投标文件实质性内容的，应当留待评标时由评标组织评审、确认投标文件是否有效。实践中，对在开标时就被确认无效的投标文件，也有不启封或不宣读的做法。如投标文件在启封前被确认为无效的，不予启封；在启封后唱标前被确认为无效的，不予宣读。在开标时确认投标文件是否无效，一般应由参加开标会议的招标人或其代表进行，确认的结果投标当事人无异议的，经招标投标管理机构认可后宣布。如果投标当事人有异议的，则应留待评标时由评标组织评审确认。

6.1.2.8　组建评标组织进行评标

开标会结束后,招标人要接着组织评标。评标必须在招标投标管理机构的监督下,由招标人依法组建的评标组织进行。组建评标组织是评标前的一项重要工作。

评标组织由招标人的代表和有关经济、技术等方面的专家组成。《中华人民共和国招标投标法》第三十七条规定,评标由招标人依法组建的评标委员会负责。依法必须进行招标的项目,其评标委员会由招标人的代表和有关技术、经济等方面的专家组成,成员人数为5人以上单数,其中技术、经济等方面的专家不得少于成员总数的2/3。《水利工程建设项目施工招标投标管理规定》第四十条规定,评标专家人数为7人以上单数。

专家由招标人从国务院有关部门或者省、自治区、直辖市人民政府有关部门提供的专家名册或者招标代理机构的专家库内的相关专业的专家名单中确定;一般招标项目可以采取随机抽取方式,特殊招标项目可以由招标人直接确定。与投标人有利害关系的人不得进入相关项目的评标委员会。评标委员会成员的名单在中标结果确定前应当保密。

评标一般采用评标会的形式进行。参加评标会的人员为招标人或其代表人、招标代理人、评标组织成员、招标投标管理机构的监管人员等。投标人不能参加评标会。评标会由招标人或其委托的代理人召集,由评标组织负责人主持。

评标会的程序:

(1)开标会结束后,投标人退出会场,参加评标会的人员进入会场,由评标组织负责人宣布评标会开始。

(2)评标组织成员审阅各个投标文件,主要检查确认投标文件是否实质上响应招标文件的要求;投标文件正副本中的内容是否一致;投标文件是否有重大漏项、缺项;是否提出了招标人不能接受的保留条件等。

(3)评标组织成员根据评标定标办法的规定,只对未被宣布无效的投标文件进行评议,并对评标结果签字确认。

(4)如有必要,评标期间,评标组织可以要求投标人对投标文件中不清楚的问题做必要的澄清或者说明,但是澄清或者说明不得超出投标文件的范围或改变投标文件的实质性内容。所澄清和确认的问题,应当采取书面形式,经招标人和投标人双方签字后,作为投标文件的组成部分,列入评标依据范围。在澄清会谈中,不允许招标人和投标人变更或寻求变更价格、工期、质量等级等实质性内容。开标后,投标人对价格、工期、质量等级等实质性内容提出的任何修正声明或者附加优惠条件,一律不得作为评标组织评标的依据。

(5)评标组织负责人对评标结果进行校核,按照优劣或得分高低排出投标人顺序,并形成评标报告,经招标投标管理机构审查,确认无误后,即可根据评标报告确定出中标人。至此,评标工作结束。

评标组织对投标文件审查、评议的主要内容包括:

(1)对投标文件进行符合性鉴定。包括商务符合性和技术符合性鉴定。投标文件应实质上响应招标文件的要求。所谓实质上响应招标文件的要求,就是指投标文件应该与招标文件的所有条款、条件和规定相符,无显著差异或保留。如果投标文件实质上不响应招标文件的要求,招标人应予以拒绝,并不允许投标人通过修正或撤销其不符合要求的差异或保留,使之成为具有响应性的投标文件。

（2）对投标文件进行技术性评估。主要包括对投标人所报的方案或组织设计、关键工序、进度计划、人员和机械设备的配备、技术能力、质量控制措施、临时设施的布置和临时用地情况、施工现场周围环境污染的保护措施等进行评估。

（3）对投标文件进行商务性评估。指对确定为实质上响应招标文件要求的投标文件进行投标报价评估，包括对投标报价进行校核，审查全部报价数据是否有计算上或累计上的算术错误，分析报价构成的合理性。发现报价数据上有算术错误，修改的原则是：如果用数字表示的数额与用文字表示的数额不一致时，以文字数额为准；当单价与工程量的乘积与合价之间不一致时，通常以标出的单价为准，除非评标组织认为有明显的小数点错位，此时应以标出的合价为准，并修改单价。按上述原则调整投标书中的投标报价，经投标人确认同意后，对投标人起约束作用。如果投标人不接受修正后的投标报价，则其投标将被拒绝。

（4）对投标文件进行综合评价与比较。评标应当按照：招标文件确定的评标标准和方法，按照平等竞争、公正合理的原则，对投标人的报价、工期、质量、主要材料用量、施工方案或组织设计、以往业绩和履行合同的情况、社会信誉、优惠条件等方面进行综合评价和比较，并与标底进行对比分析，通过进一步澄清、答辩和评审，公正合理地择优选定中标候选人。

《水利工程建设项目施工招标投标管理规定》第三十五条规定，评标方法可采用综合评分法、综合最低评标价法、合理最低投标价法、综合评议法及两阶段评标法。

6.1.2.9　择优定标，发出中标通知书

评标结束应当产生出定标结果。招标人根据评标组织提出的书面评标报告和推荐的中标候选人确定中标人，也可以授权评标组织直接确定中标人。定标应当择优，经评标能当场定标的，应当场宣布中标人；不能当场定标的，中小型项目应在开标之后 7 天内定标，大型项目应在开标之后 14 天内定标；特殊情况需要延长定标期限的，应经招标投标管理机构同意。招标人应当自定标之日起 15 天内向招标投标管理机构提交招标投标情况的书面报告。

中标人的投标，应符合下列条件之一：

（1）能够最大限度地满足招标文件中规定的各项综合评价标准；

（2）能够满足招标文件实质性要求，并且经评审的投标价格最低，但投标价格低于成本的除外。

在评标过程中，如发现有下列情形之一不能产生定标结果的，可宣布招标失败：

（1）所有投标报价高于或低于招标文件所规定的幅度的；

（2）所有投标人的投标文件均实质上不符合招标文件的要求，均被评标组织否决的。

如果发生招标失败，招标人应认真审查招标文件及标底，做出合理修改，重新招标。在重新招标时，原采用公开招标方式的，仍可继续采用公开招标方式，也可改用邀请招标方式；原采用邀请招标方式的，仍可继续采用邀请招标方式，也可改用竞争性谈判方式；原采用竞争性谈判方式的，应继续采用竞争性谈判方式。

经评标确定中标人后，招标人应当向中标人发出中标通知书，并同时将中标结果通知所有未中标的投标人，退还未中标的投标人的投标保证金。在实践中，招标人发出中标通

知书,通常是与招标投标管理机构联合发出或经招标投标管理机构核准后发出。中标通知书对招标人和中标人具有法律效力。中标通知书发出后,招标人改变中标结果的,或者中标人放弃中标项目的,应承担法律责任。

6.1.2.10　签订合同

中标人收到中标通知书后,招标人、中标人双方应具体协商谈判签订合同事宜,形成合同草案。在各地的实践中,合同草案一般需要先报招标投标管理机构审查。招标投标管理机构对合同草案的审查,主要是看其是否按中标的条件和价格拟订。经审查后,招标人与中标人应当自中标通知书发出之日起 30 天内,按照招标文件和中标人的投标文件正式签订书面合同。招标人和中标人不得再订立背离合同实质性内容的其他协议。同时,双方要按照招标文件的约定相互提交履约保证金或者履约保函,招标人还要退还中标人的投标保证金。招标人如拒绝与中标人签订合同除双倍返还投标保证金外,还需赔偿有关损失。

履约保证金或履约保函是为约束招标人和中标人履行各自的合同义务而设立的一种合同担保形式。其有效期一般直至履行了义务(如提供了服务、交付了货物或工程已通过了验收等)为止。招标人和中标人订立合同相互提交履约保证金或者履约保函时,应注意指明履约保证金或履约保函到期的具体日期,如果不能具体指明到期日期的,也应在合同中明确履约保证金或履约保函的失效时间。如果合同规定的项目在履约保证金或履约保函到期日未能完成的,则可以对履约保证金或履约保函展期,即延长履约保证金或履约保函的有效期。履约保证金或履约保函的金额,通常为合同标的额的 5% ~ 10% ,《中华人民共和国招标投标法实施条例》规定不超过合同金额的 10% 。合同订立后,应将合同副本分送各有关部门备案,以便接受保护和监督。至此,招标工作全部结束。招标工作结束后,应将有关文件资料整理归档,以备查考。

6.1.3　水利工程招标文件

招标文件的编制质量是招标工作成功的关键。招标文件是招标采购的基石,它涵盖了招标人的采购目标及要求,同时也是投标人参与投标的主要依据。高质量的招标文件是"公开、公平、公正"原则和"招标人采购目标及要求"原则的有机完美的结合,是招标人、技术专家、招标代理人三方共同智慧的结晶。在合同法中,招标是要约邀请,投标是要约,中标通知书是承诺。招标文件是指导和规范招标投标活动的纲领性文件,其中绝大部分内容都将构成合同文件的组成部分。一份理想的招标文件是一本严谨的具有法律效力的文件。

建设工程招标文件是由一系列有关招标方面的说明性文件资料组成的,包括各种旨在阐述招标人意向的书面文字、图表、电报、传真、电传等材料。一般来说,招标文件在形式上的构成,主要包括正式文本、对正式文本的解释和对正式文本的修改三个部分。

(1)招标文件正式文本。

根据《水利水电工程标准施工招标文件》(2009 年版)。

第一卷

第 1 章　招标公告(适用于未进行资格预审)

（2）对招标文件正式文本的解释。

其形式主要是书面答复、投标预备会记录等。由招标人送给所有获得招标文件的投标人。

（3）对招标文件正式文本的修改。

目前，有些国内工程招标的招标文件编制得比较粗糙，不够详尽。合同专用条款没有具体地明确，工程量清单、工程报价编制原则阐述得不够明晰，评标办法不够详细等，使有些项目中标后，迟迟不能签订合同，各投标人的报价较混乱，缺少了公平竞争的条件，甚至对招标结果质疑、投诉增多。

根据《中华人民共和国合同法》和《中华人民共和国招标投标法》的精神，建设工程的招标投标过程就是合同谈判和订立的过程，要约和承诺是合同成立的条件，因此招标文件必须包括主要合同条款。在实行市场形成价格的计价体系的条件下，主要合同条款可理解为与合同双方责权利有关的所有条款，只有在双方责权利都具体、明确的前提下，投标人才能够准备响应性和合理的报价。因此，在实际操作中，全部合同条款都应包括在招标文件中。

根据《评标委员会和评标办法暂行规定》，招标文件中必须载明详细的评标办法，明确地阐明评标和定标的具体和详细的程序、方法、标准等。不应仅出现原则性标准，更不应出现模糊的标准，以保证给予所有投标人一个法定的公开、公正、公平的竞争环境。评标办法宜独立成文，作为投标须知的附件，投标人须知正文中可仅明确评标办法的类别。

报价是招标的核心。目前，国内定额报价是普遍被业主和投标商所接受、采用的。随着中国加入 WTO，中国的造价体系也在逐渐地与世界接轨。国际上普遍采用的工程量清单报价在中国也逐渐地被推广、接受和采用。无论什么报价形式，在招标文件中都要载明关于造价三要素"量、价、费"的说明及具体要求。明确工程项目的划分依据、工程量单位、工程量计算规则、计价办法、费用的取定原则等。只有这样，才能给所有投标人一个相同的报价平台，真正体现"三公"原则，方便评委在评标时对报价的比较。

任务6.2　水利工程投标

【学习目标】

1.知识目标:①熟悉水利工程投标文件的内容;②熟悉水利工程投标的决策;③熟悉水利工程投标技巧。

2.技能目标:①知道水利工程投标文件的内容;②能根据工程情况进行水利工程投标的决策;③能根据工程实际情况使用投标技巧。

3.素质目标:①认真仔细的工作态度;②严谨的工作作风;③遵守招标投标法的相关规定。

【项目任务】

学习水利工程投标文件的编制,并会进行投标决策和使用投标技巧。

【任务描述】

水利工程投标对投标企业来讲非常重要,是否需要投标,投什么样的标,怎样保证中标后可以获取相对丰厚的利润,是本学习任务的内容。

6.2.1　水利工程投标文件的内容

经过现场踏勘和投标预备会后,投标人可以着手编制投标文件。投标人着手编制和递交投标文件的具体步骤和要求,主要如下:

(1)结合现场踏勘和投标预备会的结果,进一步分析招标文件。招标文件是编制投标文件的主要依据,因此必须结合已获取的有关信息认真细致地加以分析研究,特别是要重点研究其中的投标须知、专用条款、设计图纸、工程范围以及工程量表等,要弄清到底有没有特殊要求或有哪些特殊要求。

(2)校核招标文件中的工程量清单。投标人是否校核招标文件中的工程量清单或校核得是否准确,直接影响到投标报价和中标机会。因此,投标人应认真对待。通过认真校核工程量,投标人大体确定了工程总报价之后,估计某些项目工程量可能增加或减少的,就可以相应地提高或降低单价。如发现工程量有重大出入的,特别是漏项的,可以找招标人核对,要求招标人认可,并给予书面确认。这对于总价固定合同来说,尤其重要。

(3)根据工程类型编制施工组织设计。施工组织设计的内容,一般包括施工程序、方案,施工方法,施工进度计划,施工机械、材料、设备的选定和临时生产、生活设施的安排,劳动力计划,以及施工现场平面和空间的布置。施工组织设计的编制依据,主要是设计图纸、技术规范,复核了的工程量,招标文件要求的开工、竣工日期,以及对市场材料、机械设备、劳动力价格的调查。编制施工组织设计,要在保证工期和工程质量的前提下,尽可能使成本最低、利润最大。具体要求是,根据工程类型编制出最合理的施工程序,选择和确定技术上先进、经济上合理的施工方法,选择最有效的施工设备、施工设施和劳动组织,周密、均衡地安排人力、物力和生产,正确编制施工进度计划,合理布置施工现场的平面和空间。

(4)根据工程价格构成进行工程估价,确定利润方针,计算和确定报价。投标报价是投标的一个核心环节,投标人要根据工程价格构成对工程进行合理估价,确定切实可行的利润方针,正确计算和确定投标报价。投标人不得以低于成本的报价竞标。

（5）形成、制作投标文件。投标文件应完全按照招标文件的各项要求编制。投标文件应当对招标文件提出的实质性要求和条件做出响应,一般不能带任何附加条件,否则将导致投标无效。投标文件一般应包括以下内容:①投标书;②投标书附录;③投标保证金书;④法定代表人资格证明书;⑤授权委托书;⑥具有标价的工程量清单和报价表;⑦施工组织设计;⑧施工组织机构表及主要工程管理人员人选及简历、业绩;⑨拟分包的工程和分包商的情况;⑩其他必要的附件及资料,如投标保函、承包商营业执照和能确认投标人财产经济状况的银行或其他金融机构的名称及地址等。

（6）递送投标文件。递送投标文件,也称递标,是指投标人在投标文件要求提交投标文件的截止时间前,将所有准备好的投标文件密封送达投标地点。招标人收到投标文件后,应当签收保存,不得开启。投标人在递交投标文件以后,投标截止时间之前,可以对所递交的投标文件进行补充、修改或撤回,并书面通知招标人,但所递交的补充、修改或撤回通知必须按招标文件的规定编制、密封和标志。补充、修改的内容为投标文件的组成部分。

6.2.2　水利工程投标决策

6.2.2.1　工程投标决策的分类

投标决策一般包含标前决策、风险分析、最终报价决策。

1. 标前决策

标前决策指企业在对某项工程投标前本企业目前状况和即将准备竞标的工程特点进行综合分析,决定是否对该工程进行投标。一般从以下几个方面分析:

（1）同类项目目前任务储备情况:指即将决策的工程项目类型公司目前任务储备是否饱和,有没有即将完工的类似项目。

（2）估算该项目总价,并调查该项目有无后续工程。

（3）管理及技术人员条件:指管理及技术人员水平、人数能否满足该工程的要求。

（4）机械设备条件:该工程需要投入施工机械设备的品种、数量能否满足要求;新购该类设备是否符合公司长期利益。

（5）对该项目有关情况的熟悉程度:包括对项目本身、业主和监理情况、当地市场情况等以及该项目是否通过审批、资金是否到位。

（6）项目的工期要求及是否采用先进工艺,本公司有无可能达到。

（7）以往对同类工程的经验。

（8）竞争对手的情况:包括竞争对手的多少、实力以及外围环境。

（9）该工程给公司带来的影响和机会。

从以上几个方面决定公司对该项目参与或放弃。

2. 风险分析

在决定了对工程项目进行参与后,应该对项目进行详细风险分析。风险分析主要是在购买招标文件后到投标前这段时期,应分析的风险因素包括经济方面、技术方面、管理方面、其他方面等。如在此段时间发现该项工程风险相当大,也可建议公司放弃该项工程的竞争,如公司最终决定参与,在工程报价方面也应充分考虑风险因数。

3.最终报价决策

经过前面的一系列分析后,最终的决策即报价决策。一般有以下三种大的策略:

1)高价赢利策略

这是在报价过程中以较大利润为投标目标的策略。这种策略的使用通常基于以下情况:

(1)施工条件差;

(2)专业要求高、技术密集型工程,而本公司在此方面有专有技术以及良好的声誉;

(3)总价较低的小工程,本公司不是特别想干,报价较高,不中标也无所谓;

(4)特殊工程,如港口海洋工程等,需要特别或专有设备;

(5)业主要求苛刻,且工期相当紧的工程;

(6)竞争对手少;

(7)支付条件不理想。

2)微利保本策略

微利保本微略指在报价过程中降低甚至不考虑利润。这种策略的使用通常基于以下情况:

(1)工作较为简单,工作量大,但一般公司都可以做,比如大体积的土石方工程;

(2)本公司在此地区干了很多年,现在面临断档,有大量的设备在该地区待处置;

(3)该项目本身前景看好,为本公司创建业绩;

(4)该项目后续项目较多或公司保证能以上乘质量赢得信誉,续签其他项目;

(5)竞争对手多;

(6)有可能在中标后将工程的一部分以更低价格分包给某些专业承包商;

(7)长时间未中标,希望拿下一个项目激励人气,维持日常费用,缓解公司压力。

3)低价亏损策略

低价亏损策略指对某项目的最终报价低于公司的成本价的一种报价策略。使用该投标策略时应注意:第一,报价低在评标时得分较高;第二,这种报价方法属于正当的商业竞争行为。这种报价策略通常只用于:

(1)市场竞争激烈,承包商又急于打入该领域创建业绩。

(2)后续项目多,对前期工程以低价中标,占领阵地,工程完成得好,则能获得业主信任,希望后期工程继续承包,补偿前期低价损失。

(3)有信心中标后通过变更索赔弥补损失甚至赢利。

6.2.2.2　工程投标决策的依据

1.分析投标人现有的资源条件

分析投标人现有的资源条件,包括企业目前的技术实力、经济实力、管理实力、社会信誉等。

(1)技术实力方面:是否具有专业技术人员和专家级组织机构、类似工程的承包经验、有一定技术实力的合作伙伴。

（2）经济实力方面：①有无垫付资金的实力；②有无支付（被占用）一定的固定资产和机具设备及其投入所需资金的能力；③有无一定的资金周转用来支付施工用款或筹集承包工程所需外汇的能力；④有无支付投标保函、履约保函、预付款保函、缺陷责任期保函等各种担保的能力；⑤有无支付关税、进口调节税、营业税、印花税、所得税、建筑税、排污税以及临时进入机械押金等各种税费和保险的能力；⑥有无承担各种风险，特别是不可抗力带来的风险的能力等。

（3）管理实力方面：成本控制能力和管理水平、管理措施和健全的规章制度。

（4）社会信誉方面：遵纪守法和履约的情况，施工安全、工期和质量如何，社会形象。

2．分析与投标工程相关的一切外界信息

分析与投标工程相关的一切外界信息，包括项目基本情况、业主以及其他合作伙伴的诚信及美誉度情况、竞争对手情况、当地市场环境情况以及法律、法规等。

（1）项目的难易程度，如质量要求、技术要求、结构形式、工期要求等。

（2）业主和其他合作伙伴的情况。业主的合法地位、支付能力、履约能力，合作伙伴如监理工程师处理问题的公正性、合理性等。

（3）竞争对手的实力、优势及投标环境的优劣情况。

（4）法律、法规的情况。主要是法律适用问题，指招标投标双方当事人发生争议后，应该适用哪一国家的法律作为准据法。

（5）其他因素。在进行投标决策时，要考虑的因素很多，需要投标人深入的调查研究，系统地积累资料，并做出全面的分析，才能使投标做出正确的决策。

6.2.2.3　工程投标策略

制定投标策略应根据不同招标工程的不同情况和竞争形势，采取不同的投标策略。投标策略是非常灵活且并非不可捉摸的东西，从大量的投标实践中，我们归纳出投标策略的四大原则。

（1）知己知彼。在具体工程投标活动中，掌握"知己知彼，百战不殆"的原则。在投标报价前要了解竞争对手的历史资料，或者知道竞争对手是谁及竞争者数目等。

（2）以长胜短。在知己知彼的基础上，分析本企业和竞争对手在职工队伍素质、技术水平、劳动纪律性、工作效率、施工机械、材料供应、施工方案、管理层次等各方面的优、劣势。

（3）掌握主动。在选择投标对象时，做到能投则投，不利则不投。

（4）随机应变。这主要包括三方面的内容：一是在某项工程投标过程中，随着竞争对手的变化，如放弃投标、改变投标策略等，必须及时地修正自己的策略；二是在确定投标报价时，必须根据影响报价较大的企业因素和市场信息变化，适时做出决策；三是灵活地采取不同的投标策略，一成不变的策略是很难成功的。

对于一个企业的领导在经营工作中，必须要目光长远，有战略管理的思想。战略管理指的是要从企业的整体和长远利益出发，就企业的经营目标、内部条件、外部备件等方面的问题进行谋划和决策，并依据企业内部的各种资源和备件以实施这些谋划和决策的一系列动态过程。在从事由投标到承包经费的每一项活动中，都必须具有战略管理的思想，因为承包工程的经营策略是一门科学，是研究如何用最小的代价取得最大的、长远的经济利益。投标决策是经营策略中重要的一环,也必须有战略管理的思想。

投标按性质可分为风险标和保险标;按效益可分为盈利标、保本标和亏损标。

(1)当明知工程承包难度大、风险大,且技术、设备、资金上都有未解决的问题,但由于队伍窝工,或因为工程盈利丰厚,或为了开拓新技术领域而决定参加投标,同时设法解决存在的问题,可以投风险标。投标后,如果问题解决的好,取得好的经济效益,并且可以锻炼出一支好的队伍。如果解决得不好,企业信誉受损,严重的可能导致企业亏损以至破产。因此,投风险标必须慎重。

(2)在可以预见的,从技术、设备、资金等重大问题都有了解决的对策的情况下,可投保险标。当企业经济实力较弱,经不起失误的打击的时候,则往往投保险标。

(3)如果招标项目既是本企业的强项,又是竞争对手的弱项,或建设单位意向明确,或本企业任务饱满,利润丰厚,在这种情况下,可以考虑投盈利标。

(4)当企业无后继工程,或已经出现部分窝工,又没有优势可言的情况下,企业应该采取投保本标决策。

(5)在企业出现大量窝工、严重亏损,或为了打入新市场,或为了在对手林立的竞争中争得头标等非常情况下时,企业可能采取亏本标方案。

6.2.2.4　工程投标技巧

1. 不平衡报价法

不平衡报价法也叫前重后轻法。不平衡报价是指一个工程项目的投标报价,在总价基本确定后,如何调整内部各个项目的报价,以期既不提高总价,不影响中标,又能在结算时得到更理想的经济效益。一般可以在以下几个方面考虑采用不平衡报价法。

(1)能够早日结账收款的项目(如开办费、土石方工程、基础工程等)可以报的高一些,以利资金周转,后期工程项目(如机电设备安装工程、电站厂房外部装修工程等)可适当降低。

(2)经过工程量核算,预计今后工程量会增加的项目,单价适当提高,这样在最终结算时可多赚钱,而将工程量可能减少的项目单价降低,工程结算时损失不大。

但是上述(1)、(2)两点要统筹考虑,针对工程量有错误的早期工程,如果不可能完成工程量表中的数量,则不能盲目抬高报价,要具体分析后再定。

(3)设计图纸不明确,估计修改后工程量要增加的,可以提高单价,而工程内容说不清的,则可降低一些单价。

(4)暂定项目。又叫任意项目或备选项目,对这类项目要具体分析,因这一类项目要开工后再由业主研究决定是否实施,由哪一家承包商实施。如果工程不分标,只由一家承包商施工,则其中肯定要做的单价可高一些,不一定做的则应低一些。如果工程分标,该暂定项目也可能由其他承包商实施时,则不宜报高价,以免抬高总包价。

(5)在单价包干混合制合同中,有些项目业主要求采用包干报价时,宜报高价。一则这类项目多半有风险,二则这类项目在完成后可全部按报价结账,即可以全部结算回来,而其余单价项目则可适当降低。

但是不平衡报价一定要建立在对工程量表中工程量仔细核对分析的基础上,特别是对报低单价的项目,如工程量执行时增多将造成承包商的重大损失,同时一定要控制在合理幅度内(一般可以在 10% 左右),以免引起业主反对,甚至导致废标。如果不注意这一点,有时业主会挑选出报价过高的项目,要求投标者进行单价分析,而围绕单价分析中过高的内容压价,以致承包商得不偿失。

2. 计日工的报价

如果是单纯报计日工的报价,可以报高一些。以便在日后业主用工或使用机械时可以多盈利。但如果招标文件中有一个假定的"名义工程量"时,则需要具体分析是否报高价。总之,要分析业主在开工后可能使用的计日工数量确定报价方针。

3. 多方案报价法

对一些招标文件,如果发现工程范围不很明确,条款不清楚或很不公正,或技术规范要求过于苛刻时,只要在充分估计投标风险的基础上,按多方案报价法处理。即是按原招标文件报一个价,然后再提出:"如某条款(如某规范规定)做某些变动,报价可降低多少……",报一个较低的价。这样可以降低总价,吸引业主。或是对某些部分工程提出按"成本补偿合同"方式处理。其余部分报一个总价。

4. 增加建议方案

有时招标文件中规定,可以提出建议方案,即是可以修改原设计方案,提出投标者的方案。投标者这时应组织一批有经验的设计和施工工程师,对原招标文件的设计和施工方案仔细研究,提出更合理的方案以吸引业主,促成自己的方案中标。这种新的建议方案可以降低总造价或提前竣工或使工程运用更合理。但要注意的是对原招标方案一定要标价,以供业主比较。增加建议方案时,不要将方案写得太具体,保留方案的技术关键,防止业主将此方案交给其他承包商,同时要强调的是,建议方案一定要比较成熟,或过去有这方面的实践经验。因为投标时间不长,如果仅为中标而匆忙提出一些没有把握的建议方案,可能引起很多后患。

5. 突然降价法

报价是一种保密性很强的工作,但是对手往往通过各种渠道、手段来刺探情况,因此在报价时可以采取迷惑对方的手法。即选择按一般情况报价或表现出自己对该工程兴趣不大,快到投标截止时,再突然降价。如鲁布革水电站引水系统工程投标,投标人补充投标文件,报价突然降低 8.04%,取得最低标,为以后中标打下基础。采用这种方法时,一定要在准备投标报价的过程中考虑好降价的幅度,在临近投标截止日期前,根据情报信息与分析判断,再做最后决策。如果由于采用突然降价法而中标,因为开标只降总价,在签订合同后可采用不平衡报价的思想调整工程量表内的各项单价或价格,以期取得更高的效益。

6. 先亏后盈法

有的承包商,为了将市场扩展到某一地区,依靠国家、某财团和自身的雄厚资本实力,而采取一种不惜代价,只求中标的低价报价方案。应用这种手法的承包商必须有较好的资信条件,并且提出的实施方案也先进可行,同时要加强对公司情况的宣传,否则即使标价低,业主也不一定选中。如果其他承包商遇到这种情况,不一定和这类承包商硬拼,而努力争第二、三标,再依靠自己的经验和信誉争取中标。

6.2.3　水利工程投标文件的编制

6.2.3.1　水利工程投标文件的组成

2007 版的《标准施工招标文件》中规定投标文件应包括下列内容:①投标函及投标函附录;②法定代表人身份证明或附有法定代表人身份证明的授权委托书;③联合体协议书;④投标保证金;⑤已标价工程量清单;⑥施工组织设计;⑦项目管理机构;⑧拟分包项目情况表;⑨资格审查资料;⑩投标人须知前附表规定的其他材料。

投标人须知前附表规定不接受联合体投标的,或投标人没有组成联合体的,投标文件不包括③所指的联合体协议书。

2009 版的《水利水电工程标准施工招标文件》规定投标文件应包括下列内容:①投标函及投标函附录;②法定代表人身份证明;③授权委托书;④联合体协议书;⑤投标保证金;⑥已标价工程量清单;⑦施工组织设计;⑧项目管理机构表;⑨拟分包项目情况表;⑩资格审查资料;⑪原件的复印件;⑫其他材料。

投标人必须使用招标文件提供的投标文件表格格式,但表格可以按同样格式扩展。招标文件中拟定的供投标人投标时填写的一套投标文件格式,主要有投标函及其附录、工程量清单与报价表、辅助资料表等。

6.2.3.2　编制水利工程投标文件的步骤

1. 投标文件的编制步骤

投标人在领取、研究招标文件,并确定项目投标以后,就要进行投标文件的编制工作。编制投标文件的一般步骤是:

(1)熟悉招标文件、图纸、资料,对图纸、资料有不清楚、不理解的地方,可以用书面或口头方式向招标人询问、澄清;

(2)参加招标人施工现场情况介绍和答疑会;

(3)调查当地材料供应和价格情况;

(4)了解交通运输条件和有关事项;

(5)编制施工组织设计,复核、计算图纸工程量;

(6)计算取费标准或确定采用取费标准;

(7)编制或套用投标单价;

(8)计算投标造价;

(9)核对调整投标造价;

(10)确定投标报价。

2. 编制投标文件的注意事项

(1)投标人编制投标文件时必须使用招标文件提供的投标文件表格格式,但表格可以按同样格式扩展。投标保证金、履约保证金的方式,按招标文件有关条款的规定可以选择。投标人根据招标文件的要求和条件填写投标文件的空格时,凡要求填写的空格都必须填写,不得空着不填;否则,即被视为放弃意见。实质性的项目或数字如工期、质量等级、价格等未填写的,将被作为无效或作废的投标文件处理。将投标文件按规定的日期送交招标人,等待开标、决标。

（2）应当编制的投标文件"正本"仅一份，"副本"则按招标文件前附表所述的份数提供，同时要明确标明"投标文件正本"和"投标文件副本"字样。投标文件正本和副本如有不一致之处，以正本为准。

（3）投标文件正本与副本均应使用不能擦去的墨水打印或书写，各种投标文件的填写都要字迹清晰、端正，补充设计图纸要整洁、美观。

（4）所有投标文件均由投标人的法定代表人签署、加盖印鉴，并加盖法人单位公章。

（5）填报投标文件应反复校核，保证分项和汇总计算均无错误。全套投标文件均应无涂改和行间插字，除非这些删改是根据招标人的要求进行的，或者是投标人造成的必须修改的错误。修改处应由投标文件签字人签字证明并加盖印鉴。

（6）如招标文件规定投标保证金为合同总价的某百分比，开投标保函不要太早，以防泄漏己方报价。但有的投标商提前开出并故意加大保函金额，以麻痹竞争对手的情况也是存在的。

（7）投标人应将投标文件的正本和每份副本分别密封在内层包封，再密封在一个外层包封中，并在内包封上正确标明"投标文件正本"和"投标文件副本"。内层和外层包封都应写明招标人名称和地址、合同名称、工程名称、招标编号，并在注明开标时间以前不得开封。在内层包封上还应写明投标人的名称与地址、邮政编码，以便投标出现逾期送达时能原封退回。如果内外层包封没有按上述规定密封并加写标志，招标人将不承担投标文件错放或提前开封的责任，由此造成的提前开封的投标文件将被拒绝，并退还给投标人。投标文件递交至招标文件前附表所述的单位和地址。

投标文件有下列情形之一的，在开标时将被作为无效或作废的投标文件，不能参加评标：

（1）投标文件未按规定标志、密封的；

（2）未经法定代表人签署或未加盖投标人公章或未加盖法定代表人印鉴的；

（3）未按规定的格式填写，内容不全或字迹模糊辨认不清的；

（4）投标截止时间以后送达的投标文件。

投标人在编制投标文件时应特别注意，以免被判为无效标而前功尽弃。

6.2.3.3　水利工程投标文件的递交

投标人应在招标文件规定的投标截止日期内将投标文件提交给招标人。

项目7　认识水利工程工程量清单计价规范

任务7.1　水利工程工程量清单计价规范

【学习目标】

1. 知识目标:①了解水利工程工程量清单的概念;②熟悉水利工程工程量清单的内容。

2. 技能目标:①知道水利工程混凝土、砂浆材料单价的内涵;②能进行水利工程混凝土、砂浆材料单价的计算。

3. 素质目标:①认真仔细的工作态度;②严谨的工作作风;③遵守编制规定的要求。

【项目任务】

学习水利工程工程量清单的概念及内容。

【任务描述】

《水利工程工程量清单计价规范》(GB 50501—2007),统一了水利工程工程量清单的编制和计价方法,预防了因投标人对清单项目理解的不同而可能引发的合同变更和索赔因素;规范了合同价款的确定与调整,以及工程价款的结算;健全和维护了水利建设市场竞争秩序。

7.1.1　水利工程工程量清单的概念

2003 年由建设部编制,建设部和国家质量监督检验检疫总局联合发布了《建设工程工程量清单计价规范》(GB 50500—2003),4 年后的 2007 年,由水利部编制,建设部和国家质量监督检验检疫总局联合发布了《水利工程工程量清单计价规范》(GB 50501—2007)。由此,清单计价在水利系统全面推广。

长期以来,在我国水利工程招标投标中普遍采用编制工程量清单进行计价的方式,并遵循施工合同中双方约定的计量和支付方法,但在工程量编制和计价方法以及合同条款约定的计量和支付方法上尚未达到规范和统一,推行《水利工程工程量清单计价规范》(GB 50501—2007),统一了水利工程工程量清单的编制和计价方法,它不仅从形式上做了统一,而且还统一了各投标人的报价基础和口径,预防了因投标人对清单项目理解的不同而可能引发的合同变更和索赔因素;规范了合同价款的确定与调整,以及工程价款的结算;健全和维护了水利建设市场竞争秩序。

7.1.1.1　工程量清单的概念

工程量清单应反映招标工程招标范围的全部工程内容,以及为实现这些工程内容而进行的其他工作。工程量清单的编制要实事求是,强调"量价分离,风险分摊",招标人承担"量"的风险和投标人难以承担的价格风险,投标人适度承担工程"价"的风险。

根据《水利工程工程量清单计价规范》(GB 50501—2007)规定,水利工程工程量清单由分类分项工程量清单、措施项目清单、其他项目清单和零星工作项目清单组成。分类分项工程量清单编制要满足以下要求:

(1)通过序号正确反映招标项目的各层次项目划分;

(2)通过项目编码严格约束各分类分项工程项目的主要特征、主要工作内容、适用范围和计量单位;

(3)通过工程量计算规则,明确招标项目计列的工程数量一律为有效工程量,施工过程中发生的一切非有效工程量发生的费用,均应摊入有效工程量单价中;

(4)应列完成该分类分项工程项目应执行的相应主要技术条款,以确保施工质量符合国家标准;

(5)除上述要求外的一些特殊因素,可在备注栏中予以说明。

7.1.1.2　编制工程量清单的要求

1. 按规范要求编制工程量清单

编制工程量清单应该按照国家或地方颁布的计算规则即统一的工程项目划分方法、统一的计量单位及统一的工程量计算规则,根据设计图纸进行计算并有序编列,得出清单。工程量清单编制时要将不同等级要求的工程划分开,将情况不同、可能要进行不同报价的项目分开,这就要求清单编制人员在编制时,认真研究勘察报告、设计图纸及设计文件中的施工组织设计,分析招标文件中包括的工作内容及不同的技术要求,并且要认真勘测现场情况,尽可能预测在施工中可能遇到的情况,对将要影响报价的项目予以充分划分。

2. 对工程量清单项目特征进行正确描述

工程量清单的项目特征是确定一个清单项目综合单价的重要依据,在编制工程量清单时应当对其项目特征进行正确的描述;否则,由于各方对项目清单包含的内容理解不同,对其单价确定结果就不一样,往往在竣工结算审计时引起争议。因此,建议在清单表中参考《水利工程工程量清单计价规范》(GB 50501—2007)增加项目特征说明一列。或者是在工程量清单说明中,对需要说明项目特征的清单项目进行正确描述,特别是对于非实体工程。这样施工单位在投标报价或者业主编制标底时才能够正确确定清单单价。

3. 认真细致逐项计算工程量,保证实物量的准确性

计算工程量的工作是一项枯燥烦琐且花费时间长的工作。需要计算人员耐心细致、一丝不苟,努力将误差减小到最低限度,在计算时首先应熟悉和读懂设计图纸及说明,以工程所在地进行定额项目划分及其工程量计算规则为依据。根据工程现场情况,考虑合理的施工方法和施工机械,分步分项地逐项计算工程量。定额子目的确定必须明确。对于工程内容及工序符合定额的,按定额项目名称命名;对于大部分工程内容及工序符合定额。只是局部材料不同,而定额允许换算者,应加以注明,如运距、强度等级、厚度断面等;对于定额缺项须补充增加的子目,应根据图纸内容做补充,补充的子目应力求表达清楚以免影响报价。

4. 认真进行全面复核

确保清单内容符合实际,科学合理,清单准确与否,关系到工程投资的控制。此清单

编制完成后应认真进行全面复核。可采用如下方法：

（1）技术经济指标复核法：将编制好的清单进行套定额计价从工程造价指标，主要材料消耗量指标，主要工程量指标等方面与同类建筑工程进行比较分析。在复核时，或要选择与此工程具有相同或相似结构类型、建筑形式、装修标准、层数等的以往工程，将上述几种技术经济指标逐一比较。如果出入不大，可判定清单基本正确，如果出入较大则肯定其中必有问题。那就按图纸在各分部中查找原因。用技术经济指标可从宏观上判断清单是否大致准确。

（2）利用相关工程量之间的关系复核。

（3）仔细阅读建筑说明、结构说明及各节点详图，从中可以发现一些疏忽和遗漏的项目，及时补足。核对清单定额子目名称是否与设计相同，表达是否明确清楚，有无错漏项。

7.1.2 水利工程工程量清单的内容

根据《水利工程工程量清单计价规范》（GB 50501—2007），工程量清单由分类分项工程量清单、措施项目清单、其他项目清单和零星工作项目清单组成。

分类分项工程量清单分为水利建筑工程工程量清单和水利安装工程工程量清单。水利建筑工程工程量清单共分为土方开挖工程、石方开挖工程、土石方填筑工程、疏浚和吹填工程、砌筑工程、锚喷支护工程、钻孔和灌浆工程、基础防渗和地基加固工程、混凝土工程、模板工程、预制混凝土工程、原料开采及加工工程和其他建筑工程等14类；水利安装工程工程量清单共分为机电设备安装工程、金属结构设备安装工程和安全监测设备采购及安装工程等3类。

分类分项项目清单的编码，采用十二位阿拉伯数字表示（由左至右计位）。一至九位为统一编码，其中一、二位为水利工程顺序码，三、四位为专业工程顺序码，五、六位为分类工程顺序码，七～九位为分项工程顺序码，十至十二位为清单项目名称顺序码。

水利建筑工程工程量清单项目包括土方开挖工程（编码500101）、石方开挖工程（编码500102）、土石方填筑工程（编码500103）、疏浚和吹填工程（编码500104）、砌筑工程（编码500105）、锚喷支护工程（编码500106）、钻孔和灌浆工程（编码500107）、基础防渗和地基加固工程（编码500108）、混凝土工程（编码500109）、模板工程（编码500110）、钢筋加工及安装工程（编码500111）、预制混凝土工程（编码500112）、原料开采及加工工程（编码500113）、其他建筑工程（编码500114）共14部分。

例如平洞石方开挖的编码为500102007×××，后三位编码从001开始，若平洞开挖的施工方案有三种，则编码分别为500102007001、500102007002、500102007003。再譬如，普通混凝土浇筑有几个规格的，编码分别是500109001001、500109001002等。

水利安装工程工程量清单项目包括机电设备安装工程（编码500201）、金属结构设备安装工程（编码500202）、安全监测设备采购及安装工程（编码500203）共3部分。

任务 7.2　水利工程工程量清单编制及计价

【学习目标】

　　1. 知识目标：①了解水利工程工程量清单编制的规定；②熟悉水利工程工程量清单计价的规定。

　　2. 技能目标：①知道水利工程工程量清单如何编制；②知道水利工程工程量清单如何计价。

　　3. 素质目标：①认真仔细的工作态度；②严谨的工作作风；③遵守水利工程工程量清单计价规范的相关规定。

【项目任务】

　　学习水利工程工程量清单的编制及计价原则。

【任务描述】

　　在水利工程招标、投标文件的编制中，对招标人来讲，准确确定水利工程工程量清单非常重要，同样的，对投标人来讲，根据招标文件中的工程量清单进行准确计价也非常重要。

7.2.1　水利工程工程量清单的编制

　　工程量清单的编制要实现项目名称、项目编码、计量单位、工程量计算规则、主要表格形式的五统一，满足投标报价的要求。措施项目清单是为保证工程建设质量、工期、进度、环保、安全和社会和谐而必须采取的措施的项目，是招标人要求投标人以总价结算的项目，可由工程量清单编制人补充。其他项目清单由招标人掌握，为暂定项目和可能发生的合同变更而预留的费用。零星工作项目清单不进入总报价，对工程实施过程中可能发生的变更或新增零星项目，列出人工（按工种）、材料（按名称和型号规格）、机械（按名称和型号规格）的计量单位，不列具体数量，由投标人填报单价。

　　采用工程量清单进行报价，一是避免了各投标单位因造价人员素质差异而造成同一份施工图纸所报价的工程量相差甚远，为投标者提供一个平等竞争的条款交换的原则。二是避免了定额子目划分确认的分歧及对图纸缺陷理解深度差异的问题，有利于中标单位确定后施工合同单价的确定与签订合同及施工过程中的进度款拨付和竣工后结算的顺利进行。

7.2.1.1　分类分项项目清单的编制

　　分类分项项目清单中也包括工程量清单的项目编码、项目名称、计量单位、工程量计算规则及主要工作内容。

7.2.1.2　措施项目清单编制

　　按招标文件确定的措施项目名称填写，《水利工程工程量清单计价规范》（GB 50501—2007）中列出了环境保护、文明施工、安全防护措施等 6 项内容。措施项目清单属于总价项目，凡能列出工程数量并按单价结算的措施项目，均应列入分类分项工程量清单。

7.2.1.3　其他项目清单编制

编制人应按招标文件确定的其他项目名称、金额填写。一般有暂列预留金一项，根据招标工程具体情况，编制人可作补充。

7.2.1.4　零星工作项目清单编制

编制人应根据招标工程具体情况，对工程实施过程中可能发生的变更或新增加的零星项目，列出人工（按工种）、材料（按名称和型号规格）、机械（按名称和型号规格）的计量单位，并随工程量清单发至投标人。

（1）名称及规格型号。人工按工种，材料按名称和规格型号，机械按名称和规格型号，分别填写。

（2）计量单位。人工以工日或工时，材料以 t、m^3 等，机械以台时或台班，分别填写。

另外，招标人供应材料价格表按材料名称、型号规格、计量单位和供应价填写；招标人提供施工设备表按设备名称、型号规格、设备状况、设备所在地点、计量单位、数量和折旧费填写；招标人提供施工设施表按项目名称、计量单位和数量填写。

7.2.2　水利工程工程量清单计价

根据自 2007 年 7 月 1 日起实施的《水利工程工程量清单计价规范》（GB 50501—2007）进行投标报价。依据招标人在招标文件中提供的工程量清单计算投标报价。

7.2.2.1　工程量清单计价的投标报价的构成

工程量清单计价应包括按招标文件规定完成工程量清单所列项目的全部费用，包括分类分项工程费、措施项目费和其他项目费。分类分项工程量清单计价应采用工程单价计价。分类分项工程量清单的工程单价，应根据本规范规定的工程单价组成内容，按招标设计文件、图纸、附录中的"主要工作内容"确定，除另有规定外，对有效工程量以外的超挖、超填工程量，施工附加量，加工、运输损耗量等所消耗的人工、材料和机械费用，均应摊入相应有效工程量的工程单价之内。措施项目清单的金额，应根据招标文件的要求以及工程的施工方案或施工组织设计，以每一项措施项目为单位，按项计价。其他项目清单由招标人按估算金额确定。零星工作项目清单的单价由投标人确定。

（1）分类分项工程量清单应包括序号、项目编码、项目名称、计量单位、工程数量、主要技术条款编码和备注。分类分项工程量清单应根据本规范附录规定的项目编码、项目名称、主要项目特征、计量单位、工程量计算规则、主要工作内容和一般适用范围进行编制。

（2）编制措施项目清单，出现未列项目时，根据招标工程的规模、涵盖的内容等具体情况，编制人可做补充。

（3）其他项目清单，暂列预留金一项，编制人根据招标工程具体情况进行补充。

（4）零星工作项目清单，编制人应根据招标工程具体情况，对工程实施过程中可能发生的变更或新增加的零星项目，列出人工（按工种）、材料（按名称和规格型号）、机械（按名称和规格型号）的计量单位，并随工程量清单发至投标人。

7.2.2.2　工程量清单计价格式填写规定

工程量清单应采用统一格式。

工程量清单格式应由下列内容组成:

(1)封面。

(2)填表须知。

(3)总说明。

(4)分类分项工程量清单。

(5)措施项目清单。

(6)其他项目清单。

(7)零星工作项目清单。

(8)其他辅助表格:①招标人供应材料价格表;②招标人提供施工设备表;③招标人提供施工设施表。

工程量清单格式的填写应符合下列规定:

(1)工程量清单应由招标人编制。

(2)填表须知除 GB 50501—2007 内容,招标人可根据具体情况进行补充。

(3)总说明填写:①招标工程概况;②工程招标范围;③招标人供应的材料、施工设备、施工设施简要说明;④其他需要说明的问题。

(4)分类分项工程量清单填写:

①项目编码,按《水利工程工程量清单计价规范》(GB 50501—2007)规定填写,规范附录 A 和附录 B 中项目编码以×××表示的十至十二位由编制人自 001 起顺序编码。

②项目名称,根据招标项目规模和范围,《水利工程工程量清单计价规范》(GB 50501—2007)附录 A 和附录 B 的项目名称,参照行业有关规定,并结合工程实际情况设置。

③计量单位的选用和工程量的计算应符合《水利工程工程量清单计价规范》(GB 50501—2007)附录 A 和附录 B 的规定;

④主要技术条款编码,按招标文件中相应技术条款的编码填写。

(5)措施项目清单填写。按招标文件确定的措施项目名称填写。凡能列出工程数量并按单价结算的措施项目,均应列入分类分项工程量清单。

(6)其他项目清单填写。按招标文件确定的其他项目名称、金额填写。

(7)零星工作项目清单填写:

①名称及规格型号:人工按工种,材料按名称和规格型号,机械按名称和规格型号,分别填写。

②计量单位:人工以工日或工时,材料以 t、m^3 等,机械以台时或台班,分别填写。

(8)招标人供应材料价格表填写。按表中材料名称、型号规格、计量单位和供应价填写,并在供应条件和备注栏内说明材料供应的边界条件。

(9)招标人提供施工设备表填写。按表中设备名称、型号规格、设备状况、设备所在地点、计量单位、数量和折旧费填写,并在备注栏内说明对投标人使用施工设备的要求。

招标人提供施工设施表填写。按表中项目名称、计量单位和数量填写,并在备注栏内说明对投标人使用施工设施的要求。

项目 8　了解水利工程造价软件

任务 8.1　认识工程造价软件

【学习目标】

1. 知识目标:以易投水利工程造价软件为例介绍了软件的特点、安装和使用。

2. 技能目标:能正确安装易投水利工程造价软件,可以正确升级软件。

3. 素质目标:①认真仔细的工作态度;②严谨的工作作风;③自我学习的能力。

【项目任务】

学习易投水利工程造价软件的基本情况。

【任务描述】

通过学习,了解易投水利工程造价软件。

8.1.1　软件编制依据

8.1.1.1　国家和行业相关标准、规定

《水利工程设计概(估)算编制规定》(水总〔2014〕429 号)。

《水利建筑工程概算定额》(2002 年)。

《水利建筑工程预算定额》(2002 年)。

《水利水电设备安装工程概算定额》(2002 年)。

《水利水电设备安装工程预算定额》(2002 年)。

《水利发电建筑工程概算定额》(1997 年)。

《水电建筑工程预算定额》(2004 年)。

《水利工程概预算补充定额》(2005 年)。

《水利工程概算补充定额(水文设施工程专项)》(2006 年)。

《水利工程施工机械台时费定额》(2002 年)。

《水利工程概预算补充定额(掘进机施工隧洞工程)》(2007 年)。

《水电建筑工程概算定额》(2007 年)。

《风电场工程概算定额》(2007 年)。

《黄河防洪工程预算定额》(2012 年)。

《水利工程工程量清单计价规范》(GB 50501—2007)。

《水土保持工程概算定额》(2003 年)。

《水土保持工程概(估)算编制规定》(2003 年)。

《土地开发整理项目预算定额标准》及相关编制规定。

8.1.1.2　地方相关标准、规定

安徽、河南、江苏、浙江、四川、重庆、湖南、湖北、江西、福建、广东、广西、云南、贵州、山东、山西、陕西、甘肃、新疆、黑龙江、辽宁、吉林、内蒙古等全国各省(区、市)现行水利水电、土地开发整理、水土保持概预算定额标准与最新编制规定及文件。

8.1.2　软件的功能及特点

软件的功能及特点见表 8-1。

表 8-1　软件的功能及特点

序号	功能特点
1	软件界面简洁大方、向导式操作流程,易学易用
2	模拟 Excel 手工编制习惯,水利水电专业习惯体现在每一步细节操作中
3	与 Excel、Word 文档无缝连接,数据之间可以相互复制粘贴
4	数据导出 Excel 报表,带超级链接,检查、核对、校正有多种方式
5	定额数据全,行业之间可以相互嵌套定额标准进行组价
6	建安单价数据可以共享,不同的工程可以调用同一个做好的建安单价。不同的工程之间,单价可以相互套用,材料价格以本工程设置自动调整
7	提供各个地市材料价格信息参考价,一键完成整个项目材料预算价的录入,且自动关联计算到每个单价中
8	支持批量费用调整、批量换算项目数据
9	一键完成单价套用,根据项目名称与单位是否相同,可以一键完成所有项目单价套用,提高了组价效率
10	支持多层单价计算模式,数据分析有多种模式
11	一键设置材料价差计算位置,任意切换
12	丰富完善的百分比计算费用功能
13	支持材料单价的自动计算、自采砂石料单价的自动计算、风水电的自动计算
14	强大的格式转换功能,可以在一种格式下转换成多种编制格式
15	独立费用项目每一个费用均可根据文件自动计算,且自动生成计算报表输出
16	报表可以批量输出成 Excel\Word\PDF 格式

8.1.3　软件安装

第一步:双击软件安装程序 。

第二步:弹出软件安装向导,点击"下一步",见图 8-1。

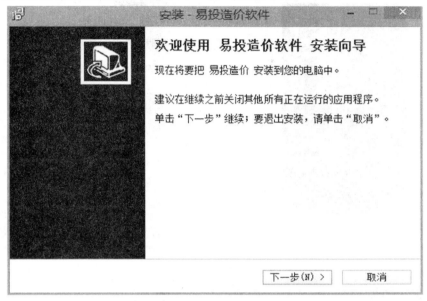

图 8-1

第三步:在安装向导窗口中选择软件安装路径,默认为安装到电脑"D"盘符。设置好路径,点击"下一步",见图 8-2。

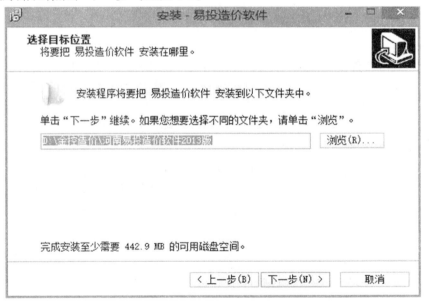

图 8-2

第四步:依次点击"下一步",直至安装完成,点击"完成"即可,如图 8-3 所示。

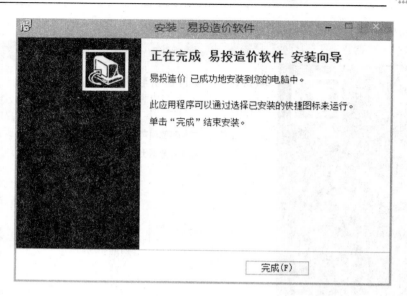

图 8-3

8.1.4　软件的注册使用

免费正版,即在线正版,正版软件网络锁插在广域网终端服务器上,通过网上注册、验证、读取软件锁数据,使用同正版一致;支持打印输出、不限制工程量。(在线版有端口数量限制)

使用条件:电脑支持互联网链接。

注册流程:

第一步:双击软件快捷图标,弹出软件使用版本类型,选择"在线版",如图 8-4 所示。

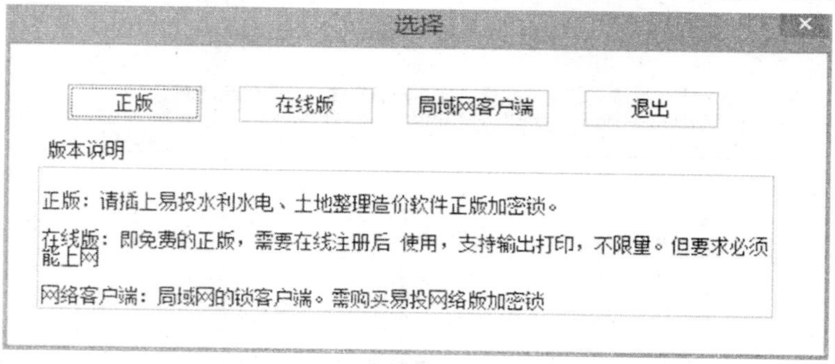

图 8-4

第二步:点击"免费注册"按钮,进行网络锁注册,见图 8-5。(已经注册过的用户,直接输入用户名与密码登录)

第三步:依次录入相关信息,点击确定按钮,如图 8-6 所示。

第四步:输入手机号获取验证码,确定验证即可登录使用,见图 8-7。

(手机号仅做获取验证码作用,号码信息公司有责任保密且不做他用,若收到与软件相关的骚扰短信等用户可以举报或投诉到相关管理部门)

软件登录
如不能登录请联系QQ273184506
信息
用户名
免费注册
密　码
忘记密码
登　录
退　出

图 8-5

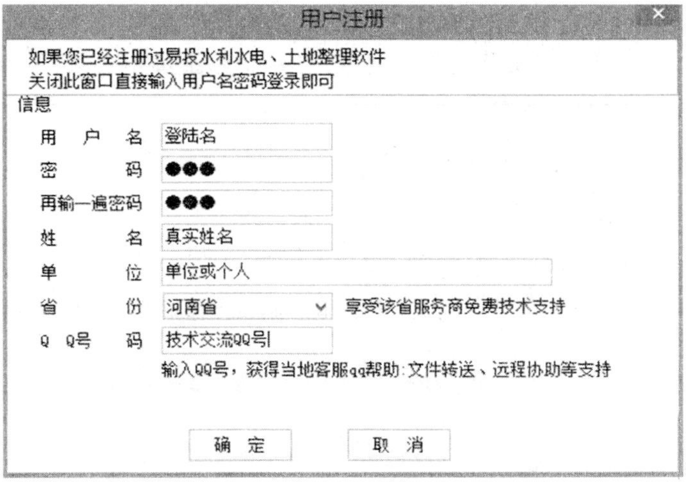
用户注册
如果您已经注册过易投水利水电、土地整理软件
关闭此窗口直接输入用户名密码登录即可
信息
用　户　名
登陆名
密　　　码
再输一遍密码
姓　　　名
真实姓名
单　　　位
单位或个人
省　　　份
河南省
享受该省服务商免费技术支持
Q　Q号　码
技术交流QQ号
输入QQ号，获得当地客服qq帮助:文件转送、远程协助等支持
确　定
取　消

图 8-6

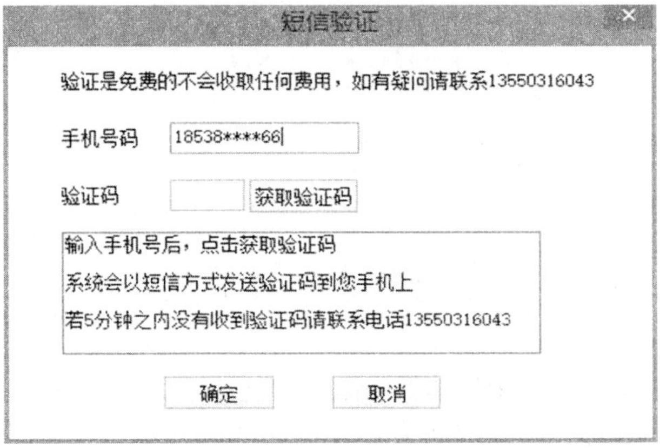
短信验证
验证是免费的不会收取任何费用，如有疑问请联系13550316043
手机号码
18538****66
验证码
获取验证码
输入手机号后，点击获取验证码
系统会以短信方式发送验证码到您手机上
若5分钟之内没有收到验证码请联系电话13550316043
确定
取消

图 8-7

任务 8.2　操作入门与提高

【学习目标】

1. 知识目标:使用易投水利工程造价软件编制水利工程造价的步骤。
2. 技能目标:能利用易投水利工程造价软件编制简单水利工程概算。
3. 素质目标:①认真仔细的工作态度;②严谨的工作作风;③自我学习的能力。

【项目任务】

学习易投水利工程造价软件的试验。

【任务描述】

从建立过程项目开始,经过参数设置、工程基础单价的编制、工程单价的编制、导入工程量、进行部分工程概算编制及总概算编制等,直到打印出编制成果,系统介绍了编制完整的水利工程概算文件的步骤和方法。

8.2.1　新建、打开、保存、另存工程文件

8.2.1.1　新建工程文件

操作:在软件打开主界面,鼠标左键点击(下文简称"点击")软件快捷工具栏"新建"按钮,或者点击软件主菜单"文件"下拉菜单中的"新建"功能选项,即可弹出"新建项目"对话框,如图 8-8 所示。

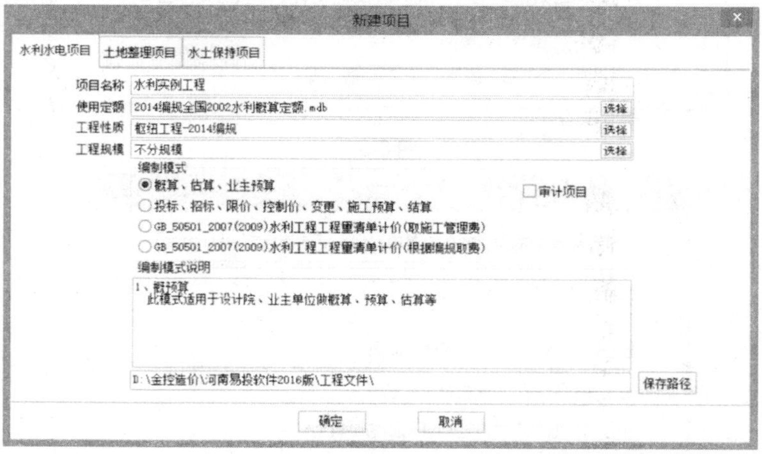

图 8-8

在"新建项目"对话框窗口中做如下操作:

第一步:选择要做的项目所属的专业名称,是水利水电项目,或者是土地整理项目,或者是水土保持项目。点击即选择,软件默认选择水利水电项目。

第二步:输入"项目名称"。

项目名称:在"项目名称"框中录入工程的名称,在此录入的名称也是工程文件在电脑中保存的名称。

第三步:选择"使用定额"。

使用定额:概预算工程文件编制的定额文件依据,点击"使用定额"框后边的"选择"按钮,在弹出的对话框中选择需要使用的定额标准,点击"确定"按钮即可。

第四步:设置"工程性质"。

工程性质:水利项目工程的性质划分为枢纽工程、引水工程、河道工程三类,工程性质不同,取费也不同,软件默认设置为枢纽工程,若实际的工程为其他性质,可以点击"选择"按钮,切换工程性质。

第五步:工程规模:软件默认水利水电项目不分规模。

第六步:选择"编制模式"。

编制模式:工程项目造价文件的编制模式,软件设置四种,点击要使用的编制模式,下边编制模式说明中即可显示所选模式适用编制范围,用户可根据工程实际选择适用的编制模式。

第七步:保存路径:工程文件的保存位置,软件默认的保存路径为软件安装文件夹的工程文件中,如果想保存到用户想要的位置,可点击保存路径按钮,自行选择要保存的位置。

第八步:点击"确定"按钮,工程文件新建成功,并自动打开。

8.2.1.2 打开工程文件

操作:在软件打开主界面,点击软件快捷工具栏的"打开"按钮 🗋新建 ☞打开 或者选择软件主菜单"文件"下拉菜单中"打开"功能选项,在弹出的 <打开> 对话框中(如图 8-9 所示),选择要打开的工程项目,点击打开即可。 <打开> 对话框窗口,工程文件根据项目专业以及编制模式的不同,自动分成不同的工程文件夹,如水利水电概预算、土地概预算等,在对应的文件夹查找工程项目,在 <打开> 对话框中默认出现的这些文件夹,是软件根目录下的工程,若工程另存在其他盘符,则需要通过系统路径进行查找。如打开保存在电脑桌面上的工程,操作如图 8-10 所示。

8.2.1.3 保存工程文件

操作:在工程文件打开状态点击软件快捷工具栏"保存"按钮或者选择软件主菜单"文件"下拉菜单中的"保存"功能选项,即可保存工程文件。用户可以根据系统设置,设置间隔几分钟或者更长时间,自动保存并备份工程文件数据。系统默认设置工程文件自动保存并备份的间隔时间为 5 min,用户可以自行修改。

8.2.1.4 另存工程文件

工程文件需要换个文件名称另外保存,相当于复制一个与现有工程文件一致的文件,需要将工程文件另存。

操作:在工程文件打开状态下点击软件快捷工具栏中"另存"按钮,或者选择软件主菜单"文件"下拉菜单中的"另存"功能选项,在弹出的 <另存为> 对话框窗口中,录入另存工程文件的名称,设置工程文件保存路径,点击"保存",如图 8-11 所示。工程文件另存成功,并自动打开,当前软件打开的工程文件为另存的工程文件,原来的工程文件自动保存后关闭。

图 8-9

图 8-10

8.2.2 基本信息

工程文件报表打印的相关参数数据,均从这个窗口调取;如工程项目名称、建设单位、编制日期、编制说明等;这些基本的信息数据,称为"工程基本信息",见图 8-12。

基本信息页面左侧是工程项目的汇总,右侧是工程项目的相关信息,在此录入工程项目的相关基本信息后,后边报表将自动调用本页面的信息数据。

图 8-11

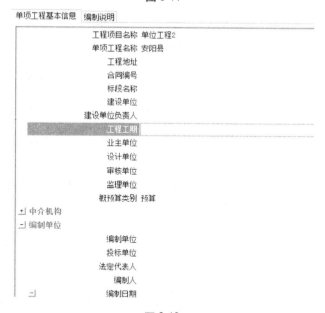

图 8-12

8.2.3　参数、费率设置

8.2.3.1　窗口的作用

参数\费率设置窗口,可以对工程的各项取费进行编辑设置。取费类别、独立费参数计算、工程单价计算表依据等,均在这个窗口进行设置。

8.2.3.2　窗口介绍及快捷按钮介绍

窗口介绍见图 8-13,快捷按钮介绍见表 8-2。

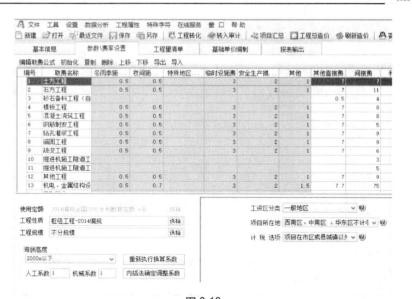

图 8-13

表 8-2   快捷按钮功能作用

序号	快捷按钮	功能作用
1	编辑取费公式	点击编辑取费公式,可以对单价组成公式进行修改,此处的公式也是单价分析表中的名称、层次显示,如果一些项目不想在单价分析计算表中显示,可以进行打印设置,名称显示不符,可以在此进行修改
2	初始化	费率若修改后需要恢复到系统默认,可以使用初始化功能,将各项取费恢复到软件默认的费率
3	复制 删除	复制或者删除一行取费,需要增加一行取费类别,可以复制一行类似的取费行进行修改,如果取费类别行不需要,可以点击删除去掉
4	导出 导入	修改好的取费如果其他工程也是同样的取费,可以使用导出功能,将取费导出取费文件(* . 费率文件)保存,在其他工程中参数\费率设置窗口使用导入功能,把之前导出保存好的(* 费率文件)导入即可
5	扩大	投资估算与初设概算单价编制相同,一般均采用概算定额,但考虑投资估算工作深度和精度,应乘以扩大系数。若工程项目是投资估算,可以在参数\费率设置窗口"扩大"列中填写相应的扩大系数
6	工程性质	水利工程按工程性质划分为枢纽工程和引水工程及河道工程,工程性质不同则相应的工程范围以及取费都是不同的。新建工程时设置过,此处仅起显示作用
7	海拔高度	定额中海拔适用于≤2 000 m 地区的工程项目,>2 000 m 的地区,要根据水利枢纽工程所在地的海拔及规定的调整系数进行计算,软件中可以根据工程实际进行选择
8	计税 选项	工程项目所在地区不同,税金也不相同,在实际工程中要根据工程所在地区以及适用的税金文件进行修改

8.2.4　工程量清单

8.2.4.1　窗口的作用

工程量清单界面主窗口,做项目划分、清单项目录入、组价、修改、编辑、汇总等操作,见图8-14,是软件应用的核心。

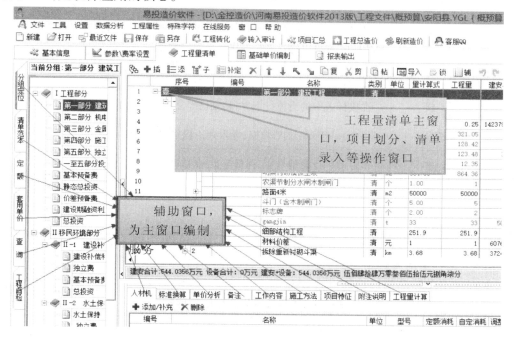

图 8-14

工程量清单界面设置多个辅助窗口,配合完成工程量清单主窗口一切操作。

8.2.4.2　工程量清单主窗口的介绍

窗楣上快捷按钮的介绍见表8-3。

表8-3　窗楣上快捷按钮功能作用

序号	快捷按钮	功能作用
1	収拢	收拢或者展开分部、清单、定额行,项目划分层次较多,可以按照层次收拢或展开,方便检查或校对
2	✚插	光标所在行上方,插入空白清单行,插入同级别(层次)清单行
3	▤添	光标所在行下方,插入空白清单行,插入同级别(层次)清单行
4	✚子	光标所在行位置,添加子级空白清单行(当前行若已经带有定额子目行,则不可以再添加子级清单行)
5	▤补定	光标所在行下方,添加空白定额子目行(补充定额行)

续表 8-3

序号	快捷按钮	功能作用
6	✕	删除鼠标选中的当前行;按住 Shift\Ctrl 键可以选择多行操作
7	↑ ↓	上下移动选中行的位置;按住 Shift\Ctrl 键可以选择多行操作。只能在同一级别(层次)中移动
8	↖ ↘	升级或降级选中的清单行,层次(级别)划分需要用到升降级操作;按住 Shift\Ctrl 键可以选择多行操作
9	复 剪	复制或剪贴选中行,剪贴只适用于定额行;按住 Shift\Ctrl 键可以选择多行操作
10	粘	在鼠标选中的当前行下方,粘贴已经复制或剪贴的清单行或者定额行
11	导入	将 Excel\Word 文档数据,导入到工程量清单主窗口中
12	锁	锁定清单行的编号、工程量等数据,以防误操作导致的错误
13	辅	常用功能工具栏的开关按钮
14	↶ ↷	撤销或恢复最近的操作

8.2.4.3　工程量清单辅助窗口

工程量清单辅助窗口功能见表 8-4。

表 8-4　工程量清单辅助窗口功能

左边框辅助窗口	(1)分组定位 (2)清单范本 (3)定额 (4)套用单价 (5)查询 (6)工程自检
下边框辅助窗口	(7)人材机 (8)标准换算 (9)单价分析 (10)备注 (11)工作内容 (12)项目特征 (13)附注说明 (14)工程量计算

（1）分组定位。

分组定位窗口,决定"工程量清单主窗口"的费用组成内容。鼠标选择哪一组,工程量清单主窗口就操作哪一组数据,如水利水电项目的费用组成分成工程部分与移民环境部分,工程部分又分为建筑工程、机电设备安装、金属结构设备及安装工程等好几个分组。如图 8-15 所示,分组定位窗口选中建筑工程部分,那么"工程量清单主窗口"中所操作的都是建筑工程部分的内容。

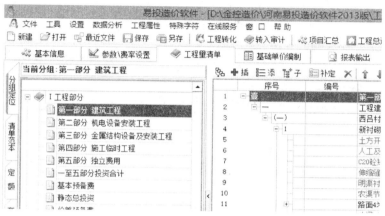

图 8-15

(2)清单范本。

清单范本窗口,显示编规里边的项目划分列表与清单计价规范的项目列表,供"工程量清单主窗口"做项目划分或清单项目录入时候调用,省去手工打字录入的麻烦,见图 8-16。

图 8-16

操作:A.展开项目划分列表或清单规范列表,勾选需要的清单项目,点击"插入"按钮,勾选的项目自动插入到"工程量清单主窗口"光标所在行下方。

B.展开项目划分列表或清单规范列表,选中需要的清单项目(Shift\Ctrl 键可以多选),双击即可套用到"工程量清单主窗口"光标所在行下方。

(3)定额。

定额窗口数据,为"工程量清单主窗口"组单价时候提供定额子目标准依据,见

图 8-17。

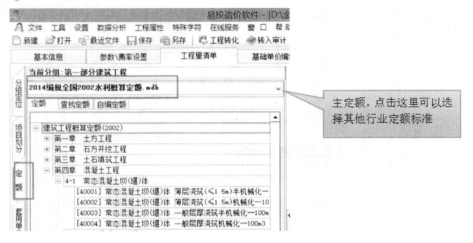

图 8-17

操作:A. 双击定额子目行即可套用。

B. 可以通过定额名称等关键字,查找定额子目,双击套用。

C. 点击主定额行,可以切换到其他行业定额子目列表,进行嵌套使用。

D. 右键可以定位到定额列表各章节位置。

(4)套用单价。

本工程组过的单价,或在基础单价编制里边组好的建安单价,或借调其他工程的单价等均在这个窗口列举。供"工程量清单主窗口"相同的项目套用。省去重复套用定额子目组价的麻烦。

操作:A. 双击需要的单价项,单价自动套用到"工程量清单主窗口"的选中行。

B. 右键可以批量套用到"工程量清单主窗口"的项目名称一样的项目行。

C. 可以借调其他工程做好的单价。

(5)查询。

查询窗口,主要通过右键功能对"工程量清单主窗口"项目进行批量设置与编辑。输入项目名称或清单编号的关键字,查找到相应的项目,右键统一操作。

操作:A. 右键可以批量查找需要套定额组价的项目行、主要清单行、标记颜色行、超出限价行、没有清单编号的行、手工直接录入建安单价的项目行等,见图 8-18。

B. 输入关键字查找,右键统一修改设备原价、统一修改名称与单位、统一设置主要工程量,统一设置 12 为清单编码,统一删除查找到勾选的项目行。

(6)工程自检。

工程自检,是对"工程量清单主窗口"中的项目,进行系统自检,可以自检出:

A. 清单名称为空的行。

B. 清单单位为空的行。

C. 清单工程量为 0 的行。

D. 项目名称一样,单价不一样的行。

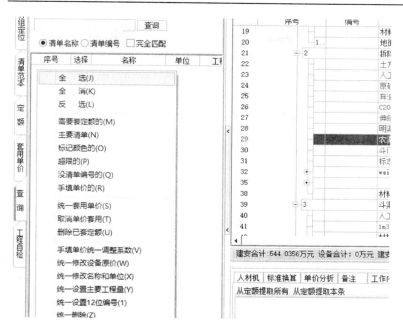

图 8-18

E. 漏套定额组价的项目行。

F. 超过限价的清单行。

（7）人材机（适用定额行）。

人材机窗口显示"工程量清单主窗口"中套用的定额子目工料机内容，这个窗口可以对套用的定额子目工料机做调整或换算，见图 8-19。

图 8-19

操作：A. 在自定消耗栏直接输入计算消耗量或者计算公式。

B. 勾选某一个材料为装置性材料或已取费材料。

C. 右键可以添加人工、材料、机械、拌制运输附项定额或者中间单价等。

D. 双击工料机名称，可以修改工料机数据。

E. 点击工料机名称栏右边线按钮，可以修改、换算工料机。

（8）标准换算：套用的定额子目根据工程具体情况做一些系数调整换算，见图 8-20。（适用定额行）

操作：在对应的位置录入换算系数，或勾选设置换算内容，再点击"保存"即可。

（9）单价分析（适用于定额行）。

这个窗口显示，选定的定额行取费计算的单价分析数据。仅起到查看作用，不支持操

图 8-20

作。

（10）备注：显示选定的定额子目行的备注信息，用户可以对该定额子目做备注说明。

（11）工作内容：显示选中的定额子目包含的工作内容，用户可以自行编辑或修改。

（12）项目特征（适用于清单行）显示清单行的项目特征描述，用户可以自行编辑或修改。

（13）附注说明（适用于清单行或定额行），用户对选中项目加以描述说明。

（14）工程量计算（适用于清单项）。

对清单项目工程量计算，录入计算工程，检查修改方便，一般报施工进度，或审计结算时候使用，方便数据校对与修改。计算式可以在报表中打印输出。

操作：增加空行，录入名称、变量（可以不录）、计算式；点击计算，再点击提取结果（可以设置自动提取结果）。

8.2.5　基础单价编制

8.2.5.1　窗口的作用

基础单价编制，即人工、材料、机械、混凝土、电风水、中间单价以及建安单价的计算与录入。人工单价根据编制规定自动计算；材料预算价根据市场价格信息、运输装卸及采保费用、加工制作、自采等计算；自行生产电风水单价的计算；机械、混凝土的单价计算等均在这个窗口里边处理，见图 8-21。

图 8-21

还有工程项目的建安单价、中间单价,也可以集中在这个窗口中计算编制。

8.2.5.2 窗口介绍

(1)基础单价编制窗口中"人工"窗口的介绍(软件根据编制规定设置关联计算,用户不用做操作,若有补充的工种,直接输入预算价即可)。

(2)基础单价编制窗口中的"材料"窗口如图 8-22 所示。

编号	名称	型号规格	单位	预算价	基(限)价	总用量
1	019 低发泡沫塑料板		m2	18		334.2
2	1 汽油		kg	10.2	3.6	13020.5
3	10-1 中砂		m3	100.63	60.0	5250.6
4	106 卡扣件		kg	4.5		6283.5
5	116 铁件		kg	4.5		30451.2
6	118 铁丝		kg	4.8		
7	12 块石					23
8	15 碎石		m3	100.63	60.0	8363.9
9	164 电焊条		kg	6.5	0.0	871.2
10	2 柴油		kg	8.5	3.5	15464.6

图 8-22

快捷按钮功能介绍见表 8-5。

表 8-5　快捷按钮功能

序号	快捷按钮	功能说明
1	补充	添加、补充项目需要的材料
2	删除	删除用量为 0 的材料行
3	上移　下移	上下移动材料在报表输出的位置
4	合并	合并单位单价一样、名称相似的材料,材料合并,总用量也合并
5	刷新总用量	工程项目的工程量变化,软件自动刷新工料机总用量
6	导出单价	导出材料预算价,本工程材料预算价格编制完成,导出保存成材料价格文件(＊.CL),供其他工程导入使用
7	导入单价	导入之前保存好的材料价格文件(＊.CL),是快速录入材料预算价的方法。材料价格文件可以网上下载,也可以自己编制保存
8	材料去向	查看选中的材料,是被哪一个单价使用
9	☑锁限价	锁定限价材料的限制价格,需要修改或录入,需去勾解锁

操作:A.可以按照需求显示材料,如定额用到的混凝土材料等。

B.右键可以排序材料顺序。

C.右键可以计算材料价格、关联材料价格、调整材料价格、导出到 Excel 格式。

(3)计算材料单价窗口见图 8-23。

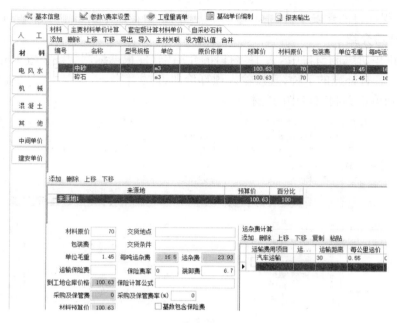

图 8-23

操作：A. 添加材料，依次输入材料原价、单位毛重、装卸费、运距运价以及运输保险费费率等，材料价自动计算。

B. 点击"导出"按钮，保存成（＊.主材）文件，供其他工程导入使用。

C. 设置为默认值，下一个工程将默认保留所有主材单价计算数据。

（4）套定额计算材料单价。项目中有些材料需要自己制作生产，则需要套定额计算单价。

操作：在"套定额计算材料单价"窗口，点击"添加"→勾选定额用到的材料"双击"→点击"确定"→查找对应的定额子目双击套用。软件自动计算出该材料单价。

（5）自采砂石料窗口：砂石料自行开采，材料单价根据自采工序，套用对应的开采定额，软件自动计算出砂石料单价。

（6）电风水窗口：电单价的计算见图 8-24。

操作：A. 项目输入电网供电与自行发电的比例，录入电网供电单价（基本电价）。

B. 录入相关计算参数。

C. 添加自行发电机械，录入台时数与发电机额定量。

（7）电风水窗口（风单价的计算）。

操作：A. 设置风计算的技术参数。

B. 添加供风机械台时，输入机械数量与额定量。

（8）电风水窗口（水单价的计算）。

操作：A. 设置供水技术参数。

B. 添加供水机械台时，录入台时数量与额定量。

（9）基础单价编制窗口中的"机械"与"混凝土"窗口。

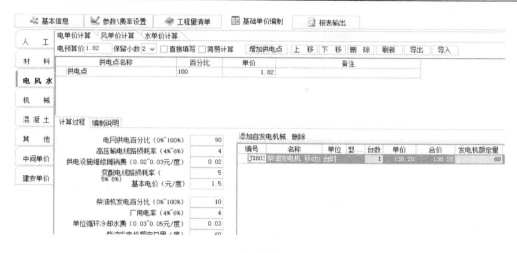

图 8-24

项目各种强度等级混凝土与各种型号机械,根据人工与材料预算价,自动计算单价。

(10)基础单价编制中的建安单价编制。

建安单价,即工程量清单主窗口中划分的项目,建安单价可以在这里集中编制,后关联到对应的项目划分自动计算,见图 8-25。这个窗口所编制的建安单价,会在工程量清单辅助窗口"套用单价"里边显示,供清单项目套用。

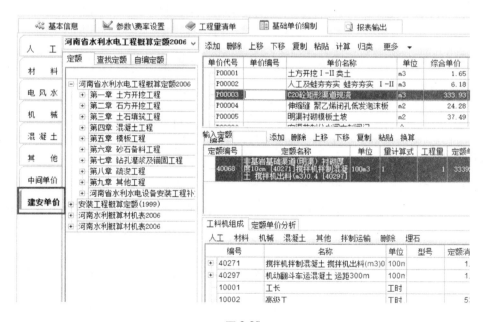

图 8-25

功能介绍见表 8-6。

表 8-6　快捷按钮功能

序号	快捷按钮	功能作用
1	从清单引入(U)	从工程量清单窗口的项目划分中导入单价项目,名称与项目划分一致(建议先做好项目划分)
2	从其他工程引入单价(V)	其他工程做好的建安单价,借调到本工程使用,组价是原来工程的,工料机单价可以是本工程的
3	代号规则(T)	建安单价的单价代号规则,默认以"p"开头的
4	生成单价编号(W)	软件默认没有单价编号,可以点击自动生成,报表输出可以调用这个编号。(不建议生成)
5	重排单价代号(X)	单价代号顺序乱了,可以重新排序
6	未被使用单价显示红色(Y)	建安单价做多了,本工程用不到的单价项用红颜色表明,方便检查
7	添加	添加建安单价项
8	删除	删除不用的单价
9	上移　下移	上下移动建安单价的排序行位置
10	复制　粘贴	复制、粘贴建安单价项
11	归类	建安单价可以根据取费或自定义类型归类,方便检查核对或管理

　　操作:A.点击"更多"里边的"从清单引入",将工程量清单窗口中做好的项目划分,导入到建安单价窗口。

　　B.删除不需要组价的项目。

　　C.从左边定额库列表中,查找定额,依次对单价项目套定额组价。

8.2.6　报表打印

8.2.6.1　窗口功能

　　报表打印窗口,是本工程文件数据报表的格式修改、报表分组、打印、导出等一系列操作的工作窗口。

8.2.6.2　窗口介绍

　　报表打印窗口分成三个部分:系统报表窗口(左上角)、工程报表窗口(左下角)、报表预览窗口(右半幅),见图8-26。

　　(1)系统报表:软件根据工程性质不同、编制规定不同、地方要求不同,设置多组报表格式。如省编规报表组、部编规报表组、各地设计院自行设计的报表组。每一组报表都成套完整工程文件数据输出。系统报表窗口,可以对报表进行预览、编辑、输出。(编辑需要密码,不建议编辑系统默认的报表)

　　(2)工程报表:即用户报表,软件默认工程报表为空。用户自行根据需要,在系统报

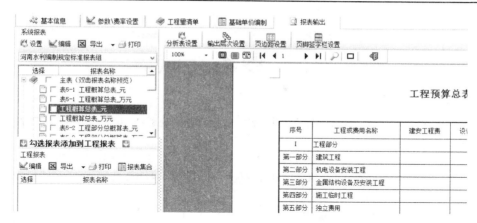

图 8-26

表里边勾选需要的表格,添加到工程报表窗口。工程报表支持预览、编辑、导出、打印等。(建议使用工程报表输出)

（3）报表预览窗口:双击系统报表或者工程报表窗口里边的表格,均可预览。

8.2.6.3　系统报表窗口的应用

操作:A.选择报表组。

B.双击表格名称预览表格。

C.勾选需要的表格,添加到工程报表。

D.导出、打印系统报表组勾选的表格(建议添加到工程报表再导出或打印)。

8.2.6.4　工程报表窗口的应用

操作:A.勾选需要的表格名称(右键可以全选、全消)。

B.右键导出整个报表组,保存成报表组模板文件,供其他工程导入使用。

C.右键导入之前保存的报表组模板文件。

D.右键将整个工程报表组保存成报表集合。

E.调用报表集合里边的报表组。

F.编辑表格格式。

G.工程单价分析表(单价计算表)的格式设置。

H.概预算表格或清单计价表格输出层次设置。

I.报表页边距设置。

J.页脚及签字栏设置。

参考文献

[1] 水利水电规划设计总院.水利水电工程可行性研究报告编制规程:SL 618—2013[S].北京:中国水利水电出版社,2013.

[2] 中国建设工程造价管理协会.建设项目工程结算编审规程[M].北京:中国计划出版社,2007.

[3] 水利部.水利基本建设项目竣工财务决算编制规程:SL 19—2014[S].北京:中国水利水电出版社,2014.

[4] 水利部.水利建筑工程预算定额[M].郑州:黄河水利出版社,2002.

[5] 水利部.水利建筑工程概预定额[M].郑州:黄河水利出版社,2002.

[6] 方国华,朱成立.水利水电工程概预算[M].郑州:黄河水利出版社,2003.

[7] 于立君,孙宝庆.建筑工程施工组织[M].北京:高等教育出版社,2005.

[8] 尹军,夏瀛.建筑施工组织与进度管理[M].北京:化学工业出版社,2005.

[9] 吴安良.水利工程施工[M].北京:水利电力出版社,1992.

[10] 刘伊生.建设工程进度控制[M].北京:中国建筑工业出版社,2012.

[11] 赵香贵.建筑施工组织与进度控制[M].北京:金盾出版社,2002.

[12] 袁光裕.水利工程施工[M].北京:水利电力出版社,2002.

[13] 张华明,杨正凯.建筑施工组织[M].2版.北京:中国电力出版社,2013.

[14] 余群舟,刘元珍.建筑工程施工组织与管理[M].北京:北京大学出版社,2012.

[15] 郑忠伟.我国建设工程项目管理模式、现状与全过程管理创新体系探讨[J].科技信息(学术研究),2007(35):181-182.

[16] 赵旭升,卜贵贤.水利水电工程施工组织与造价[M].咸阳:西北农林科技大学出版社,2009.

[17] 建设部.水利工程工程量清单计价规范:GB 50501—2007[S].北京:中国计划出版社,2007.

[18] 水利部.水利水电工程施工组织设计规范:SL 303—2004[S].北京:中国水利水电出版社,2004.

[19] 樊启雄.三峡二期主体工程施工总布置实施分析[J].中国三峡建设(人文版),2008(5):64-71.

[20] 赵旭升.水利水电工程施工组织与造价[M].北京:中国水利水电出版社,2017.

[21] 赵旭升.水利工程招投标及文件编制[M].北京:中国水利水电出版社,2016.